新装版 **AMOS、EQS、CALISによる**

グラフィカル多変量解析

— 目で見る共分散構造分析 —

狩野 裕・三浦麻子 共著

🏛 現代数学社

新装版の出版にあたって

　この度，現代数学社より新装版をとのご提案をいただいた．初版が 1997 年，増補版が出版されてからでも 18 年になり，出版社はロングセラーと呼んでくれている．この 20 年で，構造方程式モデリング（structural　equation modeling, SEM）という呼称がやや主流になり，ソフトウェアもバージョンアップされている．しかし，共分散構造分析の基本コンセプトは不変であり，社会科学，特に調査（相関）研究を行う方にとって十分に習熟すべき必須のアイテムであり続けている．本書の価値は，その初歩と中級の知識を平易に解説したところにあると考え，ご提案にありがたく応じることにした．

　昨今，ビッグデータやデータサイエンスといった用語がよく聞かれる．ビッグデータから分析着手当初には気づかなかった事実を発見する行為は，探索的分析による価値創造と言われ，データサイエンスの肝として強調される．データ分析には，調査（相関）データに限っても様々な特徴軸 ——たとえば，検証型と探索型，管理されて取得されたデータと漠とした受け身のデータ，中小標本と（巨）大標本など—— がある．そのうち共分散構造分析が得意とする軸の方向は，検証型，管理データ，中・大標本である．つまり，先行研究や研究者が立てた仮説を良質なデータによって検証するときにこそ，その強みを発揮する．

　本書によって共分散構造分析の考え方を学び，さらにそれを別の軸へと広げることが，読者のデータサイエンスのプロフェッショナルへの飛翔につながれば，それは著者にとって最大の喜びです．最後に，新装版をご提案下さった現代数学社の富田淳氏に感謝を申し上げます．

　令和 2 年 7 月 19 日

狩野　裕

三浦麻子

増補版の出版にあたって

　ソフトウェアの進歩は非常に速い．本書の初版が公刊されて約4年ですが，その間に共分散構造分析のソフトウェアは大きく進歩・変化しました．そこで，出版社からの増刷りのお話をお断りして，ソフトウェアの発展に合わせて大幅に改訂し第2版を出版することにしました．また，日本での需要に合わせ，LISREL の代わりに SAS の CALIS プロシージャを解説することにしました．

　CALIS は，パス図描画のオプションをもたないため「グラフィカル」多変量解析という本書のタイトルに反するのですが，共分散構造分析を実行するという点では同じです．

　今回の改訂では，ソフトウェアのアップデートに加えて2つの章を追加し，潜在曲線モデルと二段抽出モデルを解説しました．これらは，第二世代の共分散構造モデルといわれ，主に1990年代以降に開発された新しいモデルです．適用事例も増加しており，日本でも利用するユーザーが多くなると考え，この版で追加することにしたものです．

　三浦麻子氏には，主に EQS での分析と，改訂に際して追加した8章と9章を担当していただきました．

　人間科学部の学生である笠松由紀，竹中聖吾，町田透各氏には校正を手伝っていただきました．この場を借りて厚くお礼申し上げます．

　本書によって共分散構造分析が順調にスタートアップされることを願っています．

平成14年3月

著者を代表して
狩野　裕

はじめに

多変量解析と言えば難しい統計分析法と考えていませんか．多変量解析のテキストを開けば，行列やベクトルのオンパレード．極値問題や何重にも重なったシグマ記号に圧倒されます．もちろんそのような理論は手法をきちんと理解するには必要なものですが，分析方法の目的を知りそしてイメージをつかむにはそれほど重要なものではありません．数式の展開に挫折して，多変量解析嫌いになってしまえば元も子もありません．そこで，本書は，数式をほとんど使わず，現代的な多変量解析と言える共分散構造分析を目で見て直感的に理解することを目的にして書かれています．

　共分散構造分析は，多くの変数間の因果関係を分析する統計手法で，回帰分析や因子分析を含みます．因果関係の分析に潜在変数という直接観測できない変数を組み込むことができるのが大きな特徴です．因果関係は図 (パス図という) で表すと理解しやすくなります．因果関係の仮説 (モデル) を図示し，データを入れれば自動的に解析を実行してくれ，解析結果がそのパス図の上に即座に表示される．さらには，その因果に関する仮説がデータと矛盾しないかを一瞬のうちに判定してくれる．もし，仮説がデータに合わなければ，仮説を修正し，新たな仮説を検討する．このような解析法とソフトウェアがあれば，多変量解析もずいぶん気軽にそして楽しく実行できるにちがいありません．

　図 1 のパス図は，中古車の価格を決定するメカニズムに関する仮説です．「中古車価格」は，「乗車年数」「走行距離」そして「車検の残り」から影響を受け，さらに，「走行距離」は「乗車年数」に影響される，という仮説を考えています．矢印の上の数値は影響の大きさを表す推定値です．詳しい解説は 2.2 節に譲りますが，上で述べたことが簡単に実行できそうであると感じてもらえればと思い，ここに紹介しました．

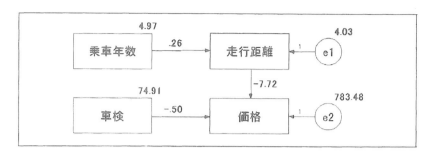

図 1: 中古車価格の分析

潜在変数を用いた解析例を一つ紹介しましょう. 潜在変数とはその名の
とおり, 潜っていて直接観測できない変数のことです. 図 2 は, 2.3 節で
紹介する自然食品の購買行動のデータ分析のパス図です.[1]

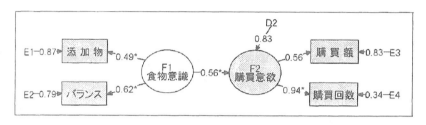

図 2: 自然食品の購買行動の分析

この分析では, 食物意識と購買意欲という 2 つの潜在変数を導入して,
「食物意識の高さが自然食品店での購買意欲に影響を及ぼす」つまり,「食
物意識が高い人は自然食品店での購買意欲が高い」という仮説を検証しよ
うとしています.

最近の共分散構造分析のソフトウェアは, 図 1 や図 2 のような分析を,
パス図を描くだけでいとも簡単にやってのけます. このような環境が整っ
てきたのはごく最近のことです. 高速の CPU と Windows による GUI
の向上が共分散構造分析のソフトウェアの発展を助けました.

本書は 1996 年 2 月〜1997 年 3 月の「BASIC 数学」誌での連載記事

---

[1]図 1 は AMOS によるパス図, 図 2 は EQS によるパス図である.

「共分散構造分析とソフトウェア」にもとづいて，読者の反応やソフトウェ
アのバージョンアップを加味して，大幅に加筆・修正したものです．連載
では主に EQS を使っていましたが，本書では，代表的な共分散構造分析
のソフトウェアである，AMOS, EQS, CALIS[2] を取り上げ，これらのソ
フトウェアの使い方を解説しながら，共分散構造分析の醍醐味を味わって
もらうことを目的にしています．

　共分散構造分析という言葉を何度も使ってきましたが，誤解を恐れず，
ひとことでその定義を述べるならば次のようになります．[3]

> 直接観測できない潜在変数を導入し，その潜在変数と
> 観測変数との間の因果関係を同定することにより社会
> 現象や自然現象を理解するための統計的アプローチ

共分散構造分析は 1970 年代から注目されてきた多変量解析法でした．し
かし，モデル規定の自由度が大きく，モデルを表すのに行列の知識が必要
であったことから，その利用はアカデミックに留まっていました．1990 年
代半ばになって，パス図を入力すれば直ちにパス図上に推定結果が示され
るというソフトウェア (AMOS と EQS) が出現するやいなや，共分散構
造分析は爆発的に利用されるようになりました．

　日本では，1990 年代初頭に，三宅他 (1991) が当時は SPSS X 内で稼
動した LISREL を解説し，また，豊田 (1992) と豊田-前田-柳井 (1992) が
CALIS による共分散構造分析を紹介しました．これらのことが契機とな
り共分散構造分析の認知度が高まりました．1996 年に SPSS 社が共分散
構造分析ソフトウェアとして AMOS を採用し日本代理店となったことで，
共分散構造分析は急速に普及していきます．そして，1999 年には AMOS
の日本語版が出荷されるに及んで，共分散構造分析は必須の多変量解析法
として理解されるようになりました．

　いま，世界の共分散構造分析ソフトウェアは AMOS と EQS で二分し
ているといってよいでしょう．アカデミックの EQS，エンドユーザーの

---

[2]順に，エイモス，イーキューエス，ケイリスと読む．CALIS は SAS のプロシージャで
ある．
[3]もちろん，いつも潜在変数を導入するわけではない．実際，図 1 では潜在変数を導入し
ていない．やや，屁理屈っぽく聞こえるかもしれないが，0 個の潜在変数を導入するという
ことは，潜在変数を導入しないことと同じである．

AMOS という感じでしょうか.[4]

　本書の構成は以下のとおりです.第 1 章では,先ほど少しふれた中古車価格のデータを取り上げ,回帰分析の基本的な考え方を復習します.さらに,その限界を指摘することで共分散構造分析への橋渡しをします.第 2 章は,AMOS,EQS,CALIS という 3 つのソフトウェアの使い方の基本を解説します.共分散構造分析での代表的なモデルであるパス解析モデルと多重指標モデルを用いて,中古車価格のデータと自然食品の購買行動のデータを分析します.この章で,共分散構造分析での基本的な概念はほとんど紹介されます.

　第 3 章は因子分析です.検証的因子分析と探索的因子分析を区別して,その基本的な考え方と 3 つのソフトウェアでの分析手順を紹介します.探索的因子分析は共分散構造分析の中に含めないことが多いのですが,共分散構造分析との考え方の違いを理解するためにやや詳しく解説します.第 4 章では,第 3 章までで述べてきた共分散構造分析の基礎概念をまとめます.第 5 章と第 6 章は共分散構造分析のやや上級コースになります.

　初版に大幅な加筆修正を加えた増補版の刊行からもかなりの年月が経過し,本書で紹介した共分散構造分析ソフトウェアの中には,さらに数度のバージョンアップを経て着々と進化し,インタフェースが洗練されたり,新しい機能の追加がなされたりしているものもあります.本書が準拠しているバージョンは AMOS が 4.0,EQS が 6.0,CALIS(SAS) が 6.12 ですから,随分「古い」ものと感じられるかもしれません.しかし,共分散構造分析そのものが変わったわけではなく,分析に取りかかるにあたって押さえておかなければならないポイントにはいささかの変化もありません.さまざまな研究分野で共分散構造分析が「当たり前」の存在になりつつある現在,柔軟なモデリングが許される手法であるからこそ,本書のようにある意味「素朴な」内容の書籍を通読することで,基本的知識を体系的に獲得することの意義は大きいのではないでしょうか.

　本書の執筆にあたり,柳井晴夫氏 (聖路加看護大学),吉田光雄氏[5],清水和秋氏 (関西大学),市川雅教氏 (東京外国語大学),豊田秀樹氏 (早稲田大学),山口和範氏 (立教大学),鈴木督久氏 (日経リサーチ) から貴重

---

[4]CALIS は SAS の一つのプロシージャであるためその利用実績はつかめない.
[5]大阪大学名誉教授

なコメントを頂戴いたしました．また，永田由紀子氏 (筑波大学大学院理
工学研究科 (当時)) にはプログラムをチェックをして頂きました．この場
を借りて心よりお礼申し上げます．「BASIC 数学」誌に連載中からいろい
ろとご迷惑をおかけし，本書の出版についてもご尽力頂いた，現代数学社
の古宮修氏に厚くお礼申し上げます．

平成 9 年 8 月 記
平成14 年 3 月 改訂
平成19 年10 月 改訂

狩野　　裕

三浦麻子

目 次

第1章
回帰分析

回帰分析は多変量解析や共分散構造分析における重要なパーツであると同時に，これらの分析方法の基本的な考え方を提供します．この章では，単回帰分析と重回帰分析を「中古車価格のデータ」を用いて平易に説明し，典型的な共分散構造分析への橋渡しをしたいと思います．利用したソフトウェアは EQS ですが，その使い方の説明は第 2 章に譲り，ここでは，考え方の基本を，目に訴えるパス図を用いて解説していきます．

1.1　中古車価格の要因分析: データ

表 1.1 に示したデータは，首都圏の物件を中心にしたある中古車情報誌からのもので「トヨタマーク II 2000」の中古車価格とその関連要因を調べたものです．変数は，価格 (万円)，走行距離 (10,000KM)，乗車年数 (年式の古さ)，[1] 車検の残り期間 (月数) です．私たちの興味は，中古車価格の決定要因を探ることにあります．

---

[1]より正確には，製造された年からの年数．

表 1.1: 中古車価格のデータ

価格	走行距離	乗車年数	車検
89	4.3	5	24
99	1.9	4	18
128	5.2	2	13
98	5.1	3	4
52	4.0	6	15
47	4.8	8	24
40	8.7	7	3
39	8.2	7	6
38	3.3	10	14
48	3.9	6	0
27	8.2	8	24
23	7.2	8	24

1.2   単回帰分析

中古車価格は乗車年数が長くなるほど下がっていきます. この関係を見るため, 図 1.1 に 価格と年数の 2 次元散布図を描いてあります. この図でのように, 2 次元データにうまく当てはまる直線を入れてデータを分析する方法を単回帰分析といいます. 当てはめられた直線は

$$\boxed{価格} = 142.25 - 13.23 \times \boxed{年数} \tag{1.1}$$

で, これを回帰直線といい,[2] 乗車年数の値を代入すれば中古車価格を予想することができます. また, 1 年古くなると約 13 万円値落ちすることも分かります.

乗車年数に 0 を代入すると 142.25 万円となり, これが新車の値段を表していそうですが, 一般にそうなるとは限りません. というのは, 表 1.1 のデータは 乗車年数の値が 2〜10 で,「乗車年数 =0」つまり新車のデータは含まれていないからです. 乗車年数の値として 2〜10 以外を回帰直線に代入し, 従属変数の値を予測することを外挿といいますが, 外挿はしない方がよいとされています. 実際, 車の価格は新車から中古車になったとたん大きく値を下げ, それ以降の値落ち率は安定しますから, 乗車年数の

---

[2]小数点以下 2 桁に丸めてある.

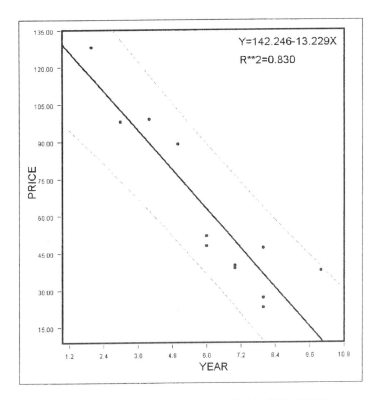

図 1.1: 中古車価格 (PRICE) と乗車年数 (YEAR)

値が 2〜10 のデータの分析から新車の価格を予測することはできません.
　乗車年数が分かれば 100% 中古車価格が決まるわけではありません. そ
れ以外の要因が係わってくるからです. 乗車年数以外の諸要因をまとめて
e_1 と書くと, 単回帰分析は

$$\boxed{価格} = \alpha + \beta \times \boxed{年数} + e_1$$

というモデルを 2 次元データに当てはめていると言えます. このモデル
を単回帰モデルといいます. 図 1.1 で考えれば, e_1 は, データから回帰
直線までの縦軸に沿った長さです.
　β は (偏) 回帰係数とよばれています. また, 乗車年数を独立変数 (説
明変数, 予測変数), 価格を従属変数 (被説明変数, 規準変数) といいます.

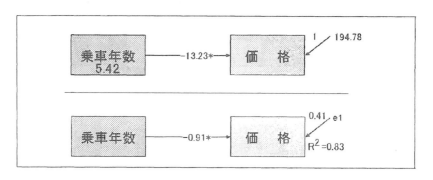

図 1.2: 単回帰分析結果 : 非標準解 (上) 標準解 (下)

独立変数は原因系の変数で，従属変数は結果系の変数です．図 1.2 に単回
帰モデルと同モデルによる分析結果を示しています．(片方の) 矢印の始点
には独立変数，終点には従属変数が配置され，矢印の上には (偏) 回帰係
数の推定値が表示されています．上側のパス図は標準化していない解 (非
標準解) を表しています．誤差分散 $V(e_1)$ の推定値は，誤差項のところに
194.78 と出力されています．一方，下側のパス図は，変数の分散をすべて
1 に変換 (標準化) したときの推定値，すなわち，標準 (偏) 回帰係数を示
しています．共分散構造分析ではこれを標準解といいます．
　この図には定数項 α がありませんが，定数項を含めた解析については
6.2 節で少しふれます．また，下側のパス図には

$$R^2 = 0.83 \tag{1.2}$$

と記されています．この数値は，独立変数「乗車年数」でどの程度「価格」
が正確に分かるかを 0 から 1 までの数で表したもので，決定係数 [または，
重相関係数の 2 乗, squared multiple correlation (SMC)] とよばれていま
す．決定係数は，1 に近い方が独立変数による予測がより正確であること
を示し，もし 1 に等しいならば，独立変数の値が分かれば従属変数の値が
完全に分かることになります．式 (1.2) の解釈は，大雑把に言えば，乗車
年数から価格は 80% ぐらい決定でき，その他の要因の影響は 20% ぐらい
だよ，ということになります．単回帰分析の場合は，決定係数は相関係数
の 2 乗に等しくなります．価格と乗車年数の相関は負なので，相関係数 r

は

$$r = -\sqrt{0.830} = -0.911$$

と計算することができます.

1.3 重回帰分析

　前節では，乗車年数によって中古車価格を予想することを考えました.ここでは，乗車年数に加えて，走行距離と車検の残りから価格を予想する式を作成します.回帰分析では次の線形式を想定します.

$$\boxed{価格} = \alpha + \beta_1 \times \boxed{走行距離} + \beta_2 \times \boxed{乗車年数} + \beta_3 \times \boxed{車検} + e_1$$

これを重回帰モデルといいます.分析結果は図 1.3 のように表すとよく分かります.矢印の上に出力された数値が偏回帰係数 β_i の推定値です.通

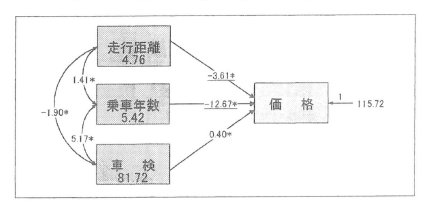

図 1.3: 重回帰分析

常，(非実験データに対する) 重回帰分析では，独立変数間に相関 (共分散)を認めます.図 1.3 における双方向の矢印は独立変数間の共分散を表し，矢印上の値は共分散の推定値を表しています.回帰分析では，偏回帰係数の推定値に興味が集中し，独立変数の分散・共分散にはあまり注意が払われませんが，独立変数間の関わりがどの程度であるかは定量的に把握しておいた方が良いのです.図 1.2 や図 1.3 のように，考えている変数の間に

因果関係と相関関係を片方の矢印と双方向の矢印で表した図をパス図とよびます.

　回帰分析は強力な統計分析の道具です. この簡単な分析から有益な情報がたくさん得られます. 例えば, 乗車年数の偏回帰係数は $\hat{\beta}_2 = -12.67$ と推定されています. この値は単回帰分析 (図 1.2) での推定値 -13.23 より (絶対値の意味で) 少し小さめになっています. これらの値が異なるのには理由があります. 乗車年数の価格への影響はあくまでも -13.23 であり, 1 年経つと 13.23 万円だけ値落ちすると考えるのが正確です. では, 重回帰分析での推定値は何を表しているのでしょうか. $\hat{\beta}_2 = -12.67$ は, 他の要因である走行距離と車検の残りが一定の値である場合には, 1 年経つと 12.67 だけ値落ちすることを示しています. 偏回帰係数の「偏」という接頭語に, 他の要因を一定に保つというニュアンスが示されています.

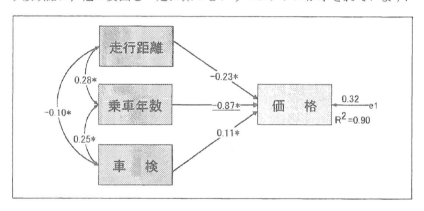

図 1.4: 重回帰分析: 標準解

　偏回帰係数の大きさ (絶対値) を見ると, 乗車年数が価格に一番大きな影響を与えているように見えますが, そのような結論を得るためには, 別の解析が必要です. というのは, 偏回帰係数の直接比較には意味がないことが多いからです. 例えば, 乗車年数の単位を「年」ではなく「月」にすると, 偏回帰係数の推定値は $-12.67/12 = -1.06$ となります. このように, 偏回帰係数は単位に依存する量なので, 単位が異なる独立変数間では偏回帰係数の大きさを直接比較することができません. 比較するためには, すべての変数の分散を 1 に標準化したときの推定値である標準偏回

帰係数 (標準解) が便利です. 図 1.4 に標準解を示しています. この分析結果を見て初めて, 3 つの独立変数のうち, 乗車年数が価格に一番大きな影響を及ぼしていると判断できるのです.

分散を 1 に標準化すると, 共分散は相関係数になります.[3] 例えば, 図 1.4 ならば, 走行距離と乗車年数の相関係数の推定値が 0.28 であることが分かります. 独立変数間の相関が大きいと多重共線性という問題が生じて分析が適切に行われない可能性があります. この意味でも, パス図に相関係数の推定値を入れておく意義があります.

標準解の誤差 e_1 の矢印上に示してある 0.32 という値は, 誤差 e_1 の大きさ (標準偏差) の推定値です. この値から, 決定係数が

$$R^2 = 1 - 0.32^2 = 0.90 \tag{1.3}$$

と計算できます. (1.2) で与えた単回帰分析の決定係数は $R^2 = 0.83$ ですから, やや説明力が増していることが分かります.

1.4 共分散構造分析へ

前節で紹介したのは標準的な重回帰分析の流れです. この分析はほとんどの統計解析パッケージで実行することができます (ただし, パス図は描いてくれません). 本節ではこの分析を更に進めます. まず, 以下の 2 点に注目しましょう.

(i) 乗車年数から価格への影響の大きさが単回帰分析と重回帰分析とで異なる.

(ii) 車検の残りは 2 年ごとに更新されるから乗車年数や走行距離とは無関係であろう. これを分析に活かしたい.

単回帰分析の結果が, 中古車は (一般的に言えば) 1 年古くなると 13.23 万円値段が下がる, と主張しているのに対し, 重回帰分析は「その他の要因を一定に保てば」値落ちは 12.67 万円ですむ, と主張します. つまり, 走行距離と車検の残りが同じならば, 1 年古い車の方が 12.67 万円だけ安いことになります. 逆に考えると, 1 年古くなると (一般には) 走行距離

---

[3] 1.5 節を参照.

が増すので 12.67 万円よりさらに下落し， 13.23 万円値落ちするのです.
そこで，次の仮説を考えてみましょう:

- 長期間乗ると走行距離が長くなり，その結果として中古
  車価格が下落する.
- 車検の残りは，走行距離, 乗車年数とは無相関で，これら
  とは独立に価格に影響する.

この仮説に基づくモデルは図 1.5 のように描くことができます. このモデ

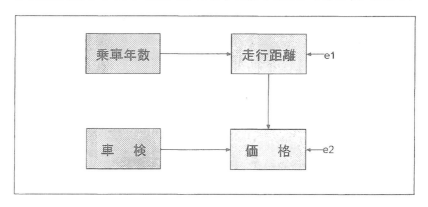

図 1.5: パス解析モデル 1

ルは，もはや，普通の回帰分析の範疇では分析できません. というのは，
重回帰モデルは，通常，(a) 矢印が向けられている変数 (従属変数) が一
つである (b) 独立変数間には自動的に相関が設定される，という状況を扱
うからです. そこで共分散構造分析の出番となるのです. 図 1.5 のモデル
は多重回帰モデルまたは，パス解析モデルとよばれています.
　図 1.5 のモデルでは，乗車年数は走行距離を通してのみ価格に影響を与
え，走行距離を経由しないで直接には価格へ効果を及ぼさないことを仮定
しています. つまり，走行距離が一定ならば乗車年数は価格に影響しない
ということですから，重回帰分析の結果と矛盾します. 従って，おそらく
このモデルは不適切で棄却されると思われますが，それはどのようにして
判断できるのでしょうか. また，そのような判断は，標本サイズ[4] $n = 12$

----

[4]標本の大きさ, n 数などともいう.

で可能なのでしょうか. このモデルに代わるより適切なモデルはどのようなものなのでしょうか. 第 2 章では, 共分散構造分析のソフトウェアの使用法を解説しながら, 以上のことを検討していきます.

1.5 共分散と相関係数

次のステップに進む前に, 共分散 (covariance) と相関係数 (correlation coefficient) について簡単に復習しておきましょう. n 人の被験者から項目 X, Y についてのデータを採ったとします:

$$\begin{pmatrix} x_1 \\ y_1 \end{pmatrix}, \begin{pmatrix} x_2 \\ y_2 \end{pmatrix}, \cdots, \begin{pmatrix} x_n \\ y_n \end{pmatrix}$$

これらのデータに基づいて, 平均 $\bar{x} = \frac{1}{n}\sum_{i=1}^{n} x_i$, $\bar{y} = \frac{1}{n}\sum_{i=1}^{n} y_i$ を計算し, そして, X の分散 s_{xx}, Y の分散 s_{yy}, X と Y の共分散 s_{xy} を以下のように計算します.

$$s_{xx} = \frac{1}{n-1}\sum_{i=1}^{n}(x_i - \bar{x})^2$$

$$s_{yy} = \frac{1}{n-1}\sum_{i=1}^{n}(y_i - \bar{y})^2$$

$$s_{xy} = \frac{1}{n-1}\sum_{i=1}^{n}(x_i - \bar{x})(y_i - \bar{y})$$

ここで, n ではなく $n-1$ で割っているのは不偏性という性質を重視するからです.[5]

相関係数 r_{xy} は次のように定義されます.

$$r_{xy} = \frac{s_{xy}}{\sqrt{s_{xx}s_{yy}}} \tag{1.4}$$

つまり, 相関係数 r_{xy} は共分散 s_{xy} を X と Y の標準偏差で割ったものになっています. 従って

$$r_{xy} = 0 \iff s_{xy} = 0$$

[5]推定量 $\hat{\theta}$ が不偏 (unbiased) であるとは $\mathrm{E}[\hat{\theta}] = \theta$ が成立することである.

が分かります. このことから, 相関がない (無相関) ことを「共分散が 0 で
ある」ということがあります.

　データの分散が 1, つまり

$$s_{xx} = s_{yy} = 1$$

となるように標準化されているときは, (1.4) から共分散と相関係数は一
致することが分かります.

$$r_{xy} = s_{xy}$$

前節で述べたように, パス図では双方向の矢印は共分散を表しますが,「標
準解を表示させると共分散は相関係数になる」理由はここにあります.

　たくさんの変数間の分散・共分散や相関係数は行列の形に書くと分かり
やすくなります. 表 1.1 の中古車価格データは 4 次元データです. 4 つの
変数の分散と共分散は合計 $4 + {}_4C_2 = 10$ 個あります. これらを表 1.2 の
ようにまとめたものを分散共分散行列といいます. 価格と走行距離の交点

表 1.2: 分散共分散行列: 中古車価格のデータ

	価　　格	走行距離	乗車年数	車　　検
価　　格	1144.061			
走行距離	-35.818	4.762		
乗車年数	-71.758	1.409	5.424	
車　　検	-25.879	-1.900	5.167	81.720

(非対角成分) にある -35.818 は価格と走行距離の共分散を表します. 走
行距離と走行距離の交点 (対角成分) にある 4.762 は走行距離の分散を表
しています. 価格と乗車年数の共分散と乗車年数と価格の共分散は等しく,
他の組み合わせでも同じことが言えるので, 行列の右上を省略するのが慣
習になっています.

　中古車データの相関行列は表 2.1 にあります.

　本書では, 母集団と標本をあえて区別しませんでした. 例えば, (1.4)
は正確には, 標本相関係数というべきで, 母相関係数

$$\rho_{XY} = \frac{\mathrm{Cov}(X,Y)}{\sqrt{\mathrm{Var}(X)\mathrm{Var}(Y)}}$$

とは別の概念です. 二つのことがら X, Y が独立 (または無相関) である
とき, 母相関係数は $\rho_{XY} = 0$ ですが, 標本相関係数は一般に $r_{xy} \neq 0$ で
す. 逆に, $r_{xy} \neq 0$ だからといって, X, Y は独立ではないということには
必ずしもなりません. 1.4 節で, 車検の残りと乗車年数とは無関係と考え
られると言いましたが, 標本相関係数の値は $r = 0.25$ (図 1.4) となって
います. このように, 統計学の初学者にとって, 母集団と標本の区別はや
や難しいところがあるので, 本書では厳密には区別しないことにします.

第2章
AMOS, EQS, CALIS 初体験:
パス解析と多重指標分析

本章では，上記3つのソフトウェアの使い方を解説します．最初 (2.2 節) に解析するのは，第1章で回帰分析した「中古車価格のデータ」です．第 1 章での分析の続編で，ここではパス解析を行います．2.3 節では，マーケティングリサーチから「自然食品の購買行動のデータ」を取り上げ，多重指標モデルを用いて分析します．

2.1 変数とパス図

分析の前に，変数とパス図について明確にしておきます．回帰分析では，独立変数 (原因系変数) と従属変数 (結果系変数) の区別は明確です．しかし，図 1.5 のような因果関係を考えるとその区別は怪しくなってきます．変数「乗車年数」と「車検」が独立変数で，「価格」が従属変数であることは明らかです．しかし，「走行距離」は「価格」に対しては原因系ですが，「乗車年数」との関係では結果系になります．共分散構造分析では，このような変数を従属変数に分類します．一般的に言えば，片方の矢印 (共分散や相関を表す双方向の矢印ではない) を一つも受けていない変数が独立変数で，一つでも受けていれば従属変数となります．

　多変量解析では、「知能」「やりがい」「有能感」などという直接観測できない変数を導入することが分析者の理解を助けることがあります. このような変数を潜在変数といいます. これに対して, 直接観測できる変数を観測変数といって区別します. 2.3 節では、「食物意識」と「購買意欲」という潜在変数を分析に導入します. パス図上では, 観測変数を長方形で, 潜在変数を円または楕円で囲んで表示します. 誤差変数は潜在変数に含められるのですが, 円や楕円で囲む流儀と囲まない流儀があります. 二つの変数間の関係では, 因果は片方の矢印で, 相関は双方向の矢印で表すのは前章で述べたとおりです.

2.2　パス解析: 中古車価格

　中古車価格データの解析の簡単なまとめをここで述べます. ソフトウェアの実際の操作方法は, 2.2.1 節〜2.2.3 節で解説します.

表 2.1: 相関行列: 中古車価格のデータ

	価格	走行距離	乗車年数	車検
価格	1.000			
走行距離	-0.485	1.000		
乗車年数	-0.911	0.277	1.000	
車検	-0.085	-0.096	0.245	1.000

　多次元データ分析のスタートは, データの吟味, 相関行列[1]の検討です. 中古車価格のデータ表 1.1 の相関行列は表 2.1 のようになります. この相関行列で, 絶対値の一番大きな値は -0.911 です. この値は横軸が「乗車年数」で縦軸が「価格」の交点にありますから, 二つの変数「価格」と「乗車年数」の相関係数を表しています. 変数が4つあるので, 相関係数は $_4C_2 = 6$ 組あり, それらを行列にまとめたものを相関行列とよんでいます. 例えば,「価格」と「乗車年数」の相関と「乗車年数」と「価格」の相関は等しいので, 行列の右上を省略するのが慣習になっています.

---

[1]正確には標本相関行列というべきであるが, ここでは単に相関行列とした.

「価格」と「乗車年数」の相関の値 -0.911 はかなり強い負の相関を表しています.「乗車年数」が長いと中古車価格は値落ちするので負の相関になります. やや疑問なのは,「車検」と「価格」の相関が -0.085 と負の相関になっていることです.「車検」の残りが多ければ価格は上がるはずです. しかしながら,「乗車年数」及び「走行距離」との関わりで 0 に近いながらも負の値になってしまっています.[2]

図 1.5 のパス解析モデル 1 における推定値は図 2.1 のようになります.[3]

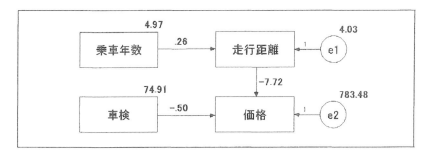

図 2.1: パス解析モデル 1 と推定値

パス解析モデル 1 は以下の二つの理由で不適切であるという結論になります.

a) 回帰分析の立場から決定係数を吟味すると,「走行距離」と「車検」から「価格」を予測する重回帰式の決定係数は $R^2 = 0.26$ となり,[4] 単回帰分析 [$R^2 = 0.83$ (1.1) 式] や重回帰分析 [$R^2 = 0.90$ (1.2) 式] と比較するとずいぶん低いことが分かります. 従って, このモデルは中古車価格を十分に説明していると言えず, 適切ではありません.

b) 共分散構造分析には適合度指標[5]という, モデルの当てはまりの良さ

---

[2]豊田秀樹氏 (早稲田大学) は次のような解釈を与えている : 車検の残り期間が長い車は古い可能性が高い. そのため価格が安くなる傾向がある.

[3]図 2.1 は AMOS による. 標準解は図 2.12 にある. EQS のパス図は図 2.24, 図 2.25 に与えられている. CALIS にはパス図を描くオプションが用意されていない.

[4]図 2.12 に標準解が示してあり, 価格 の右肩に R^2 が出力されている

[5]適合度指標についての詳細は 4.7 節で解説する. 回帰分析にはこのような指標はない. また, 4.7 節の終わりで, 重回帰分析とパス解析の違いや, 決定係数 R^2 と適合度指標の関係などについて補足する.

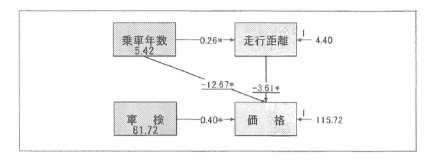

図 2.2: パス解析モデル 2 と推定値

を表す指標があります. 代表的な適合度指標であるカイ 2 乗値は次
のようになります:

> カイ 2 乗値＝ 23.03, 自由度＝ 3, p 値＝ 0.0000

カイ 2 乗値は, データとモデルの距離をカイ 2 乗分布[6]と比較でき
るように変換した統計量で [従って, 小さい方が良い当てはまりを示
す], p 値が 0.05 より小さいとき, そのモデルは有意水準 5% で棄
却されます. 従って, 適合度の観点からパス解析モデル 1 は採用で
きないことになります.

　そこで, 「走行距離」が一定であっても, 古くなれば価格が下がるとい
う前節の結果を考慮して, 「乗車年数」から「価格」へ直接の矢印 (パス)
を入れたモデル (パス解析モデル 2) を考えてみます.

　このモデルでの推定値は図 2.2 で与えられています. 決定係数は $R^2 =$
0.90 となり, 重回帰分析と同等の結果です. また, 適合度指標は

> カイ 2 乗値＝ 1.03, 自由度＝ 2, p 値＝ 0.5972

となり, 十分良い当てはまりであることが分かります.

　パス解析とはいったい何をどのように分析しているのでしょうか. 概念
的には, パス解析は基本的に重回帰分析の繰り返しであって, 中古車価格

---

[6]142 ページ脚注にカイ 2 乗分布の定義がある.

に関するモデルの場合ならば，従属変数ごとに次の (重) 回帰分析を実行
していると考えてよいでしょう:[7]

$$価格 = \beta_0 + \beta_1 走行距離 + \beta_2 乗車年数 + \beta_3 車検 + 誤差$$
$$走行距離 = \beta_0' + \beta_1' 乗車年数 + 誤差'$$

共分散構造分析では，重回帰分析で偏回帰係数とよばれていた β をパス
係数といいます.

　パス解析モデル 2 による分析結果と単回帰分析結果 (図 1.2) を比較して
みると，いくつかの興味ある知見が得られます．単回帰分析における回帰
係数の推定値 [$\hat{\beta} = -13.23$ (1.1) 式] とここで得られたパス係数の推定値
との間には

$$-13.23 \approx -12.67 + 0.26 \times (-3.61) = 13.61$$

なる関係があることが分かります．図 2.2 では，「乗車年数」の値が 1 増
えると，「価格」への直接のパスから -12.67 が出てきます．つまり，乗車
年数が一年長くなることによって，12.67 万円価格が下がります．それに
加えて，一年古くなると走行距離が 0.26 (万 km「走行距離」) 増え，こ
の増分が $0.26 \times (-3.61)$ だけさらに価格を引き下げるのです．従って，両
辺とも，一年古くなると値落ちする額を表していますから当然近い値にな
るのです.

　つまり，パス解析モデル 2 は，「乗車年数」から「価格」への効果を，「走
行距離」を経由する間接効果と「走行距離」などを経由しない直接効果に
分解していると言えます．直接効果と間接効果の和を総合効果といい，単
回帰分析は，そのプロセスはともかくとして，独立変数が従属変数へ及ぼ
す効果の大きさをすべて合せた総合効果を求めているわけです.

　直接効果が大きいことは面白いことだと思います．通常，モノ (中古)
の価格は「どれだけ使ったか (走行距離)」で決まるべきでしょう．この意
味で，車の価格が走行距離よりも年式に大きく依存するのは意外です．そ
の理由はいくつか考えられます．その一つは，車を買おうとする人がその

---

　[7]あくまでも「概念的に」ということであって，実質的には，共分散構造分析としてのパ
ス解析は重回帰分析を大きく越えるものである．詳しくは豊田 (2000 第 8 章) や狩野 (2000)
を参照のこと.

利用価値に重きをおいていないのではないかということです. もう一つは車検制度の亡霊です. 法改正があって現在はそうではなくなりましたが, 以前は, 11 年以上乗った車は, その走行距離に関わらず一年ごとに車検を受けなければなりませんでした. そのため, まだまだ乗ることができても, 一年車検を機に廃車にするオーナーが多かったわけです. つまり, あと何キロ運転できるかということよりも, あと何年所有するかが重要であると考えていた, その亡霊が今でも生きているということでしょうか.

　次に, 「車検」のパス係数が 0.40 と推定されていることに注目しましょう. もし 2 年間 (=24ヶ月) 車検が有効だとすると,

$$0.40 \times 24 = 9.60 \, (\text{万円})$$

だけ中古車の値段が上乗せされることになります. この値段はほぼ車検に要する費用と考えれられ, その価値は車検の残にしたがって直線的に減少します. ただ, この推定値に基づくワルド検定は有意ではなく,[8] このデータからは, 「車検」から 「価格」への効果があるとは積極的には言えません. この効果を統計的に確認するにはもう少しデータが必要です.

　以下の節では,

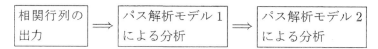

という順にしたがって, 各ソフトウェアによる分析の手順を説明します.

2.2.1　AMOS

　AMOS をインストールすると, 8 つのアイコンのグループができます (図 2.3 左)[9]. 主に使うのは Amos Graphics と Amos Basic です. Amos Graphics はパス図を描いて分析をするためのアイコン, また, Amos Basic[10] はテキスト形式のモデルファイルを作成して分析するためのアイコ

---

　[8]ワルド検定については, 5.1 節を参照のこと.

　[9]アイコンのグループがない場合は, (ウインドウズの) スタートボタン → プログラム → AMOS を順に選択すると, 図 2.3 の右図が現れる.

　[10]バージョン 3 では Amos Text であったが, バージョン 4 で Amos Basic に変更された. 基本的な考え方は変わらないものの互換性はなく, 変換ツールもないようである

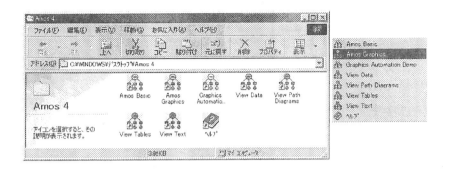

図 2.3: AMOS 4 のアイコン (左) とスタートボタンからの選択 (右)

ンです. 後者で分析するとパス図は描いてくれませんし, 分析した後でパ
ス図を描いても推定値を入れることはできません. Amos Basic はパス図
との連携は考えていないのです. しかし, 分析する変数が多いときやパス
をたくさん引くような場合は Amos Basic の方が便利です. 例えば, デー
タの相関行列を計算する場合には Amos Basic を利用します.

AMOS で分析する前にデータファイルを作成します. AMOS はテキス
ト (*.txt), MS-Excel(*.xls など), SPSS のデータファイル (*.sav)[11]や
各種データベースのデータを直接読むことができます. ここでは, テキス
ト形式と MS-Excel 形式のデータファイル例を図 2.4 に示しています. 1
行目に変数名を書くこと, テキスト形式の場合はカンマ区切りにするこ
とが用件で, MS-Excel 形式の場合はバージョン情報も必要です. データ
ファイルを作成したら適当なフォルダに保存します.

観測変数間の分散・共分散や相関係数を出力するには Amos Basic が
便利です. Amos Basic を立ち上げて図 2.5(上) のように入力します. こ
こでプロセスは Amos 4.0 日本語ガイドブック 1-11〜1-13 とまったく同
じなので詳細は省略します. このウインドウにある ▶ ボタンをクリッ
クすると Amos Basic が計算を開始し, 別ウインドウに出力がなされます
(図 2.5(下)).

次に, Amos Graphics によるパス解析モデル 1 での分析に移ります. メ
モリを節約するため, Amos Basic 関連のウインドウ (二つあります) を閉

---

[11]SPSS は有名な汎用統計解析プログラムである. 入手先は 280 ページに紹介している.

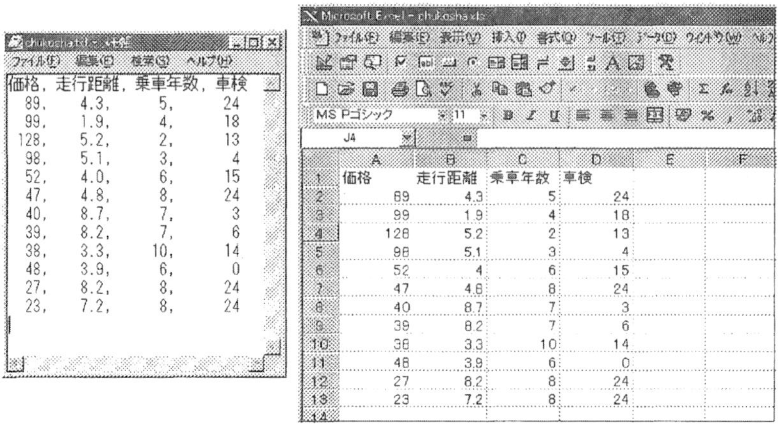

図 2.4: データファイル: chukosha.txt (左) chukosha.xls (右)

じておきましょう．Amos Graphics を立ち上げると，メインのウインド
ウとツールバーが現れます．(図 2.6)[12]

AMOS ウインドウの上部に以下の (プルダウン) メニューがあります
(図 2.6 参照).

ファイル　編集　表示　図　モデル適合度　ツール　ヘルプ

ここにはすべてのコマンドが備わっており，それぞれのコマンドにホット
キーが割り当てられています．ツールバーには AMOS を実行するのに必
要なコマンドの多くが登録されています．また，マウスの右ボタンをク
リックすると，パス図を描くときに便利なコマンドがポップアップします.
ここでは，ツールバーかマウス右ボタンを主に使って解説していきますが，
どのオプションを使うかはあくまでも好みの問題です．なお，ツールバー
は ツール ─ ツールバーの変更 でカスタマイズできます.

AMOS[13] の画面にパス図が表示されていたら， ファイル ─ 新規作成 を
選択してパス図を消し，新しいモデルを作成する準備をしておきます．デー
タファイルを指定するには， ファイル ─ データファイル ─ ファイル名 を選

---

[12]ツールバーの並びは図 2.6 のとおり出ないことがある．ここでのツールバーは 23 × 3
の形であるが，これはツールバーの縁をドラッグすることで随意に変更できる.

[13]以下，Amos Graphics を単に AMOS とよぶことにする.

択し，先ほど保存したファイルを指定します．ツールバーを使うときは
![icon] をクリックします．データファイルダイアログで データの表示 をク
リックしたとき図 2.7 のようになっていれば OK です．

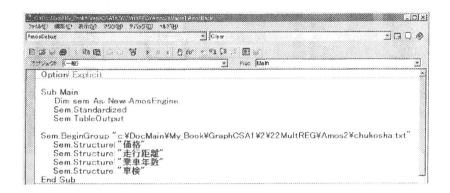

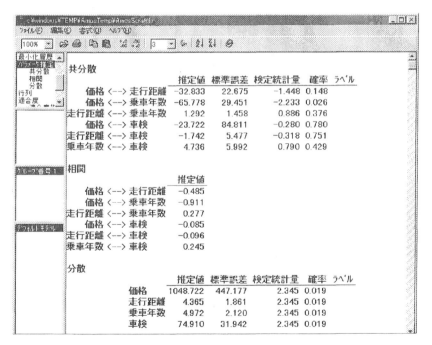

図 2.5: Amos Basic による分散・共分散・相関係数：入力 (上) 出力 (下)

　データの指定が終わったら，モデルのパス図を描きます．図 2.12 は
AMOS で描いたパス図で，そのまま出版に耐えうるできばえです．ここ
ではこのパス図の描き方を順に説明します．

　4 つの変数を描くために，ツールバーの □□ をクリックし，カーソルを
一つ目の変数を描きたいところへ移動，クリック＆ドラッグして好みの大
きさになったところでドロップします．大きさが気に入らないときはマウ
スの右ボタンを描いた長方形上でクリックし オブジェクトの形を変更 を
選択すると (図 2.8) 長方形の形・大きさを変えるモードになります．長
方形の上を適当にドラッグすることにより形・大きさを変えます．同じ大
きさの長方形を描くにはコピーが便利です． オブジェクトの形を変更 を選
んだときと同様に，マウスの右ボタンを長方形上でクリックし 複写 を

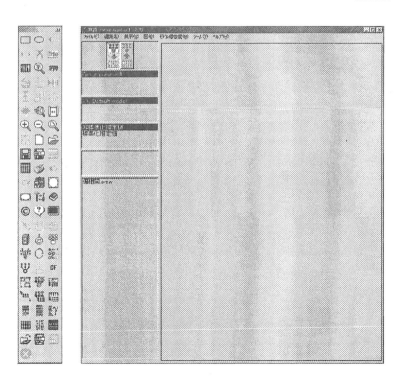

図 2.6: Amos Graphics 初期ウインドウ

chukosha.xls
ﾌｧｲﾙ(F) 書式(O) ﾍﾙﾌﾟ(H)
chukosha

価格	走行距離	乗車年数	車検
89	4.3	5	24
99	1.9	4	18
128	5.2	2	13
98	5.1	3	4
52	4	6	15
47	4.8	8	24
40	8.7	7	3
39	8.2	7	6
38	3.3	10	14
48	3.9	6	0
27	8.2	8	24
23	7.2	8	24

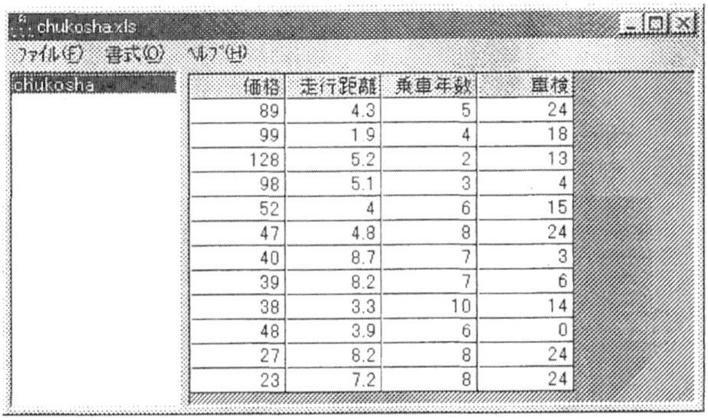

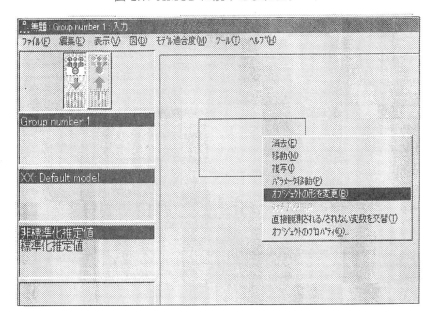

図 2.7: AMOS に読みこまれたデータ

図 2.8: 長方形の大きさを変える

選択するとするとコピーモードになります．描いてある長方形を適当な場所にドラッグ＆ドロップすると長方形をコピーできます．図 2.12 を参照しながら，これを繰り返して合計 4 つの長方形を描きます．誤差変数を

描くため，⬚ をクリックし，右上の長方形の上でもう一度クリックすると誤差変数が付与されます．その位置を変更するには，希望の場所が表示されるまでクリックを繰り返します．カーソルを右下の長方形に移動させ，同様にクリックを繰り返し，もう一つの誤差変数を描いてください．オブジェクトを動かしたいときは，当該オブジェクトの上で右クリックし 移動 を選択します．そして，オブジェクトをドラッグしてください．

　パス図を描いているとき，オブジェクトがウインドウからはみ出してしまうことがあります．一つの解決策は横長の画面にすることで， 表示 ─ インターフェースのプロパティ ─ ページレイアウト ─ 横方向 を選択して 適用 をクリックしてください．このダイアログを閉じるには右上の ✕ をクリックします．

　次に，因果を表す矢印 (3本) を入れるため，ツールバーで片方矢印 ⬅ をクリックします．そして，矢印の始点にしたい長方形のやや縁よりから終点の長方形までドラッグします．失敗した矢印はその上にカーソルをおいてマウスの右ボタンをクリックし 消去 を選択すれば消すことができます．最後に変数名を入れます． 表示 ─ データセットに含まれる変数 を選択 (ツールバーを使う場合は ▤) すると図 2.9(左) のような変数名の一覧が表れるので，このダイアログから変数名を入れたい長方形へドラッグ＆ドロップします． すべての観測変数に変数名を入れ終わったらこのダイア

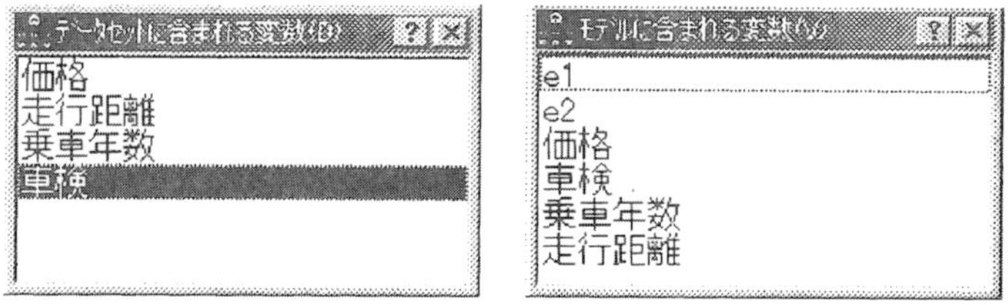

図 2.9: 変数名の一覧：データ (左) とモデル (右)

ログを閉じておきましょう．誤差変数に名前を付けるには，誤差変数をダブルクリックして「オブジェクトのプロパティ」のダイアログを開き，変数名に e_1 を入れます．ダイアログをそのままにして，もう一つの誤差変数をクリックし，今度は，e_2 を入力し，ダイアログを閉じます．誤差変数

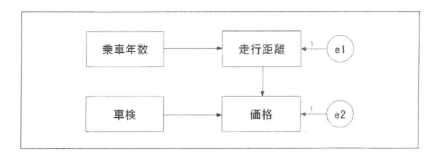

図 2.10: パス図でき上がり

がたくさんあるときは, ツール ─ マクロ ─ Name Unobserved Variables を選択すると, すべての誤差変数へ順に $e_1, e_2, \cdots$ の変数名が付与されます.

図 2.10 のようなパス図が描ければでき上がりです. このモデルに含まれている変数は 表示 ─ モデルに含まれる変数 を選択することで (ツールバーでは) 確認できます (図 2.9(右)). 一方, 変数名の大きさやフォントが気に入らない場合は, 当該変数をダブルクリックして, フォントサイズやフォントスタイルを変更します.

思うようなレイアウトのパス図が完成したら, このモデルを path1.amw として保存しておきましょう.

出力の設定をするため, 表示 ─ 分析のプロパティ (または) を開き, 出力 タブを選択します. このダイアログで図 2.11 のように 4 つのチェックを入れましょう. さらに, 出力の書式 タブを開いて, 最小小数桁数・最大小数桁数・有効桁数が適切に指定されているかを確認します.[14]

さて, ここまで準備ができれば, いよいよ分析の開始です. AMOS を走らせるには, をクリックします. すると, このモデルでは次の警告がなされます:

> Amos では次の変数組は無相関でなければなりません.
> ＊ 乗車年数 < > 車検

この警告は,「(誤差変数以外の) 独立観測変数間には相関を入れるのが普

---

[14]順に, 3, 8, 3 ぐらいでよいだろう.

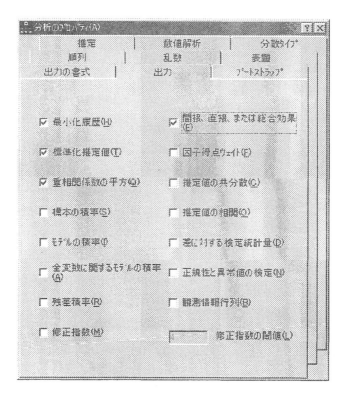

図 2.11: 分析のダイアログ

通であるが，あなたのモデルには「乗車年数」と「車検」の間に相関が設
定されていないが大丈夫ですか」という意味です．本モデルでは意識的に
これらの変数間の相関を入れていないので，そのまま分析を続けてかまい
ません．分析を行う をクリックします．

　モデルやデータに問題がなければ，パス図の横のカラムに分析の途中経
過が表示され，最後にカイ 2 乗値 (=23.0)・自由度 (=3) が出力されます．

分析の結果をパス図の上に表示するため，パス図の左上にある　　　　 を

クリックします．そうすると，図 2.12 の結果が得られます．片方矢印の
上に表示された数値はパス係数の推定値です．独立変数の右肩にある数値

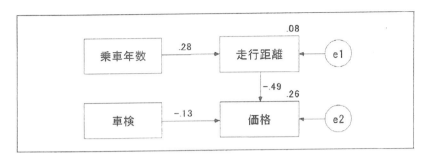

図 2.12: パス解析モデル 1 と標準解

は当該変数の分散の推定値です.

変数の分散をすべて 1 になるよう標準化した推定値である標準解は, パス図の左側にある 標準化推定値 をクリックするとパス図上に表示されます.

このパス図では推定値のフォントを少し大きくしてあります.「走行距離」の長方形をダブルクリックしたのち パラメータ タブをクリックすれば, フォントサイズとスタイルを好みのものに変更することができます. もちろんこれをすべてのオブジェクトについて繰り返してもよいのですが, もう少し便利な方法があります. オブジェクトの属性をドラッグして

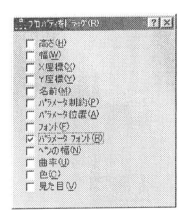

図 2.13: オブジェクトの属性を移す

他のオブジェクトへ移すというわざです．ここで，パラメータフォントにチェックを入れ，「走行距離」を「価格」までドラッグすると，「価格」にある .26 のフォントサイズとスタイルが「走行距離」のそれと同じになります．このようにしてドラッグを繰り返すと，パス係数などすべての推定値のフォントサイズとスタイルを変更することができます．

推定結果の出力をテキスト形式で見るには，表示──テキスト出力の表示（ツールバーでは）を選択します．また，推定値を加工したりグラフ化をしたい場合は，表計算ソフトのスプレッドシート上に推定値を出力するのが便利です．そのためには，表示──表出力の表示（ツールバーでは）を選択します．

表 2.2: パス解析モデル 1 の適合度

カイ 2 乗値＝ 23.027，自由度＝ 3，確率水準＝ 0.000

モデルの適合度を見ると，表 2.2 のようになって，パス解析モデル 1 は棄却されます．そこで，これからモデルを修正することにしましょう．[15]

パス図の左上にある  をクリックし，モデルを変更するモードに戻し，「乗車年数」から「価格」へパスを引きます．このモデルを path2.amw として保存しておきましょう． をクリックして解析を進めます．

表 2.3: パス解析モデル 2 の適合度

カイ 2 乗値＝ 1.031，自由度＝ 2，確率水準＝ 0.597

---

[15]確率水準とは p 値のことである．

をクリックして推定値をパス図上に表示させ，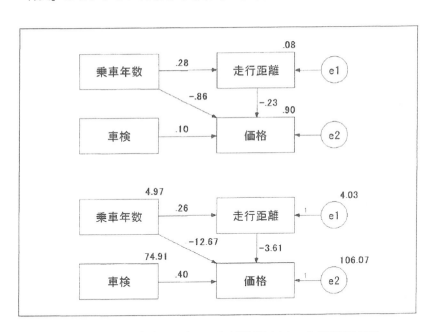 をクリックして表出力のテキスト表示を確認します．カイ2乗値は，推定値のセクションの直前に以下のように出力されています (表 2.3)．図 2.14 に標準解と非標準解を報告しています．

従属変数である「走行距離」と「価格」の右肩に .08 と .26 が表示されています．これらは本モデルで説明される従属変数の変動の割合を示し，回帰分析の言葉で述べるならば重相関係数の2乗，すなわち，決定係数にあたります．

直接効果・間接効果・総合効果は，表によるテキスト形式の出力では「行列」のセクションにまとめられています．

図 2.14: パス解析モデル 2 と標準解 (上)，非標準解 (下)

2.2.2　EQS

　本格的な分析に入る前にデータの吟味を行います. この点で優れた分析オプションを提供しているのが EQS[16] です. まず, 表 1.1 のデータを入力しましょう. データ入力の際は, EQS のデータエディタに直接入力することもできますし, テキストエディタなどで作成したファイルをデータシートに読み込むこともできます.

　ここでは EQS のデータエディタで直接データを入力してみましょう. EQS を立ち上げて File － New を選択すると「ファイルを開く」ダイアログが開きます. 作成したいデータファイル名 chukosha を入力し, ファイルの種類を EQS System Data(*.ESS) として「開く」ボタンをクリックすると, Create a New File ダイアログが開きます. そこで, Create a Raw Data File を選択し, 変数の数 (ここでは 4) とサンプルサイズ (ここでは 12) を入力してから OK ボタンをクリックすると, chukosha.ess が新規作成され, 12 行× 4 列のセルが用意された白紙のデータシートが表示されます. これがデータエディタです. この上で表 1.1 のデータを入力します. データの 1 行目には, 変数名を入力することができます. Data － Information を選択すると, Define Variable and Group Names ダイアログが開きます. 変数のリストが表示されていますので, 名前を付けたい変数名をダブルクリックすると, Variable and Code Name Editing ダイアログが開き, 変数名を入力することができます. なお, ここでは日本語や漢字は使えません.[17] 作成したデータは, メニューから File － Save として保存しておきましょう (図 2.15).

　また, テキストエディタなど外部アプリケーションで入力したデータを EQS で読み込むこともできます. 例えば, chukosha.dat というファイルをテキストエディタで作成し, 表 1.1 のデータを入力します. ここで重要なのは拡張子を *.dat とすることです. このデータを EQS が扱えるデータ形式に変換して読み込むためには, 次のようにします. メニューから File － Open を選択すると Open ダイアログが開きます. そこで, List Files of Type を Raw Data Files(*.DAT) に指定すると, chukosha.dat が

---

[16]本書で解説する EQS は Version 6 であるが, 2002 年 2 月現在まだ正式リリースとなっていない. そのため, すべてのプログラムは β 版 Build100 を用いて作成されており, 正式リリース版とは若干表記等が異なる可能性があることを了解されたい.

[17]パス図における日本語の表示法については, 2.3.2 節でふれる.

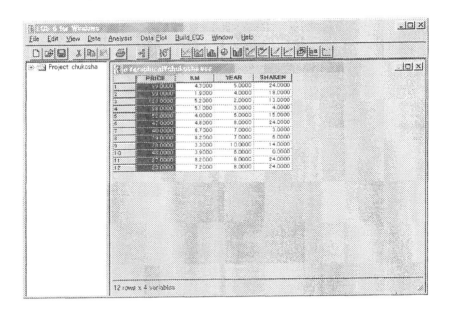

図 2.15: EQS データエディタ

表示されるはずです. 表示されなければ, フォルダ (ディレクトリ) が間違っ
ていると考えられるので, 適切なフォルダを選択します. chukosha.dat
を選択し OK ボタンをクリックすると Raw Data File Information ダイ
アログが開きます. ここではモデルファイルの書式を設定します. 作成し
たデータファイルの変数間の区切り文字・欠損値・1 ケースあたりの行数
など必要な書式を選択・入力してください. また, Fixed Format を選択
すると, Format Builder ボタンがアクティブになります. このボタンを
クリックすると, Format Generator ダイアログが開き, ユーザー独自の
データ入力形式を詳細に設定することも可能です. このように書式を設定
し, OK ボタンをクリックすると, String found in the first case. Treat
it as variable labels?(データの第 1 行目に文字列がある. 変数名として
扱ってよいか?) と聞いてくるので Yes ボタンをクリックしましょう. す
ると, データエディタに, chukosha.ess が表示されます. 先ほど EQS で
作成したデータファイル (図 2.15) と同じものが作成されているはずです.
　相関行列 (分散共分散行列) を計算するには, メニューから Analysis

Correlations を選択します. Covariance/Correlation Matrix ダイアログ
が開くので，Type で Correlation Matrix (Covariance Matrix) を選び，
Variable List から計算したい変数を Selection List に移動させて選択し，
OK ボタンをクリックすると，output.log ウインドウに相関行列 (分散
共分散行列) が出力されます. Covariance/Correlation Matrix ダイアロ
グで Option を選択すると，Covariance/Correlation Matrix Options ダ
イアログが開きます. ここで，Put Matrix in a new data Editor を選択す
ると，相関行列 (分散共分散行列) をデータエディタへ出力してくれます.
　次の解析に進むため，Window ├ chukosha.ess を選択して，データエ
ディタをアクティブにしておきます.
　ここからすぐに回帰分析や共分散構造分析を実行することもあるのです
が，その前にデータを色々な角度から吟味しておくことが重要です. その
基本はデータの散布図を検討することでしょう. EQS のツールバーには
12 個の統計解析に関するボタンが用意されており (図 2.15 の上部)，種々
の事前解析ができるようになっています. 散布図を描くには右から 4 つ目
のボタン　　　　をクリックします. Scatter Plot ダイアログが開き，X 軸
と Y 軸にどの変数を指定するかが問われます. そこで，すべての変数を
指定し OK をクリックすると散布図行列 (MA チャート) を描くことが
できます (図 2.16).
　散布図行列の対角の部分にはそれぞれの変数のヒストグラムが描かれ
ています. 散布図とヒストグラムを吟味することにより，異常値や入力ミ
スがないかどうか，さらには，分布が正規分布からかけ離れていないかど
うかなどをチェックします. 一つの散布図で，ある個体にマークを入れる
と他の散布図にもその個体が自動的にマークされます.[18] 個体にマークを
入れるにはマークを入れたい個体の左上をクリックし右下へドラッグして
個体を点線で囲みます. やや見づらいのですが 図 2.16 では，「YEAR(乗
車年数)」と「KM(走行距離)」の散布図の右下のデータをマークしていま
す. ディスプレイ上では，マークされた個体は (初期設定では) 赤色にな
ります.
　図 1.1 のように一つの散布図の画面に回帰直線を入れるには，散布図
行列においてそうしたい散布図をダブルクリックします. 例えば，年数

---

[18]このような機能をもつ散布図をブラッシング散布図という.

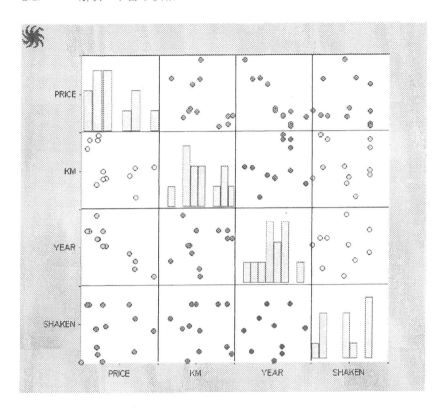

図 2.16: 散布図行列

が走行距離にどのように影響するか調べるため,「YEAR(乗車年数)」-「KM(走行距離)」の散布図をダブルクリックすると, 図 2.17 が表示されます. 単回帰モデルの決定係数が $R^2 = 0.077$ ですから, 相関係数は $r = \sqrt{0.077} = 0.277$ となり, 期待したほど相関は高くありません. また, 回帰直線が, $Y = 3.80 + 0.26X$ と推定されており, これから 1 年の (平均) 走行距離が 2600KM と推計できます. これはかなり少ないと言えます. この理由として, (a) 一般に走行距離には大きなばらつきがあること, (b) マーク II 2000 はいわゆるハイオーナーカーであること, また特に首都圏ではサンデードライバーが多いことから, あまり走行距離が伸びないことなどが考えられますが, それでもなお過小評価の感があります. この散布図を見ていると, 右下の方にやや外れ値かなと思われるデータがあり

ます. 10 年落ちで走行距離が 3.3 万キロの車です. 一瞬, 13.3 万キロの間違いではないかと疑いましたが, 最近の車は 10 万キロ台も表示されますから, そのようなことはないと思います. もし, このデータが異常であると判断し取り除いたら, 回帰直線や相関はどのようになるでしょうか. EQS はそのようなことをいとも簡単にやってのけます. 取り除きたい個体をマーク (個体の左上から右下へドラッグ) した後, 左上の「ブラックホール」へドラッグします. すると, 直ちにその個体を取り除いた場合の回帰直線を書き直してくれます (図 2.18). 取り除いた個体をもとの散布図へ戻すにはブラックホールをダブルクリックすればよいのです. このように EQS ではダイナミックな解析が可能です.

　この個体が, もとのデータでは何番目の個体だったかは, データエディタのウインドウを見ると分かります. ブラックホールに個体を入れた状態で, Window ┤chukosha.ess を選択してウインドウを切り替えると, 9 番

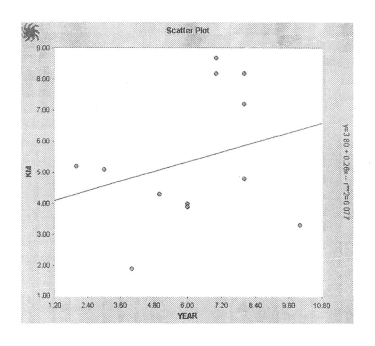

図 2.17: 年数と走行距離の散布図

目のデータ以外がすべて反転表示になっています. これは, マークしてい
た個体が反転していない 9 番目のデータであったことを示しているので
す. EQS では, 反転したデータを「select されたデータ」といい, データ
が select されている場合は, その select されたデータのみを用いて解析
をおこなうことになります. もしこの個体を除いて今後の解析をするのな
らば, このままにしておいてよいのですが, ここでは取り除かないことに
したいと思います. このマークをはずすには, Data ⊦ Use Data を選択
し Case Selection Specification ダイアログを開きます. そこで, Reset or
Unselect All Cases を選択して OK ボタンをクリックします.

　さて, 前節の最後で考察した図 1.5 のモデルでこのデータを分析してみま
しょう. そのためには, 図 1.5 のパス図を描くことになります. まず, 表示
ウインドウを切り替えて (メニューの Window を選択し, chukosha.ess
を選ぶ), データエディタを表示させます. ツールバーのまん中あたりの

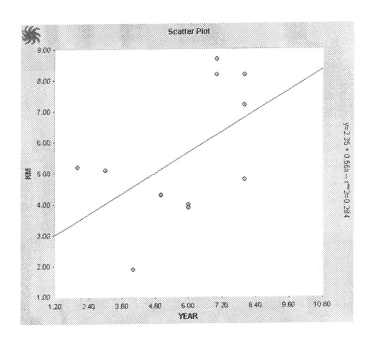

図 2.18: 外れ値らしき個体を取り除く

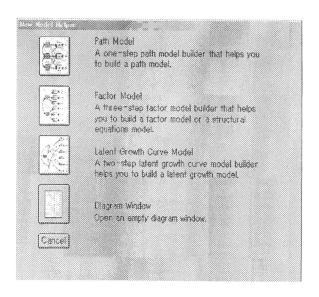

図 2.19: New Model Helper ダイアログ

ボタン 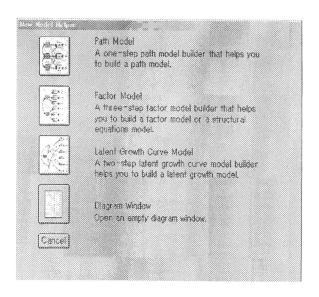 をクリックすると, 図 2.19 のような, New Model Helper というダイアログが開きます.

New Model Helper ダイアログには, 4つのメニューが用意されている ことがおわかりでしょう. EQS では, Version 6 から, よく使われる3種 類のモデル (パスモデル・因子分析モデル・潜在曲線モデル) に関しては, ヘルパーメニューから簡単な設定を行うだけで, 自動的にパス図を描いて くれる機能が加わっています. 中古車価格の分析はこのうちパスモデルに 該当しますが, まずはこのヘルパーを使わずにユーザーが自力でパス図を 描く方法を説明しましょう.

ユーザー自身がパス図を作成するためには, New Model Helper ダイアロ グの一番下にある Diagram Window を選択します. すると, chukosha.eds という名前の付いたウインドウが開きます. これが, ダイアグラマー (Di-agrammer) といわれるパス図を描くためのツールです. このウインドウ の左端には 15 個のパス図で使うパーツを表したボタンがあります. これ

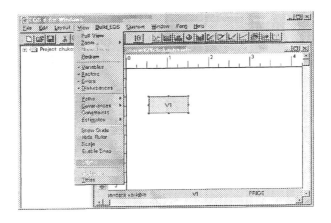

図 2.20: 変数のラベルを表示

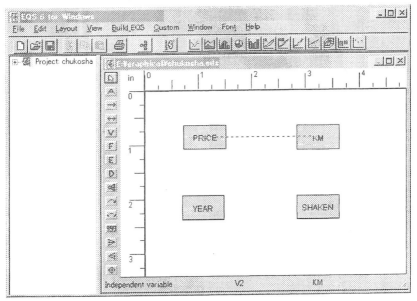

図 2.21: 矢印を描く

らのボタンから V をクリックすると， Do you want to add more than
one measured variable? (一つ以上の観測変数を描きますか？) と聞いて

くるので，Yes をクリックします．すると，Deploy Measured Variables
to Diagram ダイアログが表示されるので，左の変数リストから描きたい
変数をクリックで選択して (この場合はすべての変数ということになりま
す)，右に移動させます．OK をクリックすると，画面上に V1 V2 V3
V4 が描かれます．No をクリックした場合は，画面上にマウスポインタ
が表示されますので，適当な位置でクリックすると，その場所に V1 が描
かれます．V は観測変数 (Observed Variable) の意味で，後で出てくる，
潜在変数 F や 誤差変数 e, d と区別します．V_1 は，データファイルの第
1 列である PRICE を表しています．PRICE というラベルを表示させる
ために，View─Labels を選択すると，V_1 の代わりに PRICE と表示さ
れます (図 2.20)．PRICE はドラッグすればどこへでも移動させること
ができますから，図 2.21 を眺めながら，適当に位置決めしてください．

　次に上から 3 つ目の矢印のボタン→をクリックして，矢印を引きたい
始点の変数から終点の変数へドラッグすると，因果を表す矢印を引くこと
ができます (図 2.21)．誤差変数 e_2 は自動的に付加されます．[19] 誤差変数
の位置が気に入らないときは，ドラッグすれば任意の位置へ移動できます．
これを繰り返して図 1.5 を作成します．これでパス図の作成は終了です．

　次に，ヘルパーを使ったパス図の描き方を説明しましょう．先ほどの
New Model Helper ダイアログで，一番上にある Path Model を選択する
と，Path Model Builder (Step 1 of 1) ダイアログが開きます (図 2.22)．
ここでは，分析したい回帰式の従属変数 (Dependent Variable) と予測変
数 (Its Predictors; 独立変数) を指定します．図 1.5 のモデルでは，従属変
数 (矢印が向けられている変数) が二つあります．一つは「走行距離」で，
これの予測変数は「乗車年数」です．もう一つは「価格」で，これの予測
変数は「走行距離」と「車検」の残りの二つです．まず，Variable List の
KM を選択し，上の > をクリックすると KM が Regression Equation
の Dependent Variable ボックスに表示されます．次に，YEAR を選択
して下の > をクリックすると，YEAR が Its Predictors ボックスに表
示されます．この状態で Add ボタンをクリックすると Path Model の各
ボックスに乗車年数→走行距離のパスが設定されます．次に同じようにし

---

[19]本書では，誤差変数を小文字で書くので，パス図上の表記と異なることがある．次節で
出てくる 撹乱変数 d についても同様．

て，Dependent Variable ボックスに PRICE を，Its Predictors ボック
スに KM SHAKEN を表示[20]させて，Add ボタンをクリックすると，
このパスについても設定が行われます．

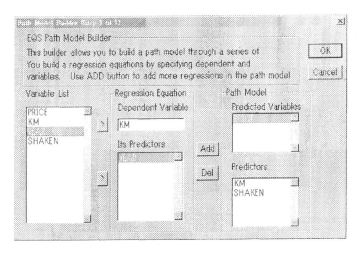

図 2.22: Path Model Builder ダイアログ

すべてのパスが設定できたことを確認して，OK ボタンをクリックする
と，自動的に newpath.eds というファイル名が付けられたパス図が生成
されます．これを用いてすぐにモデルの入力ファイルを作成することが
できます．なお，このパス図は全体がグループ化されていますので，各要
素の位置を変更したり，パスの削除・追加などを行いたい場合は，グルー
プを解除する必要があります．まず，パス図内の任意の位置をクリックし
て，パス図をアクティブ (選択された部分が小さな四角で囲まれる) にし
ます．そして，メニューから Layout Break Group を選択すると，パス
図が各要素に分解され，個別に設定を変更することができるようになりま
す．また，このヘルパーを使用すると，独立変数 (この場合は YEAR と
SHAKEN) 間にはデフォルト[21]で相関が設定されますが，このモデルの
場合は不要なので，当該のパスのみ選択して Edit Cut (または delete

---

[20]複数の変数を予測変数として選択する場合は，Variable List で Ctrl キーを押しながら
選択する
[21]ここでは各ソフトウェアの初期設定のこと．

キー) で削除します. 自動的に付けられたファイル名を変更したい場合は,
File ├ Save As を選択して, 任意のファイル名で保存してください.

次にモデルの入力ファイル (EQS モデルファイル) を作成するため,
Build_EQS ├ Title/Specifications を選択します. すると, Save changes
to "chukosha.eds" before Creating an EQS model? (EQS モデルを作成
する前にパス図を保存しますか?) と聞いてくるので, 普通は Yes をクリッ
クして保存します. 拡張子 *.eds は EQS でのパス図を格納したファイ
ルを表しますが, 指定しなくても自動的に付加されます.

ファイルの保存が終了すると, EQS Model Specifications ダイアログ

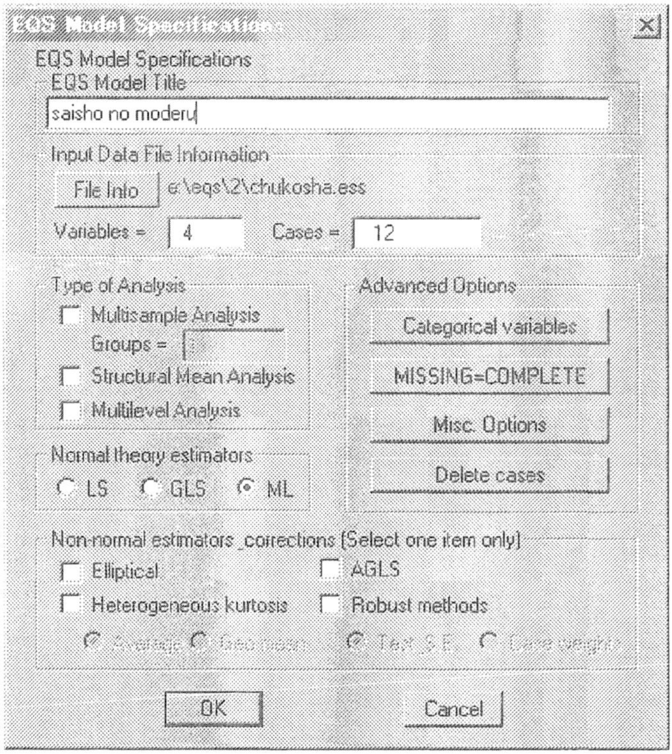

図 2.23: モデルや推定法などの指定

表 2.4: EQS モデルファイル

```
/TITLE
saisho no moderu
/SPECIFICATIONS
 DATA='E:\g_eqs\asarin\2\chukosha.ess';
 VARIABLES=  4; CASES=   12;
 METHODS=ML;
 MATRIX=RAW;
 ANALYSIS=COVARIANCE;
/LABELS
V1=PRICE; V2=KM; V3=YEAR; V4=SHAKEN;
/EQUATIONS
V1 =  + *V2 + *V4 + 1E1;
V2 =  + *V3 + 1E2;
/VARIANCES
V3 = *;
V4 = *;
E1 = *;
E2 = *;
/COVARIANCES
```

(図 2.23) が開くので，EQS Model Title で，適切なタイトルがあれば入力します (オプション). 私は，saisho no moderu とタイトルを付けました. このダイアログでは，多母集団の解析や平均を解析の対象に加えるか，さらには推定方法などが指定できるのですが，普通は OK ボタンをクリックするだけです. すると，表 2.4 ができ上がります.

　モデルファイルの説明は後に回して，EQS を走らせてみましょう. メニューから Build_EQS ─ Run EQS を選択し，ファイル名 chukosha.eqx を付けて保存[22]すると，別のウインドウが開いて推定値を計算します. 計算終了後，出力ファイル chukosha.out が開きます. このファイルには多くの出力情報が含まれているのですが，ここでは詳しくは見ずにパス図

---

[22]旧バージョン (Version 5.7 以前) の EQS では，モデルファイルの拡張子は *.eqs であったが Version 6 からは，*.eqx に変更されている. この*.eqx ファイルを実行すると，出力ファイルと同時に *.eqs ファイル (コマンドファイル；内容は*.eqx と同じ) が生成される. このファイルは，ユーザーが直接編集することが可能であり，またモデルファイルと同様に実行することもできる. ただし，*.eqs は，パス図 *.eds との連携を取ることができず，Build_EQS からコマンドを選んでオプションを付加することもできない.

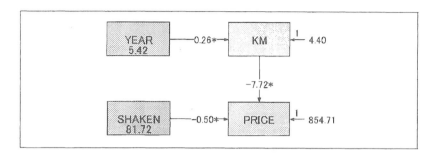

図 2.24: パス解析モデル 1 と推定値

のウインドウへ移ります. Window ─┤ chukosha.eds を選択してパス図を表示させ, さらに, View ─┤ Estimates ─┤ Parameter Estimates を選択すると, 図 2.24 のように推定値が表示されます.[23]

　すべての変数の分散を 1 に標準化した標準解は, View ─┤ Estimates ─┤ Standardized Solution を選択することによって表示できます. また, このモデルの適合度は View ─┤ Statistics によって表示でき, これをパス図に書き込むには Drop ボタンをクリックします (図 2.25). これらの統計量は見やすい場所にドラッグでき, また, フォントの変更もできます.

　なお, Statistics によって表示される適合度指標は, CFI, BBNNFI, BBNFI, 及びカイ 2 乗値とその自由度と p 値のみとなっています. 一般によく用いられる GFI や AGFI については出力されません.[24] これらの値を出力するためには, View ─┤ Titles を選択して EQS Diagram Title Specifications メニューから, 好みの適合度を表示させるように設定を変更する必要があります.

　回帰分析の立場から決定係数を吟味すると, 図 2.25 より, KM と SHAKEN から PRICE を予測する重回帰式の決定係数は

$$R^2 = 1 - 0.86^2 = 0.26$$

となります.

　次に, YEAR から PRICE へ直接の矢印 (パス) を入れたモデル (パス

---

[23] このパス図は, 四角形や文字の大きさなどを変更してある. 3.2 節を参照.
[24] 適合度指標に関する議論は 4.7 節を参照のこと.

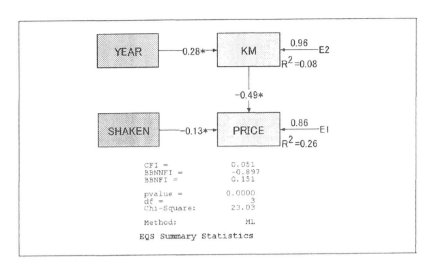

図 2.25: パス解析モデル 1 と標準解, 適合度

解析モデル 2) へ移ります. EQS 画面の左側に縦に並んでいる片方の矢印
を使って YEAR から PRICE へ直接の矢印 を引きます. 推定値がその
まま残っていてもかまいません. ここで, このパス図を, 先ほどとは異な
るファイル名, 例えば chukosha2.eds として保存しておくことを勧めま
す. そのためには File ─ Save As を選択します.
　先ほどパス解析モデル 1 を走らせたプロセスを繰り返すと, EQS モデル
ファイルは, chukosha2.eqx というファイル名になります. chukosha2.out
が出力された後, パス解析モデル 2 のパス図ウインドウ chukosha2.eds
を開きます. すると, このモデルに基づく標準化された推定値が自動的に
表示されています. 図 2.26 には適合度統計量を DROP してあります.[25]
e_1 の標準偏差の推定値が 0.31 ですから, 決定係数は

$$R^2 = 1 - 0.31^2 = 0.90 \qquad (2.1)$$

と計算することができ, これがパス図に表示されています.

---

[25]パス解析モデル 1 の結果 (EQS Summary of Statistics) が残っている場合は消去するこ
とができる. このオブジェクトの上をクリックし, このオブジェクトを選択して, Edit ─ Cut
で削除する.

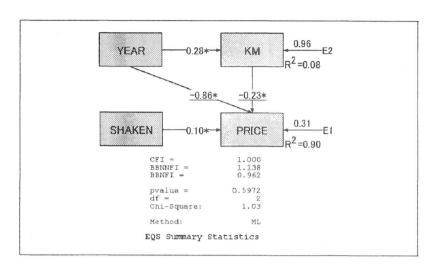

図 2.26: パス解析モデル 2 と標準解, 適合度

標準化しない推定値は, メニューから $\boxed{\text{View}}$ $\boxed{\text{Estimates}}$ $\boxed{\text{Parameter Estimates}}$ を選択することによって表示できます (図 2.2). 今度のモデルは, Chi-Square=1.03 (df=2), pvalue=0.5972 となっており, 良い当てはまりであることが分かります.

なお, EQS のパス図では有意なパス係数の推定値に下線が引かれています. 詳しくは, 4.5 節を参照してください. また, 推定値の後ろにある *は, データから推定されたパス係数であることを示しています.

また, 結果の出力については, 通常のテキストファイル (*.out) の他に, Web ブラウザで結果を閲覧したり, プレゼンテーションを行う場合などに便利な HTML 形式で出力を得ることも可能です. メニューから $\boxed{\text{Edit}}$ $\boxed{\text{Preferences}}$ を開き, EQS specifications タブを選択します. メニューの中の Type of output で HTML file を選択すると, *.htm ファイルを出力させることができます. この $\boxed{\text{Preferences}}$ メニューでは, アウトプットの出力設定のほか, 反復 (ITERATION) の回数や, WTEST や LMTEST のオプション等々, EQS の動作に関するさまざまなカスタマイズを行うことが可能です.

2.2.3 CALIS

SAS のプロシージャの一つである CALIS は，AMOS や EQS のように
パス図を描くオプションを備えていません．しかし，推定値は正確で，計
算も速く，SAS を契約していれば特別なプログラムを購入することなく利
用できるというメリットがあります．表 2.5 は，パス解析モデル 1(図 2.1)

表 2.5: CALIS プロシージャにおける SAS プログラム

```
DATA chukosha;
 INPUT price km year shaken;
 LABEL price=' 価格' km=' 走行距離'
     year=' 乗車年数 ' shaken=' 車検';
 CARDS;
     89     4.3     5     24
     99     1.9     4     18
    128     5.2     2    13
     98     5.1     3     4
     52     4.0     6    15
     47     4.8     8    24
     40     8.7     7     3
     39     8.2     7     6
     38     3.3    10    14
     48     3.9     6     0
     27     8.2     8    24
     23     7.2     8    24
 ;
PROC CORR DATA=chukosha;                    /* ..... ① */
 TITLE '*** 相関分析 ***';

PROC CALIS DATA=chukosha COV ALL NOMOD;     /* ..... ② */
 TITLE '*** パス解析モデル 1 での分析 ***';
 LINEQS                                     /* ..... ③ */
   price = g_12 shaken + b_12 km  + e1,     /* ..... ④ */
   km    = g_21 year              + e2;
 STD                                        /* ..... ⑤ */
   shaken = phi1,
   year   = phi2,
   e1-e2  = del1-del2;
 COV                                        /* ..... ⑥ */
   shaken year = phi12;

 phi12=0;                                   /* ..... ⑦ */
RUN;
```

の分析プログラムです.[26]

SAS プログラムは, データの読み込みや加工をするデータステップと, 実際に分析を実行するプロックステップという二つのステップから成っています. データステップは DATA で始まり, プロックステップは PROC で始まります. データが別のファイルで, 例えば usedcar.dat というファイル名で保存されているときは, データステップは表 2.6 のようになります[27]:

表 2.6: SAS データステップ: 外部データファイル

```
DATA chukosha;
  INFILE 'usedcar.dat';
  INPUT price km year shaken;
  LABEL price='価格' km='走行距離'
       year='乗車年数' shaken='車検';
```

表 2.5 の SAS プログラムを解説しましょう. データステップでは, CARDS 文以下のデータを, 変数名 PRICE, KM, YEAR, SHAKEN を付けて読み, プロックステップで分析可能な SAS データセットに変換して chukosha という名称を付けます. LABEL 文は変数名をより分かりやすくするもので, 必要がない場合は省略できます.

①では chukosha のデータの相関行列の出力を求めています. CALIS プロシージャでも相関行列は出力されるのですが,[28] PROC CORR では各変数の平均や分散, 相関係数の検定結果などが出力されるので, この分析を要求する価値はあります. 表 2.7 に相関係数と検定結果を報告してあります.

相関係数の下段に示されているのが p 値で, これが 0.05 以下であれば有意水準5%で有意に相関があることが統計的に示されたことになります. このデータにおいては,「乗車年数」と「価格」の相関が 5%で有意となっています.

---

[26]/* ... */ はコメント文で分析には関係しない.

[27]プログラム例を示す表中では, SAS の命令文と変数を区別するために, 変数名を小文字で表記した. 出力結果では, 変数名は (小文字で入力しても) 大文字に変換される.

[28]表 2.5 のプログラムでは分散共分散行列が出力される. 相関行列を要求するには②で COV を外す.

表 2.7: 相関分析出力

```
             Pearson Correlation Coefficients
             Prob > |R| under Ho: Rho=0/N=12

                  PRICE         KM        YEAR      SHAKEN
PRICE           1.00000   -0.48528   -0.91091    -0.08464
価格                0.0      0.1098      0.0001      0.7937


KM             -0.48528    1.00000     0.27726   -0.09632
走行距離           0.1098        0.0      0.3830      0.7659


YEAR           -0.91091    0.27726     1.00000     0.24540
乗車年数           0.0001     0.3830        0.0       0.4420


SHAKEN         -0.08464   -0.09632     0.24540     1.00000
車検               0.7937     0.7659      0.4420        0.0
```

②では，共分散構造分析を実行するため，CALIS プロシージャを呼び出して分析することを要求しています．COV は標準解だけでなく非標準解の出力を求めるオプションです．ALL NOMOD は，すべての出力を要求するが，修正指標 (modification index) だけは出力しない，という意味です．修正指標はモデルを修正していくときに便利なのですが，モデルが大きくなるとかなり計算時間がかかるのです．[29]

③ にある LINEQS は，EQS 方式でプログラムを作成することを宣言するオプションです．ここでは各従属変数について回帰式を記述します．図 2.1 で矢印を向けられている変数は，価格 (PRICE) と走行距離 (KM) です．これらの変数に対して回帰分析の要領で回帰方程式を作成するのです．変数 PRICE には SHAKEN と KM が影響を及ぼしていますから，回帰方程式は④のようになります．g_12 と b_12 はなどは推定したい偏回帰係数で，e1 は誤差変数を表しています．乗車年数 (YEAR) から影響を受ける走行距離 (KM) も同様です．

ここでは推定したい偏回帰係数が 3 つあります．その名前の付け方は自由です．例えば，順に k_1, k_2, k_3 と付けてもよいのです．ここでは

---

[29]この例題程度の大きさのモデルであれば問題にならない．修正指標を出力するには NOMOD を外せばよい．

g_12, b_12, g_21 としましたが，あまり気にする必要はありません.

　⑤と⑥では，独立変数と誤差変数の分散と共分散 (相関) を指定しています. また，本モデルでは SHAKEN と YEAR の間に相関を認めなかったので，⑦でそのことを記述しています.

　パス解析モデル 1 の適合度に関する情報は 24 行にわたって出力されますが，その中でカイ 2 乗値に関するものは

```
Chi-square=23.0270, df=3, Prob>chi**2 = 0.0001
```

という部分です. そこで，このモデルを修正し，変数 YEAR から PRICE にパスを引きましょう. それは，g_11 year を付け加える，すなわち，LINEQS 文を以下のように書き換え，パス解析モデル 2 による分析プログラムを作成します.

```
LINEQS
  price =  g_11 year + g_12 shaken + b_12 km   + e1,
  km    =  g_21 year                           + e2;
```

　パス解析モデル 2 の適合度は

```
Chi-square=1.0312, df=2, Prob>chi**2 = 0.5971
```

と報告されます. 推定値は方程式の形で表 2.8 のように出力されます. このような出力の詳しい見方は，4.5 節で解説します.

表 2.8: パス解析モデル 2 の出力

```
Manifest Variable Equations

PRICE  = -3.6123*KM    - 12.6722*YEAR   + 0.4005*SHAKEN + 1E1
Std Err  1.5470 B_12     1.4494 G_11      0.3588 G_12
t Value -2.3350         -8.7428          1.1163

KM     =  0.2598*YEAR  + 1E2
Std Err  0.2714 G_21
t Value  0.9571

                Variances of Exogenous Variables
------------------------------------------------------------
                                 Standard
Variable    Parameter    Estimate    Error     t Value
------------------------------------------------------------
YEAR        PHI2         5.424242   2.312905    2.345
SHAKEN      PHI1        81.719697  34.845396    2.345
E1          DEL1       115.716466  49.341667    2.345
E2          DEL2         4.395769   1.874362    2.345


Equations with Standardized Coefficients

PRICE = - 0.2284*KM - 0.8552*YEAR + 0.1049*SHAKEN +  0.3117 E1
          B_12        G_11           G_12

KM     =  0.2773*YEAR + 0.9608 E2
          G_21

                Squared Multiple Correlations
------------------------------------------------------------
                 Error        Total
    Variable    Variance     Variance      R-squared
------------------------------------------------------------
  1  PRICE      115.716466   1191.009887    0.902842
  2  KM           4.395769      4.761818    0.076872
```

2.3　多重指標分析: 自然食品の購買行動のデータ

われわれ人間は, 時に思考を単純化し大局的な見方をすることがあります. 例えば,

『食物意識の高い人は自然食品店での購買意欲が高い』

という表現を考えてみます. この表現は非常に抽象的です. 食物意識とは何を指すのでしょうか. ときおりレストランでソースやしょうゆをたくさんかけている人を見かけますが, このような人は食物に対する意識が高いと言えるでしょうか. スーパーへ出向くと, 有機無農薬野菜なるコーナーがあったり,「私が作っています」と農家の主人の写真が付いている野菜が売られていたりすることがあります. これらの野菜は若干普通のものより高価ですが, 好んで買う人は少なくありません. このような人は食物意識が高そうな気がします. また, 三度の食事を毎度決まった時間にとり, 暴飲暴食をせず腹八分目を守る人も食物意識が高いと言ってよいでしょう. このような場合, 日常会話では,「総じて言えば, 食物意識が高い」とか,「一般に, 食べ物に気を遣っている」などという言葉遣いをします. このような表現が出てくるまでに, 頭の中で, 多くの側面を単純化しまとめる, 次元縮小する, ということが行われています. 単純化ないしは次元縮小は, 多変量解析の大きな柱です. ここでは, 多くの側面がある概念を単純化し分析するための有力な方法である「共通変動の背後に潜在変数を想定する」という方法論を紹介します. 共分散構造分析の神髄とも言えるモデルです.

この節で扱うデータは, 自然食品の購買に関するアンケート結果です.[30] 表 2.9 には, アンケートの質問項目とそのデータを相関行列にまとめたものを示してあります. この解析の主目的は,「食品添加物を気にしたり栄養のバランスを気にする人は自然食品店でよく買い物をする」という仮説の検証と, よくとはどの程度かを定量的に調べることです. 前節では生データ (ローデータ) を扱いましたが, ときにはデータが既に相関行列や分散共分散行列にまとめられていることがあります. その扱い方を紹介するのもここでの目的です. 相関行列の見方は前節で紹介しましたが, もう一度確認しておきます. 表 2.9 で, 例えば, 3 行 (X_3) 2 列 (X_2) に 0.188 な

---

[30]出典は Homer-Kahle (1988). 本節よりやや詳しい解析が狩野 (1996b) にある.

表 2.9: 自然食品の購買行動のデータ

○ 変数名と調査項目

    X1: 食品添加物に気を遣う
    X2: 栄養のバランスに気を遣う
    X3: 自然食料品店での購買額
    X4: 自然食料品店での購買回数

○ 相関行列 (n=831)

	X1	X2	X3	X4
X1	1.000			
X2	0.301	1.000		
X3	0.168	0.188	1.000	
X4	0.257	0.328	0.530	1.000

る数値があります. この意味は,「X_3: 購買額」と「X_2: 栄養のバランス」の相関係数が 0.188 であることです. この値はあまり大きいとは言えません. 相関係数が一番大きい組合せは X_3 と X_4 で, その値は 0.530 です. 相関行列の対角成分はいつも 1 になります.

　食品を買い求めるとき, 栄養のバランスをよく考える人は食品添加物にも気を遣っているでしょうし, その逆もまた真だと考えられます. つまり,「X_1: 添加物」と「X_2: バランス」は正の相関があると考えられます. 相関係数の値を見てみると, あまり大きくはありませんが, 0.301 となっています. この正の相関を生み出す要因として, 両者の背後に「F_1: 食物意識」なる潜在変数を想定しましょう. 食物に関する意識が高い人は X_1,

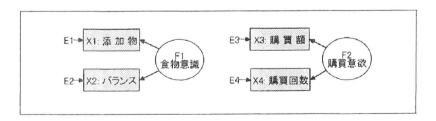

図 2.27: 潜在変数による相関

X_2 の両者に気を遣うし，高くない人は無頓着になる，と考えるわけです．これをパス図で描くと図 2.27 (左) のようになります．図 2.27 (右) の購買意欲も同様の考え方ができます．つまり「X_3: 購買額」と「X_4: 購買回数」とは正の相関関係があるのですが，その背後に，自然食品を買いたいと感じているかどうかという購買意欲があり，購買意欲の高い人は「X_3: 購買額」も「X_4: 購買回数」も高くなる傾向があります．

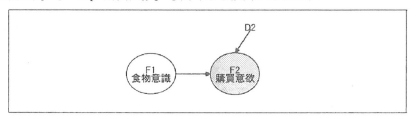

図 2.28: 潜在変数間の回帰分析

　食物意識の高い人は自然食品の購買意欲も高いということを予想するのは自然です．そこで，図 2.28 なるモデルを考えます．ここでの目的は「F_1」が「F_2」をどの程度説明するかを調べることです．d_2 は回帰分析で言えば誤差のようなものを表していますが，いわゆる測定誤差ではなく，「F_2」を規定する「F_1」以外の諸要因の集まり，と言えます．d は Disturbance の略で，撹乱 (かくらん) 変数とよばれることがあります．[31]

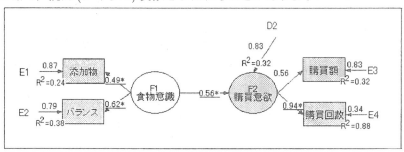

図 2.29: 多重指標モデルと標準解

---

[31]図 2.28 は，Homer-Kahle(1988) の仮説モデルの一部である．「態度」とは，個人がその個人をとりまく事象に対して一定の傾向性をもった反応を示す場合，その反応を誘発する心的準備状態のことをさす．この研究では，食物意識を食物に対する態度，購買意欲を購買行動の指標として取り扱っている．

このモデルの推定結果は図 2.29 のようになります. また, このモデルの適合度は表 2.10 のようになり, 良い適合であることが分かります.

表 2.10: 適合度

> カイ 2 乗値＝ 0.43, 自由度＝ 1, p 値＝ 0.5120

図 2.29 で示した解は, 分散をすべて 1 に標準化した標準解です. といっても, 相関行列からスタートしているため観測変数の分散は既に 1 になっていますから, 潜在変数である F_1, F_2 の分散を 1 にしたものです. このとき, F_1 から F_2 へのパス係数はこの二つの潜在変数間の相関係数になります.「F_1: 食物意識」と「F_2: 購買意欲」との相関係数が 0.56 というのは大きいと判断すべきでしょうか.

おおざっぱに言えば,「X_1: 添加物」と「X_2: バランス」が「X_3: 購買額」と「X_4: 購買回数」を説明しています. そこで, X_1, X_2 と X_3, X_4 との間の相関係数を見てみると, 順に 0.168, 0.188, 0.257, 0.328 とかなり低く, F_1 と F_2 の相関係数である 0.56 には遠く及びません (表 2.9) 参照.

これらの相関係数は推定結果 (図 2.29) から近似的に再生できます. 例えば,「X_1: 添加物」と「X_3: 購買額」の相関係数は 0.168 ですが, これは, X_1 から X_3 を結ぶ矢印上のパス係数をすべてかけ合せたものに近くなります.[32] 表 2.11 には, 4 つの変数の組についてパス係数の積と観測変数の相関係数 (データ) を比較してあります.

表 2.11: 相関をモデルから再生する

変数の組	パス係数の積 (モデル)	相関係数 (データ)
X_1-X_3	$0.49 \times 0.56 \times 0.56 = 0.154$	0.168
X_1-X_4	$0.49 \times 0.56 \times 0.94 = 0.258$	0.257
X_2-X_3	$0.62 \times 0.56 \times 0.56 = 0.194$	0.188
X_2-X_4	$0.62 \times 0.56 \times 0.94 = 0.326$	0.328

---

[32] 4.3 節に, このような計算ができる理由について解説してある.

　パス係数の値は，変数がすべて標準化されているので相関係数と一致し，絶対値は1以下です．データの相関係数がF_1とF_2の相関係数0.56より小さいのは，0.56に二つの相関係数 (パス係数) をかけているからであることがお分かりいただけるでしょう．もし，これらの相関係数 (パス係数) がすべて1であれば，F_1とF_2の相関係数とデータの相関係数は一致します．

　XとFの間には，$X = F + e$という関係があります．観測変数は潜在変数と誤差の和であるという関係です．XとFの相関が1であるということは，誤差eが0であるということと同じです．従って，観測変数間の相関がF_1とF_2との相関に比べて低いのは，この誤差の影響である，つまり，観測変数間の単なる相関係数は誤差を含めて計算されているので，本来の相関が薄められて (弱められて) いると言えます．これを希薄化 (attenuation) といいます．

　潜在変数を導入したモデルを扱うとき，注意すべきことが一つあります．それは，潜在変数の平均や分散 (スケール) は任意に設定できる，ということです．例えば，食物意識という潜在変数の値として，0〜100で点数を付けても，-1〜+1で点数を付けても一向に構わないのです．この任意性は，解釈上は何の問題もないのですが，推定をするときには困難を生じさせます．そこで，(平均は自動的に0に固定されているので) 分散を固定します．

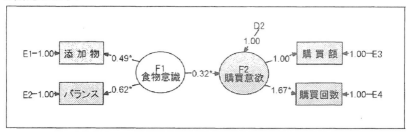

図 2.30: 多重指標モデルと推定値

　独立潜在変数の分散は1に固定します．従属潜在変数のスケールを定めるのは少し厄介です．そこで，従属潜在変数については，当該潜在変数から観測変数へ出るパスのうち一つを選んでパス係数の大きさを1に固定し

ます. こうした方が, 推定値を求めるプログラム内部での取り扱いが容易だからです. このように設定したときの推定値は図 2.30 のようになります. 残念ながら, この制約の下では 従属潜在変数 (F_2) の分散は 1 になっていません. そこで, この推定値に基づき, F_2 の分散が 1 になるように変換したものが標準解であり, 図 2.29 で与えられているものです. 詳しくは 4.4 節で解説します.

さて, この節の初めで述べた「思考を単純化する」ということについてもう少し考えてみましょう. 単純化とは, 物事には多くの側面がありますが, 細かい差異にはとらわれず大局的に見ることだと思います. この節での例に則して考えましょう.「食物意識」という漠然とした概念には関連する要素がたくさんあります. そして, これらの要素には異なる部分もありますが, 共通項もあります. 少なくとも「食物意識」に関連しているわけですから. 大局的とは, この共通項で物事を見ることではないでしょうか. この例では, たくさんある要素の中から「バランス」と「添加物」を取り上げ, それらの共通項として「食物意識」を定義したわけです.「バランス」と「添加物」の違いは, 誤差項 e_1, e_2 に反映されます.

「バランス」と「添加物」を「食物意識」の指標 (indicator) といいます. 多重指標モデル (multiple indicator model) の名称はここからきています. 違った指標を採用すれば, 違った「食物意識」が定義されることになります. 研究の目的に合わせて適切に指標を選択することが重要です.

先ほど,「X_1: 添加物」と「X_2: バランス」が「X_3: 購買額」と「X_4: 購買回数」を説明している, と言いました. では, ややこしい潜在変数な

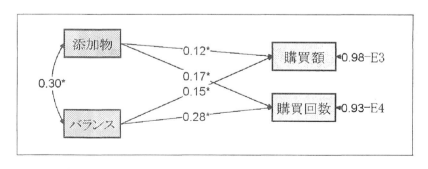

図 2.31: パス解析モデル

ど導入せず，この関係を素直に回帰式に直して分析すればいいのではない
か，という意見もあると思います．そこで，それを実行したものが図 2.31
です．このモデルは，2.2 節で紹介したパス解析モデルです．

　以下にカイ 2 乗値を報告していますが，このモデルの当てはまりは極め
て悪いと言えます．

カイ 2 乗値＝ 233.32，自由度＝ 1，p 値＝ 0.0000

　「X_3: 購買額」と「X_4: 購買回数」に付随する誤差分散の推定値を比
較してみます (表 2.12)．誤差分散が，パス解析モデルの方がずっと大き
く推定されていることが分かります．つまり，パス解析モデルは X_3, X_4
の説明力も弱いということになります．

表 2.12: 誤差分散の比較

	多重指標モデル (図 2.29)	パス解析モデル (図 2.31)
$\widehat{\mathrm{Var}}(e_3)$	$(0.83)^2$	$(0.98)^2$
$\widehat{\mathrm{Var}}(e_4)$	$(0.34)^2$	$(0.93)^2$

　この分析の場合のように，いつでも潜在変数を導入した方が良い分析が
できるとは限りません．観測変数間の相関が潜在変数によって説明される
という状況のときにこそ，潜在変数の導入が効果的なのです．例えば，2.2
節で分析した中古車価格のデータには，潜在変数の導入はなじみません．
　以下の節で，多重指標モデルとパス解析モデルによる解析の手順をソフ
トウェアごとに解説していきます．

2.3.1　AMOS

　まず，データセットを作成しましょう．相関行列を入力するには，図 2.32
のいずれかのファイルを準備します．このフォーマットは SPSS で相関行
列を扱うときのものです．共分散構造分析では，相関行列を分散共分散行

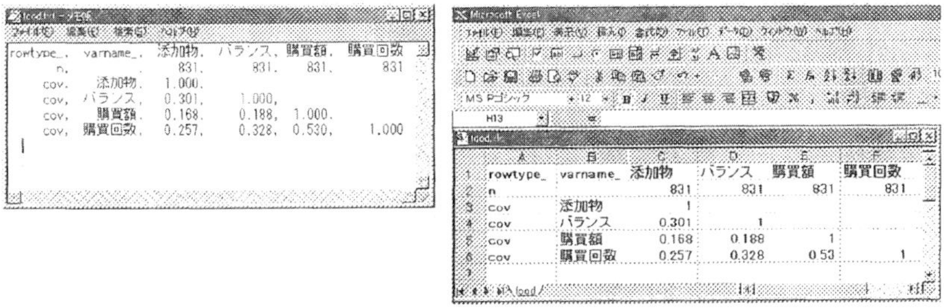

図 2.32: データファイル : food.txt (左) food.xls (右)

列とみなして分析するのが常道ですので, rowtype_(当該行にあるデータのタイプ) が cov になっています.

　まず, 図 2.29 の左半分を描きます. 2.2.1 節で紹介した方法で, ツールバーを利用して, ▨ で観測変数を二つ描き, ⬚ で誤差変数を付加します. さらに, ⬭ を用いて潜在変数を表す楕円を描きます. 最後に, ⬅ を使って矢印を引きましょう. 図 2.33 の左側が描けたと思います. 今描いたパス図のように, 共分散構造分析で扱うモデルには, 一つの潜在変数からいくつかの観測変数へパスが出ているというパターンが多くあります. 実は, このパターンの図を描くには便利な機能が備わっています. それは, ⬚ のボタンです. このボタンをクリックし, 潜在変数を描きたい場所でドラッグして潜在変数の楕円を描きます. 描いた楕円の上でクリックすると クリックの回数だけ観測変数+誤差変数の組を描くことができます (図 2.33 の右側).

　デフォルトでは観測変数が描かれる位置は潜在変数の上側になっているようですが, その位置を変えるには, ⟳ をクリックし, 回転のモードにして, 潜在変数の楕円の上でクリックします. 観測変数の大きさ (マウスの右ボタンをクリックして オブジェクトの形を変更 を選択) と位置 (マウスの右ボタンをクリックして 移動 を選択) を整えます. 潜在変数と観測変数+誤差の全体を移動させたいときは, ✋ クリックして同時に移動させたいオブジェクト (潜在変数, 観測変数, 誤差) をクリックし青色に反転させます. これで, 青色に反転させたオブジェクトすべてが選択さ

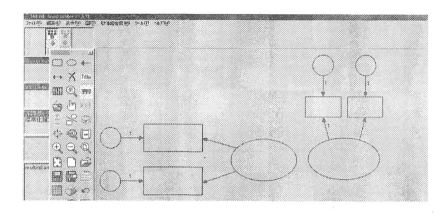

図 2.33: AMOS: パス図を描く

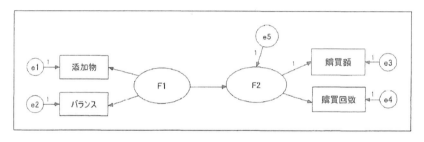

図 2.34: 多重指標モデルのパス図：中間報告

れたことになります. そして, 選択されたオブジェクトのどれかの上でマウスの右ボタンをクリックしてから, 移動 を選択し, 全体をドラッグします. 選択を解除するには, 🖐 をクリックします. なお, 全体を選択する場合には 🖐 を用います.

最後に, 潜在変数間の矢印を引き, 誤差変数を付加します. パス図を描き終わったら変数に名前を付けましょう.[33] ▤ をクリックし, データ内に含まれている変数 (観測変数) を長方形へドラッグします. 潜在変数には, ツール ─ マクロ ─ Name unobserved variables と選択してマクロを実行し変数名を入れます. 図 2.34 のようなパス図ができ上がったはずです.

---

[33] その前に, データファイルを指定しておく.

潜在変数の分散に関しては，既に「購買額」へのパスが 1 に固定され
ています ($\boxed{\vcenter{\hbox{⚏}}}$ を利用した場合は自動的に設定される). このことは，「購
買額」へのパスの上に 1 と表示されていることから分かります. 独立潜
在変数である「食物意識」の分散を 1 に固定するには，その楕円の上で
マウスの右ボタンをクリックし $\boxed{\text{パラメータ}}$ を選択，$\boxed{\text{分散}}$ に 1 を入れま
す. F_1 の楕円の外側に 1 が表示されたことと思います.

このままでもよいのですが，もう少し分かりやすくしてみましょう. 潜
在変数 F_1 をダブルクリックして，変数名を「食物意識」に変更します. 同
様に，F_2 を「購買意欲」に，e_5 を d_2 に変更します. このパス図にタイト
ルを付けましょう. $\boxed{\text{図}}-\boxed{\text{図のキャプション}}$ を選択し，キャプションを入

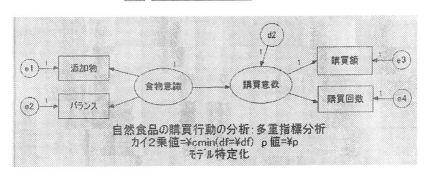

図 2.35: 多重指標モデルのパス図 : でき上がり

れたい場所でクリックすると「図のキャプション」というダイアログが開
きます. キャプションに，図 2.35 にあるように記述します. ただし「モ
デル特定化」という部分は ¥format と入力してください.

以上でパス図の作成は終了です. パス図を，例えば multind.amw とい
うファイル名を付けて保存しておきましょう.

やっと分析の実行にたどりつきました. 分析のプロパティを開いて ($\boxed{\text{▥}}$),
$\boxed{\text{出力}}$ を選択し，標準化推定値，重相関係数の平方などにチェックを入れ
ておきます. そして，待望の $\boxed{\text{▥}}$ です.

をクリックし，分析結果をパス図の上に表示させます. $\boxed{\text{標準化推定値}}$

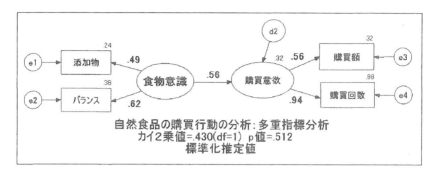

図 2.36: 多重指標モデルと推定値

をクリックすることで，図 2.36 が得られます．独立変数の右肩に付いて
いる数値はその変数の分散の推定値です．

　さて，このパス図を修正し，パス解析モデル (図 2.31) でこのデータを
分析してみましょう．まず， をクリックして，パス図を修正するモー
ドに移行します．4 つの観測変数と誤差変数 e_3, e_4 を除いてすべてのオブ
ジェクトを消去します．そのためには，ツールボックスの をクリッ
クして消去モードにします．後は，消したいオブジェクトをクリックして
いくだけです．そして と を用いてパスと共分散を描きます．で
き上がったら，例えば pathfood.amw なるファイル名で保存しておきま

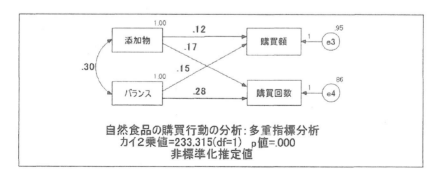

図 2.37: パス解析モデルの推定結果

しょう. ⊞ をクリックして推定値を求めます. をクリックして推

定結果をパス図上に表示したものが図 2.37 です.

　解析を終了するときには, 💾 または 📇 をクリックして, 出力結果
を (パス図とともに) 保存しておきましょう.

2.3.2　EQS

　2.2.2 節で紹介したように, EQS の初期画面から File ┤ New File を
選択し, 「ファイルを開く」ダイアログで, 作成したいデータファイル名
food を入力し, ファイルの種類を EQS System Data(*.ESS) として「開
く」ボタンをクリックします. 今回は中古車価格のモデルとは異なり, 入
力するデータは相関行列です. Create a New File ダイアログで Create
a Covariance Matrix を選択し, 変数の数 (ここでは 4) とサンプルサイズ
(ここでは 831) を入力してから OK ボタンをクリックすると, food.ess
が新規作成され, 白紙のデータシートが表示されます. 生データを入力し

c:¥docmain¥my_book¥graphcas2¥2¥23multind¥eqs2¥food.ess	TENKA	BARANSU	GAKU	KAISU
TENKA	1.0000	0.3010	0.1680	0.2570
BARAN	0.3010	1.0000	0.1880	0.3280
GAKU	0.1680	0.1880	1.0000	0.5300
KAISU	0.2570	0.3280	0.5300	1.0000
STD_	1.0000	1.0000	1.0000	1.0000
MEAN	0.0000	0.0000	0.0000	0.0000

図 2.38: EQS データエディタ

たときと異なるのは, 一番下に _STD_, _MEAN_というラベルの付いた 2 行
が用意されていることです. これは, データの標準偏差 (_STD_) と平均値
(_MEAN_) を入力するための行で, 既に 1.0000 と 0.0000 が入力されてい
ます. ここではこの 2 行はそのままにしておいて, 変数名と相関行列を
入力します. 下 (あるいは上) 三角行列を入力すると, 対応する上 (あるい

は下) 三角行列も自動的に同じ数値が入ります. なお, 変数名は, $\boxed{\text{Data}}$—$\boxed{\text{Information}}$ を選択し, 変数リストにある変数をダブルクリックして入力します.[34]

外部テキストエディタで入力したデータを EQS で読み込む方法も紹介しておきましょう. ここでは Windows 付属のメモ帳で図 2.39 のように相関行列を入力し, 例えば, food.cov なる名前で保存します. ここでは拡張子は *.cov でないといけません.

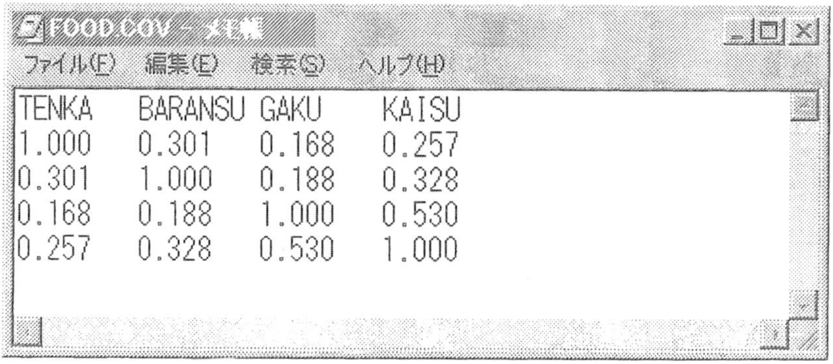

```
TENKA   BARANSU GAKU    KAISU
1.000   0.301   0.168   0.257
0.301   1.000   0.188   0.328
0.168   0.188   1.000   0.530
0.257   0.328   0.530   1.000
```

図 2.39: EQS: 外部エディタでのデータ入力

次に, $\boxed{\text{File}}$—$\boxed{\text{Open}}$ を選択し, List Files of Type で拡張子 *.COV を選択し food.cov を表示させます (図 2.40 参照). このファイルを開くと Covariance Matrix Input Information ダイアログが開きます. *.cov ファイルに保存されている行列が正方行列 (Full Matrix) か下三角行列 (Lower Triangular Matrix) かを選択し, 1 行あたりの変数の数 (ここでは 1) と標本サイズ (ここでは 831) を入力して OK ボタンを押します. String found in the first case. Treat it as variable labels?(データの第 1 行目に文字列がある. 変数名として扱ってよいか?) と聞いてくるので Yes ボタンをクリックすると, EQS のデータファイルである food.ess が作成されます (図 2.38).

どちらの方法でデータファイルを作成した場合も, できたファイルは直

---

[34]ラベルはパス図を作成するときにも付けることができるが, この段階で付けておくのがよい.

ちに保存しておきましょう (File ⊣ Save , Save All Cases を選択後 OK ボ
タンをクリック).

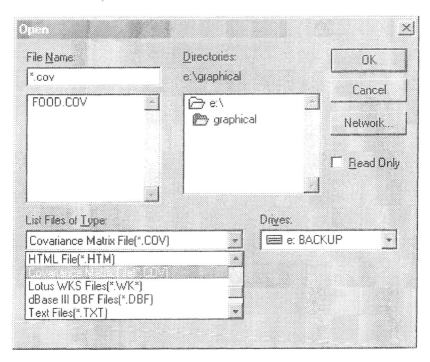

図 2.40: EQS データファイルの作成

　パス図でモデルを描くため, ツールバーの ⊞ をクリックしてダイ
アグラマーを開きます. まず, ヘルパーを使わないで描いてみましょう.
図 2.29 の左側を描くため, 画面の左側にあるパス図描画ツールバーで V
ボタンをクリックして二つの観測変数を描きます. さらに, F ボタンを
クリックして潜在変数を描いてください. 上から二つ目の矢印のボタン
→ をクリックして, 矢印を引きたい始点の変数から終点の変数 (F_1 から
X_1, F_1 から X_2) へドラッグすると因果を表す矢印を引くことができます.
誤差変数 e_1, e_2 は自動的に付加されます. 描画されたオブジェクトはド
ラッグ＆ドロップすることで自由に位置を変えることができます. 共分散
構造分析で扱うモデルには, 今描いたような「潜在変数＋いくつかの観測

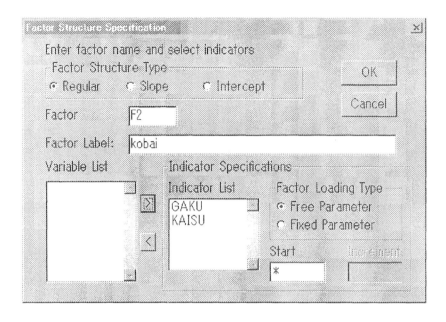

図 2.41: 指標付き潜在変数の描画: 変数などの指定

変数 (指標) 」というパターンが結構出てきます. これを一度に描いてし
まうためのツールが, パス図描画ツールバーの下から 7 番目の 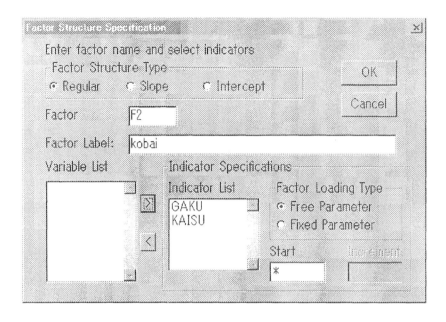 で
す. パス図の右側はこれを利用して描いてみましょう. をクリック
し, パス図の右側のパーツを描きたいところでもう一度クリックすると,
Factor Structure Specification ダイアログが開きます (図 2.41). まず, 潜
在変数にラベルを付けましょう. Factor Label では「F2」となっています
が, これを「kobai」に変更します.[35] Indicator Specifications では, 今描
こうとしている潜在変数の指標 (観測変数) を選択します. kobai の指標は
GAKU, KAISU ですから, Variable List からこれらを選んで > をク
リックすると, Indicator List に GAKU, KAISU が移動します. OK ボタ
ンをクリックすると, 潜在変数 F_2 に観測変数 GAKU, KAISU が付加し

---

[35]Factor の行にも「F2」とあるが, こちらは変更しない.

たオブジェクトが描かれます.[36] その向きが気に入らないときは (図 2.42),

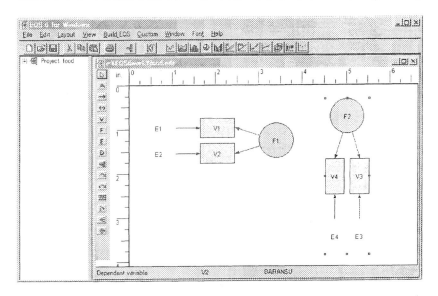

図 2.42: 指標付き潜在変数の描画: 回転・フリップ

Edit から Horizontal Flip (横方向の入れ換え), Vertical Flip (縦方向の
入れ換え) または Rotate (回転) を選択して方向を整えます. 最後に, F_1
から F_2 へ矢印を引けばパス図ができ上がります.
　あるコマンドを実行しようとしてもコマンドがアクティブになっていない
ことがあります. その理由はオブジェクトが選択されていないからです. 例
えば, Horizontal Flip , Vertical Flip , Rotate が実行できないときがあ
ります. 通常, 何か操作をしたいときには, 対象となるオブジェクトを事
前に選択しておくこと が必要です. 一つのオブジェクトを選択するにはそ
の上をクリックします. 複数個のオブジェクトを選択するには, オブジェ
クトの外部から対角にドラッグしすべてのオブジェクトを囲んで選択しま
す (参考: 図 2.43). 選択されたオブジェクトは, それぞれ 8 個の小さな
四角 (ディスプレイの種類によっては小さなダブルコーテーション) で囲

---

[36]パス図で変数名が V_3, V_4 になっている場合は, View — Labels にチェックを入れると
変数ラベルが表示される.

まれます (参考: 図 2.42). グループ化されているオブジェクトを選択したときには，全体が 8 個の四角で囲まれます. グループ化されているオブジェクトの一部を選択するには，まず，そのグループを選択しグループの解除を実行します $\boxed{\text{Layout}} \vdash \boxed{\text{Break Group}}$.

独立潜在変数である F_1 の分散を 1 に固定するには，F_1 の上でカーソルをダブルクリックします. Parameter Type で Fixed Parameter を選択し Start Value が * から 1.0 に変わったことを確認して OK ボタンをクリックします. F_2 から V_3 へのパス係数を 1 に固定するには，このパス (矢印) の上でダブルクリックし，Fixed Paramater を選択します. F_1 だけが変数名になりませんが，それは，F_1 に変数名を入れていないからです. そこで，もう一度 F_1 の上でダブルクリックして，Variable Label を F_1 から shokumot へ変更し OK ボタンをクリックします. パス図を描き終わったら，$\boxed{\text{File}} \vdash \boxed{\text{Save As}}$ で保存しておきます.

多重指標モデルについても，パスモデルヘルパーを使って簡単な設定を行うことでパス図を描くことができます. New Model Helper ダイアログで，上から二番目にある Factor Model を選択すると，Factor Model Builder (Step 1 of 3) が開きます. ここでは，潜在変数とその指標となる観測変数を設定します. まず F_1 について設定してみましょう. Variable List から F_1 の指標となる二つの変数 tenka と baransu を選択 (Ctrl キーを押しながら両変数をクリック) して $\boxed{>}$ をクリックすると，両変数が Factor Structure の Indicators ボックスに表示されます. ラベルには shokumot と入力して $\boxed{\text{Add}}$ ボタンをクリックすると，Model Components の各ボックスに食物意識の因子とその指標が設定されます. 同じようにして F_2 kobai についても設定を行ったら，$\boxed{\text{Next}}$ をクリックして次のステップに進みましょう.

Step 2 of 3 では，F_1 と F_2 間の回帰式の設定を行います. Fator List には F_1 – syokumot, F_2 – kobai の二つが表示されているはずです. 食物意識が購買意欲に影響するモデルを考えていますから，前者を Factor Predictors に，後者は Predicted Factor ボックスに移動させます. $\boxed{\text{Add}}$ ボタンをクリックして，Structural Equations ボックスにこの回帰式が表示されたら，$\boxed{\text{Next}}$ をクリックしましょう. このモデルの場合は，この 2 ステップで作図は完了し，自動的に facmod.eds という名前でパス図が作成され

ます. パス図は全体がグループ化されていますので, 各要素の位置を変更したり, パスを削除・追加などを行いたい場合は, $\boxed{\text{Layout}}$ $\boxed{\text{Break Group}}$ でグループを解除してから行ってください. モデルにしたがったパス図が完成したら, やはり $\boxed{\text{File}}$ $\boxed{\text{Save As}}$ で保存しておきましょう.

変数名に日本語を使うには次のようにします. V_1 をダブルクリックして, Variable Label で, 「tenka」を消して「添加物」を入力し, OK ボタンを押してダイアログを閉じます. すると, 変数名表示が文字化けします. これは, EQS の初期設定フォントが日本語に対応していないためです. 日本語をうまく表示できるようにするためには, (i) 対応する変数を選択し, (ii) 日本語のフォントに切り替える, ことが必要です. ここでは, 変数 V_1 を選択した後, $\boxed{\text{Font}}$ $\boxed{\text{Select}}$ を選択し「フォント」ダイアログを開きます. ここで日本語のフォントを選びます. 例えば, フォント名で System を選び, 書体の種類で日本語を指定, そして OK ボタンをクリックします. 日本語が表示されたでしょうか. うまくいかないときは, 操作 (i), (ii) をもう一度繰り返します.[37] すべての変数に日本語名を付け, パス図全体を選択して (パス図の外部から対角にドラッグし, パス図全体を囲む), 日本語フォントに切り替えてみましょう.

また, パスや変数を囲む線の太さを調節することもできます. 線の太さを変更したいオブジェクトをクリックで選択してから, $\boxed{\text{Custom}}$ $\boxed{\text{Lines}}$ で好みの太さにします. 太さは 5 段階に調節可能で, デフォルトの太さは Thin です.

ここからは, 2.2.2 節と同じプロセスを繰り返します. EQS のメニューから $\boxed{\text{Build\_EQS}}$ $\boxed{\text{Title/Specifications}}$ を選択します. EQS Model Specification ダイアログでは, タイトルを付ける以外は通常 OK ボタンをクリックするだけです. すると EQS モデルファイルが作成されます. $\boxed{\text{Build\_EQS}}$ $\boxed{\text{Run EQS}}$ を選択して, food.eqx などのファイル名でモデルファイルを保存すると, 別の窓が開いて推定値を計算します. 計算終了後, 出力ファイル food.out が開きます. このファイルには多くの出力情報が含まれているのですが, 詳しくは見ずにパス図のウインドウへ移ります. $\boxed{\text{Window}}$ $\boxed{\text{food.eds}}$ を選択してパス図を表示させ, さらに, $\boxed{\text{View}}$

---

[37]EQS は日本語に対応していないため, 日本語を使用すると動作が不安定になることがある.

Estimates ─ Parameter Estimates を選択すると, 図 2.30 のように推定値が表示されます.

すべての変数の分散を 1 に標準化した標準解は, View ─ Estimates ─ Standardized Solution を選択することによって表示できます (図 2.29). また, このモデルの適合度は, View ─ Statistics によって表示でき, これをパス図に書き込むには Drop ボタンをクリックします.

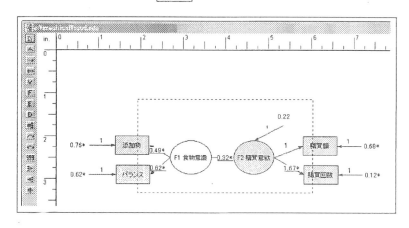

図 2.43: 複数個のオブジェクトを選択

次に, このパス図を修正して, 図 2.31 のパス解析モデルでこのデータを分析します. まず潜在変数に関わるオブジェクトをすべて選択・消去します. 複数個のオブジェクトを選ぶには, オブジェクトの外側から対角にドラッグし, 選択したいオブジェクト全部を点線で囲んでから, マウスのボタンを離します (図 2.43).

目的のオブジェクトがすべて選択できたでしょうか. うまく選択できていない人がいるかもしれません. 潜在変数とその指標がグループ化されていると, そのグループの一部分である潜在変数だけを選択することができないのです. グループ化されているオブジェクトのどれかをクリックしてそのグループを選択し, Layout ─ Break Group を選択してグループを解除してください. それからもう一度, 図 2.43 のように潜在変数に関連するオブジェクトを選択します. そして, Edit ─ Cut を選択すると, 選択したオブジェクトをすべて消去することができます. 次に, e_1, e_2 も消去

します.

　観測変数 (購買額, 購買回数) とその誤差変数 (e_3, e_4) をまとめて移動さ
せるには, これらのオブジェクトを選択した後グループ化します ($\boxed{\text{Layout}}$－
$\boxed{\text{Group}}$). そうしてからドラッグします. 後はパスを引けはパス図ができ
上がります. パス図描画ツールバーの下から 5 番目の $\boxed{\quad}$ を利用して,
独立観測変数 (添加物, バランス) の間に相関を設定します. 図 2.31 のよ
うなパス図が描けたことでしょう. パス図が描けたら, 先ほどの多重指標
モデルで分析したのと同じ手順をふんで推定します. モデルファイル名を
path.eqx として保存すると, 出力ファイルは path.out となります.

2.3.3　CALIS

　データステップで相関行列を扱うには, 表 2.13 のようにします. 相関
行列の右上三角の部分は書かなくてのよいのですが, ピリオド "." で埋め
てください.[38] _TYPE_ $ と_NAME_ $ における $ は, これら二つが文字
変数であることを示しており, それぞれ, CARDS 文で与えられたデータの
1 列目と 2 列目が, それぞれデータのタイプと変数名であることを意味し
ています.

　ブロックステップの多くの部分は, 2.2.3 節で解説したものと同じです.
f_ishiki と f_iyoku はデータステップで定義されていない変数であり,
また誤差変数でもないので, 潜在変数として扱われます. ①では, f_iyoku
から gaku へのパス係数が 1.00 に固定されていることに注意しましょう.
また, ②では独立潜在変数である f_ishiki の分散が 1.00 に固定されて
います.

　引き続いて, パス解析を実行する SAS プログラムが紹介されています.
こちらの詳細は 2.2.3 節を参照してください,

　多重指標分析の出力を表 2.14 に, パス解析の出力を表 2.15 に示してい
ます. 方程式を, 観測変数に矢印が向いている場合と, 潜在変数に矢印が
向いている場合に分けて, 出力結果を報告しています. パス係数の推定値
が方程式の中に書かれています. 推定値の下に標準誤差 (Std Err) と検定

---

[38]一般に, SAS データステップでピリオドは欠損値を表す.

統計量 (t Value) が出力されているのですが, スペースの関係で, ここで
は省略しています.

以下, 独立変数の分散と共分散, 標準解と重相関係数が続きます. 特に

表 2.13: 多重指標分析のための SAS プログラム

```
DATA food(TYPE=corr);
 INPUT _TYPE_ $ _NAME_ $ tenka baransu gaku kaisu;
 LABEL tenka=' 添加物' baransu=' バランス '
       gaku=' 購買額'    kaisu=' 購買回数 ';
 CARDS;
     N              831      831      831      831
   CORR  tenka     1.000     .        .        .
   CORR  baransu   0.301    1.000     .        .
   CORR  gaku      0.168    0.188    1.000     .
   CORR  kaisu     0.257    0.328    0.530    1.000
 ;

PROC CALIS DATA=food ALL NOMOD;
 TITLE '*** [1] 自然食品購買行動データの多重指標分析 ***';
 LINEQS
   tenka   = lx_1 f_ishiki + e1,
   baransu = lx_2 f_ishiki + e2,
   gaku    = 1.00 f_iyoku  + e3,              /* ..... ① */
   kaisu   = ly_2 f_iyoku  + e4,
   f_iyoku = g_11 f_ishiki + d2;
 STD
   f_ishiki = 1.00,                           /* ..... ② */
   d2       = psi2,
   e1-e4    = del1-del4;

PROC CALIS DATA=food ALL NOMOD;
 TITLE '*** [2] 自然食品購買行動データのパス解析 ***';
 LINEQS
   gaku   = g_11 tenka + g_12 baransu + e1,
   kaisu  = g_21 tenka + g_22 baransu + e2;
 STD
   tenka   = phi1,
   baransu = phi2,
   e1-e2   = del1-del2;
 COV
   tenka baransu =phi12;
RUN;
```

説明は必要ないでしょう.

表 2.14: 自然食品購買行動データの多重指標分析結果

```
Chi-square = 0.4300    df = 1    Prob>chi**2 = 0.5120

Manifest Variable Equations        ** 観測変数に関わる方程式 **
    TENKA   =      0.4875*F_ISHIKI +  1.0000 E1
    BARANSU =      0.6174*F_ISHIKI +  1.0000 E2
    GAKU    =      1.0000 F_IYOKU  +  1.0000 E3
    KAISU   =      1.6664*F_IYOKU  +  1.0000 E4

Latent Variable Equations          ** 潜在変数に関わる方程式 **
    F_IYOKU =      0.3180*F_ISHIKI +  1.0000 D2

Variances of Exogenous Variables            ** 独立変数の分散 **
------------------------------------------------------------
                                    Standard
    Variable    Parameter  Estimate    Error    t Value
------------------------------------------------------------
    F_ISHIKI               1.000000         0    0.000
    E1          DEL1       0.762315  0.050882   14.982
    E2          DEL2       0.618819  0.063087    9.809
    E3          DEL3       0.681949  0.051876   13.146
    E4          DEL4       0.116808  0.110195    1.060
    D2          PSI2       0.216941  0.033312    6.512

Equations with Standardized Coefficients        ** 標準解 **
    TENKA   =      0.4875*F_ISHIKI + 0.8731 E1
    BARANSU =      0.6174*F_ISHIKI + 0.7867 E2
    GAKU    =      0.5640 F_IYOKU  + 0.8258 E3
    KAISU   =      0.9398*F_IYOKU  + 0.3418 E4
    F_IYOKU =      0.5638*F_ISHIKI + 0.8259 D2

Squared Multiple Correlations               ** 重相関係数 **
------------------------------------------------------------
                 Error      Total
    Variable    Variance   Variance   R-squared
------------------------------------------------------------
    1  TENKA     0.762315  1.000000   0.237685
    2  BARANSU   0.618819  1.000000   0.381181
    3  GAKU      0.681949  1.000000   0.318051
    4  KAISU     0.116808  1.000000   0.883192
    5  F_IYOKU   0.216941  0.318051   0.317905
```

表 2.15: 自然食品購買行動データのパス解析結果

```
Chi-square = 233.3153       df = 1        Prob>chi**2 = 0.0001

Manifest Variable Equations            ** 観測変数に関わる方程式 **
    GAKU   =   0.1225*TENKA   + 0.1511*BARANSU + 1.0000 E1
    KAISU  =   0.1740*TENKA   + 0.2756*BARANSU + 1.0000 E2


Variances of Exogenous Variables            ** 独立変数の分散 **
    ---------------------------------------------------------
                                        Standard
        Variable   Parameter   Estimate      Error     t Value
    ---------------------------------------------------------
        TENKA      PHI1        1.000000   0.049088    20.372
        BARANSU    PHI2        1.000000   0.049088    20.372
        E1         DEL1        0.951007   0.046683    20.372
        E2         DEL2        0.864870   0.042455    20.372


Covariances among Exogenous Variables     ** 独立変数の共分散 **
    ---------------------------------------------------------
                                    Standard
            Parameter       Estimate     Error     t Value
    ---------------------------------------------------------
     BARANSU  TENKA  PHI12  0.301000    0.036249     8.304

Equations with Standardized Coefficients        ** 標準解 **
 GAKU   =   0.1225*TENKA    + 0.1511*BARANSU + 0.9752 E1
 KAISU  =   0.1740*TENKA    + 0.2756*BARANSU + 0.9300 E2

Squared Multiple Correlations               ** 重相関係数 **
    ---------------------------------------------------------
                    Error        Total
        Variable   Variance     Variance     R-squared
    ---------------------------------------------------------
     1   GAKU      0.951007     1.000000      0.048993
     2   KAISU     0.864870     1.000000      0.135130

Correlations among Exogenous Variables ** 独立変数の相関係数 **
    ------------------------------------------------------
            Parameter            Estimate
    ------------------------------------------------------
     BARANSU TENKA PHI12          0.301000
```

第3章
因子分析

因子分析は，相関関係の背後に潜む構造を研究する多変量解析法です．「背後に潜む構造の研究」では，データから構造を探るという場合と，構造に関する何らかの仮説をデータと照らし合わせて検証するという二つの場合があります．前者を探索的因子分析，後者を検証的因子分析[1]といいます．

共分散構造分析で最もよく使われている分析方法は検証的因子分析だと言われています．多変量解析の教科書に紹介されている因子分析は探索的因子分析を指すことがほとんどですが，検証的因子分析とはかなり違った側面をもちます．共分散構造分析では，探索的因子分析は検証的因子分析を行うための事前解析と位置付けられています．多くの共分散構造分析ソフトウェアは探索的因子分析をサポートしていませんでしたが，近年，共分散構造分析のソフトウェアでありながら探索的因子分析のオプションをもつものも増えてきました．SAS は PROC FACTOR という探索的分析のためのオプションをもっていますが，CALIS の中でも探索的分析が実行できます．EQS では，簡単な探索的因子分析が実行でき，その分析結果に基づいて，直ちに検証的因子分析へ移行できるよう工夫されています．これは，3.5 節で紹介します．

検証的であれ探索的であれ，因子分析共通の考え方は，以下の 2 点にまとめられます．

---

[1]確認的因子分析，確証的因子分析，また制約的因子分析ともよばれる．

(i) 観測変数の背後にある潜在変数 (因子) からの影響によって観測変数
間の相関が生じると仮定する. 観測変数間の因果関係は想定しない.
(ii) 潜在変数はすべて独立変数で, 潜在変数間の因果関係は想定しない.
潜在変数間に相関を許すことがある.

　通常, 因子分析の分野では, (誤差変数以外の) 潜在変数を共通因子, また
は単に因子といいます. 誤差変数は, 通常の意味の誤差因子 (error factor)
と各々の項目 (観測変数) に固有の変動を表す特殊因子 (specific factor) と
の和と考え, 独自因子 (unique factor) とよばれます. また, 因子から観
測変数へのパス係数を因子負荷 (量) といいます. この章ではこれらの用
語を用いることにします.
　私は「易しい検証的因子分析を先に, 難しい探索的因子分析はその後で
勉強する」ということを持論にしています. 本節でも, この順で因子分析
について分かりやすく解説します. 同時に, パス図をより美しく描くテク
ニックを紹介します.

3.1　検証的因子分析と探索的因子分析: 考え方

Lawley-Maxwell (1963) のテキストで紹介されている, 220 人が受けた
6 科目のテスト結果のデータを取り上げます. テスト科目と科目間の相関
係数は表 3.1 のようになっています.
　「代数」と「計算」との相関が一番高く 0.595,「幾何」と「計算」,「幾

表 3.1: 6 科目のテストの相関行列

	X1	X2	X3	X4	X5	X6
X1 ゲール語	1.000					
X2 英　語	0.439	1.000				
X3 歴　史	0.410	0.351	1.000			
X4 計　算	0.288	0.354	0.164	1.000		
X5 代　数	0.329	0.320	0.190	0.595	1.000	
X6 幾　何	0.248	0.329	0.181	0.470	0.464	1.000

何」と「代数」,「英語」と「ゲール語」なども比較的高い相関を示しています. 一方, 一番低い相関は「計算」と「歴史」です.

この例ではすべての相関が「正」になっています. これは, ある科目のできの良い生徒はその他の科目もそれなりにできる傾向があることを示しています.「それなりにできる傾向」とは, ある科目の成績の良い生徒は必ず他の科目でも良い成績をとる, ということではありません. 例えば, 代数の成績が良い生徒を 10 名集めてくると, そのなかで7〜8 人は計算の成績も良い, というようなことを表しています.

この現象を説明する一つの仮説として, 「一般知能」という一つの構成概念でテスト間の相関を説明することができ, 残りの変動は互いに相関しないそれぞれの科目独自の変数 (＋誤差) に因る, といういわゆる「スピアマンの二因子説」があります.「一般知能」は直接観測できませんから潜在変数であると考えられます. これを F_1 で表し, 科目独自の変数を $e_1, \cdots, e_6$ で表しましょう. このモデルをパス図で表すと図 3.1 のようになります.[2]

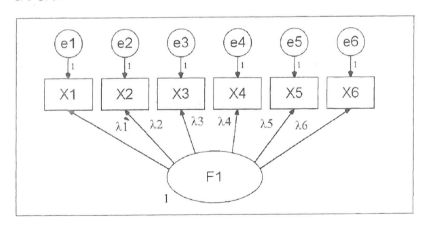

図 3.1: 1 因子モデル

このモデルでは, 例えば, X_1 と X_2 との相関は $\lambda_1 \times \lambda_2$ となります. この事実が, 本章の冒頭で述べた因子分析の特徴 (i) 観測変数間の相関は因子からの影響による, ということの数学的説明になります. このモデル

―――――――――――――
[2]実は, このモデルは検証的モデルでもあり探索的モデルでもある.

を方程式を用いて表すと

$$X_1 = \lambda_1 F_1 + e_1$$
$$X_2 = \lambda_2 F_1 + e_2$$
$$X_3 = \lambda_3 F_1 + e_3$$
$$X_4 = \lambda_4 F_1 + e_4$$
$$X_5 = \lambda_5 F_1 + e_5$$
$$X_6 = \lambda_6 F_1 + e_6$$

となります. データの相関がすべて正のときは, $\lambda_1 \sim \lambda_6$ の値はすべて正の値になることに注意しましょう.[3] このとき, F_1 の値が大きければ, つまり, 高い一般知能をもつ生徒であれば, X_i はすべて大きな値をとる傾向があります. 独自因子 e_i の影響がなければ, F_1 が大きければ必ず X_i も大きくなるのですが, ランダムな e_i の影響があるため, F_1 の値が大きいときでも必ずしも X_i の値が大きくなるとは限りません. しかし, 少なくとも X_i の値が大きくなる傾向はあります. このことが, 先に述べた「ある科目のできの良い生徒は他の科目もそれなりにできる傾向がある」ということに対応しています.

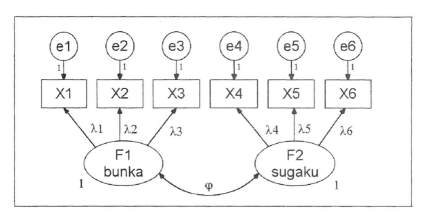

図 3.2: 2 因子モデル (検証的モデル)

---

[3]すべて負の値でもよいが, そうする場合は, 因子の解釈が反対になる.

　6科目のテストのデータについて，次のような見方もあります．これら
のテスト科目は文科系の科目 (X_1, X_2, X_3) と数学に関する科目 $(X_4, X_5,$
$X_6)$ とから成っています．従って，(X_1, X_2, X_3) のテストの相関は「F1:
文科的能力」によって，そして (X_4, X_5, X_6) の相関は「F2: 数学的能力」
によって引き起こされるという仮説も説得力をもちます．このモデルのパ
ス図は図 3.2 です．このモデルでは因子間に相関 ϕ を想定しています．因
子間に，相関の代わりに 2.3 節での多重指標モデルのように因果関係を考
えるのならば，このモデルはもう因子分析モデルではありません (本章の
冒頭で述べた因子分析の特徴 (ii))．

　図 3.2 のモデルは，(i) 因子 F_1 は X_4, X_5, X_6 には影響を及ぼさない，
(ii) 因子 F_2 は X_1, X_2, X_3 には影響を及ぼさない，という強い仮説に基
づいています．従って，このモデルによる解析は，データがこの仮説に矛
盾しないかどうかを検証するという意味合いがあり，それゆえ，検証的因
子分析とよばれます．このように，検証的分析には観測変数の相関を説明
する因子に関する仮説が必要です．因子の数やそれぞれの因子が何を表す
か，さらに，各因子がどの変数に影響を及ぼすか，これらについての事前
情報が必要なのです．

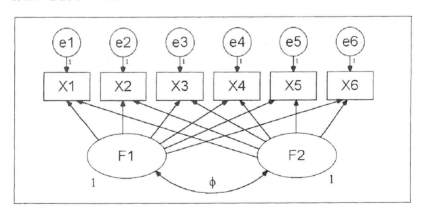

図 3.3: 2 因子モデル (探索的モデル)

　一方，そのような仮説をおかず，すべての因子がすべての観測変数に影
響を与えうる，というモデルも考えられます (図 3.3)．このモデルを探索

的因子分析モデルといいます. 探索的因子分析で二つの因子を考えたとき, (i) モデルの当てはまりが良く, (ii) 一つ目の因子 F_1 は主に $X_1, X_2,$ X_3 に大きな影響を及ぼし, (iii) 二つ目の因子 F_2 は主に X_4, X_5, X_6 に大きな影響を及ぼしているとします. そのときには, F_1 は文科的能力を, F_2 は数学的能力を表す因子だと判断することができます. つまり, 因子から影響の大きい (小さい) 観測変数はどれであるかを探索し, 因子が何であったか探索します. 一般には, 因子の数も未知で探索します. また, 探索的因子分析には因子回転という固有の概念があり, 詳しくは 3.3 節と 3.4 節で解説します.

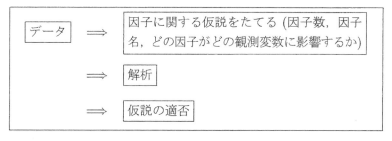

図 3.4: 検証的因子分析の流れ

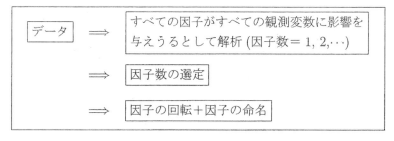

図 3.5: 探索的因子分析の流れ

　検証的分析と探索的分析の流れを図 3.4 と図 3.5 にまとめておきます. 両分析方法の違いをひとことで述べるならば, 因子に関する**仮説を検証す**るのが検証的因子分析で, 因子に関する**仮説を構築 (探索) する**のが探索的因子分析となります.

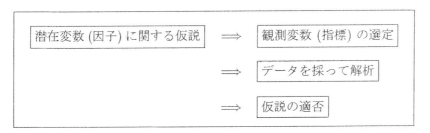

図 3.6: 理想的な共分散構造分析の流れ

　一方，理想的な共分散構造分析や検証的因子分析は，データを採る前に因子に関する仮説を作ります．そして，その因子を同定するにはどのような観測変数 (指標) を考えればよいかを検討します．その流れを図 3.6 に示しています．もちろん，検証的因子分析や共分散構造分析で当初の仮説が棄却されたときは，仮説を修正し，再び分析を行い，修正された仮説を検討することになります.[4]

3.2　AMOS, EQS, CALIS による実行例: 検証的因子分析

　本節では，表 3.1 のデータを，図 3.1 の 1 因子モデルと 図 3.2 の 2 因子検証的因子分析モデルで分析します.

　AMOS を使っての分析は，2.3.1 節と同じように行います．まず，図 3.7 のようにデータファイルを作成し，適当なフォルダに保存しておきます．

　Amos Graphics を立ち上げてデータファイルを指定しましょう (ファイル ├ データファイル ├ ファイル名). そして，図 3.9 のようなパス図を描きます．四角の中に書く変数名は， 表示 ├ データセットに含まれる変数 からドラッグします．図 3.1 にあるようなパス係数のラベル $\lambda_1 \sim \lambda_6$ を入力するには，メニューから 表示 ├ インターフェースのプロパティ を選択し 書体 のタブでパラメータ値を Symbol に変更し，ダイアログを閉じておきま

---

　[4]もちろん，探索的・検証的因子分析でもデータ採取の前に十分に項目 (調査票) の検討をする必要がある．共分散構造分析ではその重要度がより高いということ.

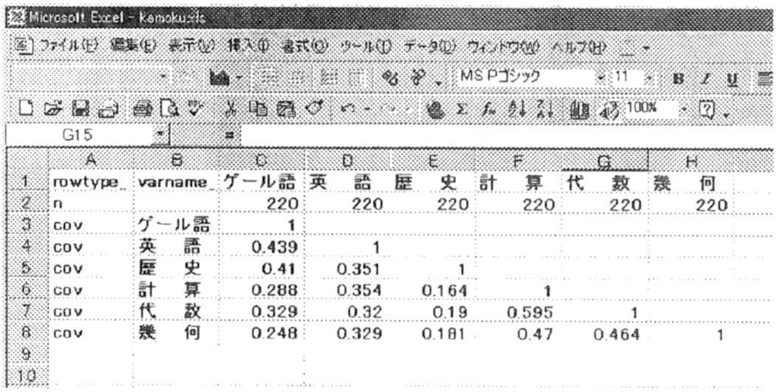

rowtype_	varname_	ゲール語	英 語	歴 史	計 算	代 数	幾 何
n		220	220	220	220	220	220
cov	ゲール語	1					
cov	英 語	0.439	1				
cov	歴 史	0.41	0.351	1			
cov	計 算	0.288	0.354	0.164	1		
cov	代 数	0.329	0.32	0.19	0.595	1	
cov	幾 何	0.248	0.329	0.181	0.47	0.464	1

図 3.7: データファイル (MS-Excel)

す. ラベルを入力するには, 入力したいパスの上でマウスの右ボタンを クリックし, オブジェクトのプロパティ のダイアログを選択し (図 3.8), パラメータ のタブの係数に 11 (エルイチ) とタイプすると, パス図に λ_1 と表示されます. 次のパスをクリックし, 12 などとタイプします.[5] この

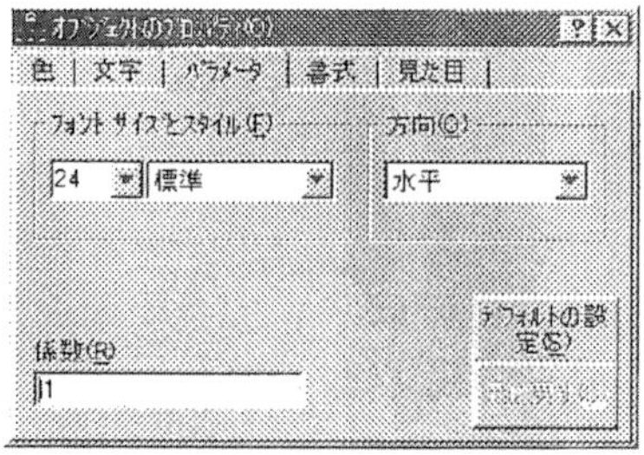

図 3.8: フォントの指定

ダイアログではフォントの大きさや表示されるラベルの "向き" なども設 定できます. ラベルの場所が気に入らないときは, パスの上でマウスの右 ボタンをクリックし, パラメータ移動 を選択し, ラベルを好みの場所へ ドラッグします. 共通因子をダブルクリックし, 文字 のタブで変数名「一

---

[5]ここでの分析にはラベルは不要であるが, 図 3.1 の描画方法を紹介した. 同じラベルを 付けると, パス係数が等しいという条件の下で推定することになる.

般知能」を入力します．図 3.9 には適合度などが表示されています．これ
は，メニューから 図 － 図のキャプション を選択し，キャプションのとこ
ろに

カイ 2 乗値（自由度）= ¥cmin (¥df) p 値=¥p
GFI=¥gfi CFI=¥cfi RMSEA=¥rmsea

と記述しています．

すべてが設定し終わると， 𝅘𝅥 をクリックして AMOS で推定します．

をクリックして分析結果を表示させると図 3.9 の推定結果が示され

ます．残念ながら，モデルの適合度が悪く（カイ 2 乗値=52.840 (df=9); p
値=0.000)，モデルは棄却されます．

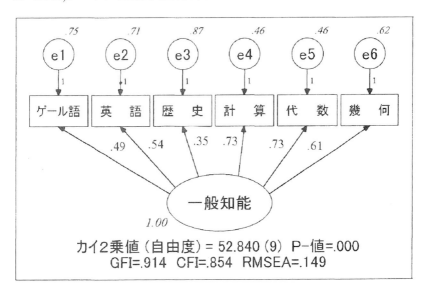

図 3.9: 1 因子モデルと推定値

モデルの作成方法によっては，「一般知能」から「ゲール語」へのパス
係数が 1.00 と出力され，「一般知能」の分散が 0.24 と推定される場合が

あります. この違いは, 図 3.9 とは異なる方法で因子の尺度を固定したことから生じています. すなわち, 図 3.9 では「一般知能」の分散を 1 に固定することで潜在変数の尺度を定めているのですが, 一つのパス係数を 1 と固定して潜在変数の分散を推定してもよいのです. 詳しくは第 4 章を参照してください. 図 3.9 の解を得るには, 標準解を表示させるか, 尺度の固定方法を変更するか, いずれかの手続きを経る必要があります.

このモデルや推定結果を保存しておきましょう (ファイル ─ 上書き保存).

続いて, このデータに 2 因子検証的因子分析 (図 3.2) を行います. まず, パス図を修正するため をクリックしてパス図を描くモードに変更します.[6] 通常ラベルは必要ないのですべて消去しておくことにします (パスの上で右クリックし オブジェクトのプロパティ を開く). 「一般知能」

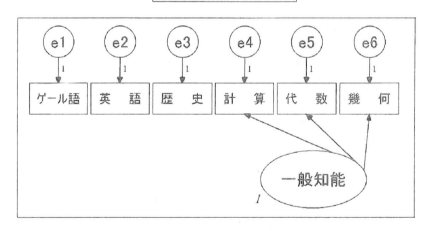

図 3.10: 1 因子モデルから 2 因子検証的モデルへ

からのパスのうち左の 3 つを消去しましょう. そうして, をクリックし,「一般知能」を右側へドラッグします (図 3.10).

パスをバランス良く配置するには, ツールバーの を選択し「一般知能」の上でクリックします. このように, はパスを微妙に調整 (Touch

---

[6]推定値が出力されているモードではパス図の大幅な変更はできない.

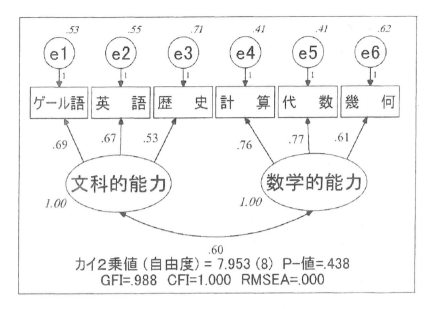

図 3.11: 2 因子検証的因子分析モデルと推定値

up) するときに使います.

　次に, 潜在変数「一般知能」を左にコピーし (マウス右ボタンをクリックし [複写] を選択), 観測変数へのパスと因子間相関 (↔) を入れます. 双方向矢印の形が気に入らないときは, その上で右クリックして [オブジェクトの形を変更] を選択し, 双方向矢印を引っ張ると形 (湾曲の程度) を好みに変えることができます. 最後に, 因子のラベルを変更します (マウス右ボタンをクリックし [オブジェクトのプロパティ] を選択). この 2 因子検証的因子分析モデルによる推定値を図 3.11 に報告しています. 適合度は良く (カイ 2 乗値 =7.953 (df=8); p 値=0.438), モデルは受容されます.

　次に EQS に移ります. 2.3.2 節でのように, 相関行列を EQS データエディタ上で入力するか, 拡張子を *.cov としたテキストデータを読み込んでデータファイルを作成します. EQS の変数名のデフォルトは $V_1, V_2, \cdots$ なので, 変数ラベルを付けるためには, メニューから [Data]-[Information] を選択して変数のリストを表示し, 名前を付けたい変数名をダブルクリックして, V_1 から順に Gaelic, English, $\cdots$ と変更します. ここで, 例え

ば school.ess などというファイル名でデータファイルを保存しておきま
しょう. パス図を描くため EQS メニュー画面の一番右のボタン 〔図〕 を
クリックしダイアグラマーを立ち上げます. 2.3.2 節で解説した方法にし
たがって ヘルパーの Factor Model を用いるか,[7] ヘルパーを使わないな
らダイアグラマーのツールバーで下から 7 つ目のボタン 〔図〕 をクリッ
クして指標 (観測変数) 付き潜在変数 (一つの因子＋ 6 つの指標) を描き
ます. Factor Structure Specification ダイアログ (図 2.41) が開くので,
Variable List ですべての変数を選択して Indicator List ボックスに移動
させます. OK ボタンをクリックしてダイアログを閉じると, 指標付き潜
在変数が描かれます. デフォルトでは, 左側に因子, 右側に指標がきます.
　EQS メニューの Edit を選択すると, パス図の向きを変えるコマンド
である Horizontal Flip, Vertical Flip, Rotate が表示されるので, これら
を適当に施して図 3.12 のようにします.[8] この図ではさらに変数名を表示
させています (View － Labels).

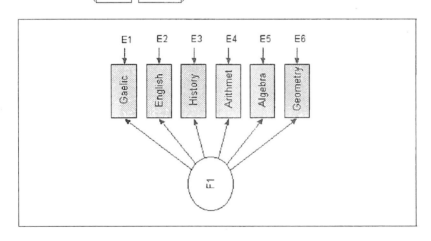

図 3.12: パス図の向き

縦に書かれたアルファベットを横書きにするには, パス図全体を選択し

---

[7]1 因子モデルの場合は, ステップ 2 で何も選択せずに Next をクリックすればよい.
[8]これらのコマンドがアクティブになっていないときは, パス図を選択する.

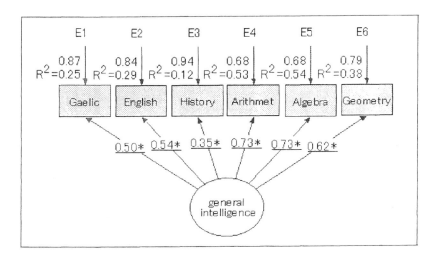

図 3.13: 1 因子モデル: 推定値

て，グループを解除し (⌈Layout⌉⌈Break Group⌋)，⌈Edit⌉⌈Rotate⌋ を選択
します. 図 3.13 では，さらに因子の変数名を general intelligence に変更
しています.[9] 変数名が，観測変数を表す長方形や潜在変数を表す楕円か
ら大きくはみ出し，長方形や楕円の大きさを変更したいときがあります.
長方形や楕円[10] の大きさを変更するには，変更したいオブジェクトを選
択しダブルコーテーションをドラッグします (カギマークが表示される).
すべての長方形の大きさを同時に変更したいときは，EQS メニューから
⌈Custom⌉⌈Preference⌋ を選択すると，以下のメニューが表示されます.

> Variable Size
> Factor Size
> Error Size
> Disturbance Size
> Estimate Label Position

ここで Variable Size を選ぶと，長方形の大きさを変更することができ

---

[9]変数名を 2 段に表示させたい場合には，改行したいところに半角のセミコロン ; を入
れる
[10]双方向の矢印の形状も同じようにして変形できる.

ます.

　パス図全体の大きさを変更するには, まず, 全体がグループ化されてい
て, かつ, 選択されていることを確かめます. 選択されていることを表す
四角をドラッグすることで好みの大きさに変形できます.

　フォントを変更するには, 変更したいオブジェクトを選択し, EQS メ
ニューの Font ─ Select を選択, 適当なフォント名, スタイル, サイズ
などを選びます. また, パスや変数を囲む線の太さを調節することがで
きます. 線の太さを変更したいオブジェクトをクリックで選択してから,
Custom ─ Lines で好みの太さにします. 太さは 5 段階に調節可能で, デ
フォルトの太さは Thin です. なお, この操作は, パス図に基づいたモデ
ルファイルが作成されている (同時に開いている) 状態では行うことがで
きませんので注意してください.

　ここからは, 2.2.2 節や 2.3.2 節と同じプロセスを繰り返します.
Build_EQS ─ Title/Specifications を選択, タイトルを付けて OK ボタンを
クリックします. すると EQS モデルファイルが作成されます. Build_EQS ─
Run EQS を選択, cfa1.eqx などのファイル名でモデルファイルを保存
します. EQS は推定値を求めるために DOS 窓を開け計算します. 計算が
終わった後, 出力ファイル cfa1.out のウインドウが表示されますが, す
ぐにパス図のウインドウへ移りましょう. Window ─ cfa1.eds を選択して,
パス図を表示させ, さらに, View ─ Estimates ─ Standardized Solution を
選択すると, 図 3.13 のように推定値が表示されます. モデルの適合度を調
べるため, View ─ Statistics を選択すると, カイ 2 乗値=52.8408 (df=9);
p 値=0.0000 が得られ, モデルのデータへの適合は悪くモデルは棄却され
ます.

　次に 2 因子検証的因子分析に移ります. 先ほど描いたパス図 (図 3.13)
を修正するか, 新しく初めから書き直すか, 判断に迷うところですが, 第
2 章 ではパス図を修正したので, ここでは新しく作ることにしましょう.
EQS では, パス図を二つまで同時にエントリーできますが, 推定結果を
パス図へ送るときにトラブルが起こることがあるので, 前回の解析による
パス図は閉じておきましょう (File ─ Close). その後で, 新しくもう一度
ダイアグラマーを開きます.[11]

─────────────
[11]その他のファイルは閉じても閉じなくてもかまわない. ただし, 合計 12 個までしかファ

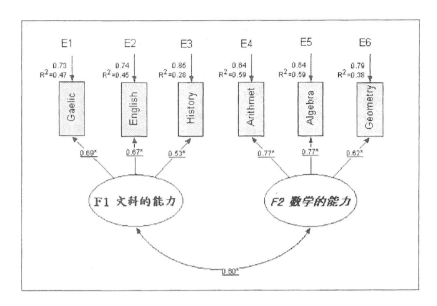

図 3.14: 2 因子検証的因子分析: 推定結果

パス図の完成図 (図 3.14) を見ながら，ヘルパーの Factor Model を用いるか，あるいは を用いて指標付き潜在変数を 2 組作り，先ほどと同様にしてオブジェクトの向きを整えます．二つの指標付き潜在変数の位置を揃えるには一方をドラッグするのが便利ですが，一般には，揃えたいオブジェクトを選択しておいて，| Layout |—| Align Horizontal | を選択します．同様に，| Layout |—| Align Vertical | を選べば，垂直方向に揃えることができます．スペースの大きさを揃えるには，| Layout |—| Even Hor Spacing |(横方向)，| Layout |—| Even Ver Spacing |(縦方向) が便利です．図 3.14 のパス図では，線の太さをやや太めのものに変更しています (| Custom |—| Lines | から好みの太さを選択)．このパス図のように日本語とアルファベットを混在させることができます.[12] なお，パス係数の推定値のフォントを一括して変更するには，すべてのパスを選択しないといけません．そのためには，メニューから | Edit |—| Select All |—| Select All Paths | が便利です．

イルを開くことができない.
[12]日本語表示については 2.3.2 節を参照.

[View]—[Statistics] を選択することにより，このモデルの適合度が，カ
イ 2 乗値=7.9533 (df=8); p 値=0.4380 となり，2 因子検証的因子分析モ
デルは良い適合であることが分かります．共通因子から観測変数へのパス
係数の推定値にはすべてアンダーラインが引かれています．これは，ワル
ド検定が有意になることを表しており，仮定された共通因子から観測変数
への影響は，統計的にも有意と認められます．ワルド検定については，5.1
節を参照してください．

　最後に CALIS で分析をしましょう．1 因子のモデル (図 3.1) と 2 因子
のモデル (図 3.2) によって分析をするための SAS プログラムが表 3.2 に
示されています．

　① はデータステップです．標本サイズ n が記述されていませんが，
表 2.13 でのデータステップより少し簡略化されています．② では 1 因
子モデルによる分析，③ では 2 因子モデルによる分析を要求しています．
データステップに標本サイズの記述がないので，その代わりにプロックス
テップで EDF=219 として相関行列の自由度 (= 標本サイズ − 1) を与えて
います．L_1,...L_6 や L_11,...L_62 は最も興味のある因子負荷量 (ま
たはパス係数) です．STD と COV には独立変数の分散と共分散が指定され
ています．

　まず，モデルの適合度を検討します．表 3.3 のように，SAS は極めてた
くさんの適合度指標を出力します．これらを詳しく紹介するスペースはあ
りません．そこで，今までどおり，その中から以下の統計量に注目するこ
とにします：

```
Chi-square=52.8402  df=9  Prob>chi**2=0.0001
GFI=0.9143  Comparative Fit Index = 0.8538
RMSEA Estimate = 0.1491
```

これらはいずれもこのモデルの適合が十分でないことを示しています．一
方，2 因子モデルの適合は良好で

```
Chi-square=7.9533  df=8  Prob>chi**2=0.4380
GFI=0.9878  Comparative Fit Index = 1.0000
RMSEA Estimate = 0.0000
```

となっています．因子負荷量 (パス係数) の推定値は表 3.4 のように方程

表 3.2: 検証的因子分析のための SAS プログラム

```
DATA school(TYPE=corr);                        /* .... ① */
 _TYPE_ ='CORR'; INPUT _NAME_ $ x1-x6;
 LABEL   x1='ゲール語'   x2='英語'   x3='歴史'
         x4='計算'       x5='代数'   x6='幾何';
 CARDS;
x1 1.000     .        .       .       .       .
x2 0.439    1.000     .       .       .       .
x3 0.410    0.351    1.000    .       .       .
x4 0.288    0.354    0.164   1.000    .       .
x5 0.329    0.320    0.190   0.595   1.000    .
x6 0.248    0.329    0.181   0.470   0.464   1.000
 ;
PROC CALIS DATA=school EDF=219 ALL NOMOD;       /* .... ② */
TITLE '*** 1-factor model ***';
 LINEQS
   x1=l_1 f1 + e1,
   x2=l_2 f1 + e2,
   x3=l_3 f1 + e3,
   x4=l_4 f1 + e4,
   x5=l_5 f1 + e5,
   x6=l_6 f1 + e6;
 STD
  e1-e6 = del1-del6,
  f1    = 1.00;
 RUN;

PROC CALIS DATA=school EDF=219 ALL NOMOD;       /* .... ③ */
TITLE '*** 2-factor model ***';
 LINEQS
   x1=l_11 f1        + e1,
   x2=l_21 f1        + e2,
   x3=l_31 f1        + e3,
   x4=        l_42 f2 + e4,
   x5=        l_52 f2 + e5,
   x6=        l_62 f2 + e6;
 STD
  e1-e6 = del1-del6,
  f1-f2 = 2*1.00;
 COV
  f1 f2 = phi12;
 RUN;
```

表 3.3: 1 因子モデルによる分析結果：適合度指標

```
Fit criterion . . . . . . . . . . . . . . . . . .          0.2413
Goodness of Fit Index (GFI) . . . . . . . . . . .          0.9143
GFI Adjusted for Degrees of Freedom (AGFI). . . .          0.8000
Root Mean Square Residual (RMR) . . . . . . . . .          0.0839
Parsimonious GFI (Mulaik, 1989) . . . . . . . . .          0.5486
Chi-square = 52.8402         df = 9          Prob>chi**2 = 0.0001
Null Model Chi-square:        df = 15                      314.9151
RMSEA Estimate  . . . . . .  0.1491   90%C.I.[0.1117, 0.1892]
Probability of Close Fit  . . . . . . . . . . . .          0.0000
ECVI Estimate . . . . . . .  0.3545   90%C.I.[0.2657, 0.4787]
Bentler's Comparative Fit Index . . . . . . . . .          0.8538
Normal Theory Reweighted LS Chi-square  . . . . .          61.5921
Akaike's Information Criterion. . . . . . . . . .          34.8402
Bozdogan's (1987) CAIC. . . . . . . . . . . . . .          -4.7025
Schwarz's Bayesian Criterion. . . . . . . . . . .          4.2975
McDonald's (1989) Centrality. . . . . . . . . . .          0.9052
Bentler & Bonett's (1980) Non-normed Index. . . .          0.7564
Bentler & Bonett's (1980) NFI . . . . . . . . . .          0.8322
James, Mulaik, & Brett (1982) Parsimonious NFI. .          0.4993
Z-Test of Wilson & Hilferty (1931). . . . . . . .          5.2739
Bollen (1986) Normed Index Rho1 . . . . . . . . .          0.7203
Bollen (1988) Non-normed Index Delta2 . . . . . .          0.8567
Hoelter's (1983) Critical N . . . . . . . . . . .          72
```

式の形で出力されます．推定値とともにその標準誤差 (Std Err) や因子負荷＝0 という仮説に対する検定統計量 (t Value) も出力されています．同図には，独立変数 (Exogenous Variables) の分散や共分散の推定値も示されています．[13]

　この節を終わるにあたって，分析結果をまとめます．このデータには 2 因子検証的因子分析モデルが良く適合することが分かりました．このモデルによる分析結果からいくつかの興味ある知見が得られます．

(i) モデルの当てはまりが良いからといって，二つの共通因子「文科的能力」と「数学的能力」がテスト項目を十分に説明している (決定係数が大きい; 寄与率が高い) というわけではありません．この分析において共通因子の決定係数が大きくないことは独自因子 e_i の影

---

[13]第 4 章では，これらの出力の見方をやや詳しく解説する．

表 3.4: 2 因子モデルの推定値

```
        Manifest Variable Equations
X1      =       0.6867*F1   +   1.0000 E1
Std Err         0.0757 L_11
t Value         9.0755

X2      =       0.6724*F1   +   1.0000 E2
Std Err         0.0756 L_21
t Value         8.8994

X3      =       0.5326*F1   +   1.0000 E3
Std Err         0.0756 L_31
t Value         7.0439

X4      =       0.7665*F2   +   1.0000 E4
Std Err         0.0674 L_42
t Value         11.3802

X5      =       0.7684*F2   +   1.0000 E5
Std Err         0.0673 L_52
t Value         11.4104

X6      =       0.6159*F2   +   1.0000 E6
Std Err         0.0689 L_62
t Value         8.9431


            Variances of Exogenous Variables
---------------------------------------------------------
                                    Standard
Variable  Parameter    Estimate      Error       t Value
---------------------------------------------------------
F1                     1.000000          0       0.000
F2                     1.000000          0       0.000
E1        DEL1         0.528380   0.082274       6.422
E2        DEL2         0.547917   0.081689       6.707
E3        DEL3         0.716354   0.082015       8.734
E4        DEL4         0.412458   0.068095       6.057
E5        DEL5         0.409565   0.068131       6.011
E6        DEL6         0.620722   0.071410       8.692

           Covariances among Exogenous Variables
---------------------------------------------------------
                                    Standard
     Parameter      Estimate         Error       t Value
---------------------------------------------------------
  F2 F1  PHI12     0.596980       0.071813       8.313
```

響が 0.7 前後とかなり大きいことからも分かります．共通因子は観
測変数間の「相関」を説明しているのであって，観測変数自身の変
動を説明しているのではないのです．このデータでは，観測変数の
相関は高々 0.6 程度ですから，独自因子の変動は必然的に大きくな
ります．解釈としては，これらのテスト項目は共通因子である「文
科的能力」と「数学的能力」で説明される部分とほぼ同程度に独自
の要素があると考えられます．

(ii) 共通因子「文科的能力」と「数学的能力」で説明される程度は，「数
学的能力」の方がやや高いようです．これは，X_4, X_5, X_6 がすべ
て数学関連科目なのに対し，X_1, X_2 が語学，X_3 が歴史と，こちら
の方がバラエティがあるからだと考えられます．共通因子の影響を
見ると，$X_1 \sim X_3$ の中では「歴史」がやや弱く，数学関連科目の中
では「幾何」がやや弱いのは納得できる分析結果でしょう．

(iii) 共通因子「文科的能力」と「数学的能力」との間の相関が 0.6 とか
なり高いことは注目に値します．この二つの能力は基本的には異な
るのですが，共通部分がかなりあるようです．この背後にはやはり
スピアマンの影がちらつきます．「一般知能」の影響です．

(iv) 文科系科目 $X_1 \sim X_3$ と数学系科目 $X_4 \sim X_6$ の間での最大相関は
「X_5: 計算」と「X_2: 英語」であり，その値は 0.354 です．共通因
子間の相関 0.6 に比べてずいぶん小さいことが分かります．従って，
もし「文科的能力」と「数学的能力」との相関を「英語」と「計算」
との相関で代用すればその値を過小評価することになり，『希薄化』
が生じます．2.2 節で述べたように，希薄化が生じる理由は独自因
子 e_i の存在です．因子分析をするような状況では，分析者の関心
は「文科的能力」と「数学的能力」との相関にあり，独自因子を含
めたものではないことが多いと思われます．この解析結果のように，
独自因子の変動が小さくないときは希薄化の影響が大きくなります．
検証的因子分析モデルは，希薄化修正モデルとよばれることがあり
ます．

3.3 探索的因子分析: 因子回転とは

この章の冒頭で述べたように，検証的因子分析に比べて探索的因子分析はやや難しいと思います.「図 3.3 のパス図に基づいて推定するだけじゃないの？どこが難しいの？」という声が聞こえてきそうですが，実はそんなに単純ではないのです. 探索的因子分析の最大の難関は因子回転の不定性にあります. 因子回転を分かりやすく説明するため，6 変数 2 因子モデルで，2 組の異なった因子負荷の値を考えます (図 3.15). 簡略化のため F_1 と F_2 の因子間相関はないと仮定します. 因子間相関がないとき因子は互いに直交するといい，このモデルを直交モデルといいます.[14] 図 3.15 (上) の因子負荷の値は，F_1 からはすべての観測変数へ 0.5，F_2 からは X_1, X_2, X_3 へ -0.5，X_4, X_5, X_6 へ 0.5 になっています. 一方，図 3.15 (下) では，F_1 は X_1, X_2, X_3 のみに影響を及ぼし，F_2 は X_4, X_5, X_6 のみに影響を及ぼしており，因子負荷の値はすべて $0.7(= 1/\sqrt{2})$ です.

これら 2 組の因子負荷の値はまったく異なりますが，実は，観測変数間の相関は一致します. 例えば，X_1 と X_2 との相関係数は，上のモデルでは F_1 を経由するパスと F_2 を経由するパスがあるので

$$\mathrm{Cor}(X_1, X_2) = 0.5 \times 0.5 + (-0.5) \times (-0.5) = 0.5$$

と計算できます. また，下のモデルでは，$0.7(= 1/\sqrt{2})$ に注意すれば

$$\mathrm{Cor}(X_1, X_2) = \frac{1}{\sqrt{2}} \times \frac{1}{\sqrt{2}} + 0 \times 0 = 0.5$$

となり，前者と一致します. また，X_3 と X_4 との相関係数は，上のモデルで

$$\mathrm{Cor}(X_3, X_4) = 0.5 \times 0.5 + (-0.5) \times 0.5 = 0$$

となり，下のモデルでは，

$$\mathrm{Cor}(X_3, X_4) = 0.7 \times 0 + 0 \times 0.7 = 0$$

となります.

このように，観測変数間の相関係数が一つ決まっても，因子負荷の値は種々考えられるのです. これは困ったことです.

---

[14]因子間の相関を認めるモデルを斜交モデルという.

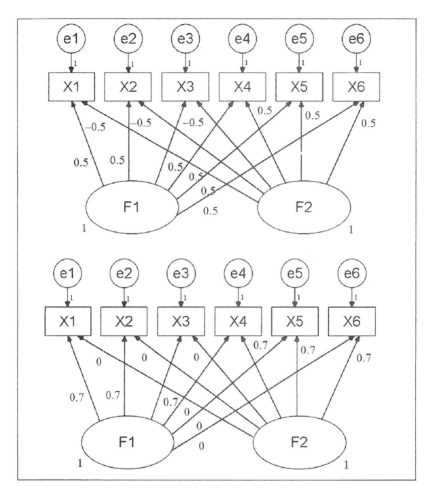

図 3.15: 回転の不定性 (1)

　この問題は，これらの因子負荷の値をどのようにして作ったかということを考えると，そのからくりが良く分かります．ここからは，どのようなからくりがあるのかを解説していきます．

　図 3.16 (上) では，F_1 の因子負荷を $\lambda_{11}, \cdots, \lambda_{61}$，$F_2$ の因子負荷を

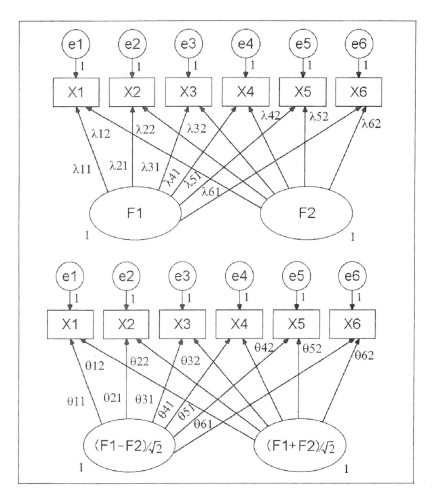

図 3.16: 回転の不定性 (2)

$\lambda_{12}, \cdots, \lambda_{62}$ で表しています. 図 3.15 との対応から

$$\lambda_{11} = \cdots = \lambda_{61} = 0.5$$

$$\lambda_{12} = \lambda_{22} = \lambda_{32} = -0.5, \ \lambda_{42} = \lambda_{52} = \lambda_{62} = 0.5$$

となっています.

次の新しい因子 G_1 と G_2 を作って，図 3.16 (下) のモデルを考えます．

$$\begin{aligned} G_1 &= (F_1 - F_2)/\sqrt{2} \\ G_2 &= (F_1 + F_2)/\sqrt{2} \end{aligned} \tag{3.1}$$

簡単な計算で，因子 G_1 と G_2 は分散が 1 で相関が 0，つまり，互いに直交していることが確かめられます．$\sqrt{2}$ で割るのは，分散を 1 にするためです．連立方程式 (3.1) を F_1, F_2 に関して解くと

$$\begin{aligned} F_1 &= (G_1 + G_2)/\sqrt{2} \\ F_2 &= (G_2 - G_1)/\sqrt{2} \end{aligned} \tag{3.2}$$

となります．

図 3.15 (上) のモデルの構造式 (回帰式) は

$$X_i = \lambda_{i1}F_1 + \lambda_{i2}F_2 + e_i \qquad (i = 1, \cdots, 6) \tag{3.3}$$

で，この式に (3.2) を代入すると，次のように変形することができます．

$$\begin{aligned} X_i &= \lambda_{i1}F_1 + \lambda_{i2}F_2 + e_i \\ &= \lambda_{i1}(G_1 + G_2)/\sqrt{2} + \lambda_{i2}(G_2 - G_1)/\sqrt{2} + e_i \\ &= (\lambda_{i1} - \lambda_{i2})/\sqrt{2} \cdot G_1 + (\lambda_{i1} + \lambda_{i2})/\sqrt{2} \cdot G_2 + e_i \end{aligned}$$

従って，新しい因子負荷 θ_{i1}, θ_{i2} を

$$\begin{aligned} \theta_{i1} &= (\lambda_{i1} - \lambda_{i2})/\sqrt{2} \\ \theta_{i2} &= (\lambda_{i1} + \lambda_{i2})/\sqrt{2} \end{aligned} \qquad (i = 1, \cdots, 6) \tag{3.4}$$

のように決めれば，

$$X_i = \theta_{i1}G_1 + \theta_{i2}G_2 + e_i$$

となり，(3.3) を復元することができます．このとは，図 3.15 の二つの異なった因子負荷をもつモデルが同一の相関係数を与えることを示しています．従って，データ (標本相関係数) からはこれらの二つのモデルを区別することができないのです．

(F_1, F_2) から (G_1, G_2) への変換 (3.1) は回転を表しています．実際，

$$\begin{bmatrix} G_1 \\ G_2 \end{bmatrix} = \begin{bmatrix} \cos\frac{\pi}{4} & -\sin\frac{\pi}{4} \\ \sin\frac{\pi}{4} & \cos\frac{\pi}{4} \end{bmatrix} \begin{bmatrix} F_1 \\ F_2 \end{bmatrix} \tag{3.5}$$

ですから，回転の角度は $\pi/4 = 45°$ です．つまり，因子 (F_1, F_2) を $45°$ だけ回転したものが (G_1, G_2) となります．同様に，X_i への因子負荷 $(\lambda_{i1}, \lambda_{i2})$ も回転しています．(3.4) は

$$\begin{bmatrix} \theta_{i1} \\ \theta_{i2} \end{bmatrix} = \begin{bmatrix} \cos\frac{\pi}{4} & -\sin\frac{\pi}{4} \\ \sin\frac{\pi}{4} & \cos\frac{\pi}{4} \end{bmatrix} \begin{bmatrix} \lambda_{i1} \\ \lambda_{i2} \end{bmatrix} \tag{3.6}$$

のように書けるので，$(\lambda_{i1}, \lambda_{i2})$ を $45°$ だけ回転したものが $(\theta_{i1}, \theta_{i2})$ となっていることが分かります．

このように，探索的因子分析には (因子の) 回転の自由度があり，検証的因子分析よりもやや複雑です．回転の自由度がある中でどの解を選ぶべきかは，先に述べたように，データから決定することはできません．支配的な考え方は，0 に近い因子負荷をなるべくたくさん生じるような回転が望ましいというもので，そのような解は因子の解釈を助けてくれます．この考え方の下でたくさんの回転方法が提案されています．

探索的因子分析を実行するには，(i) 因子数，(ii) 直交モデルか斜交モデルか，(iii) 回転方法 を指定することになります．[15]

このデータに対する探索的因子分析の結果は，次節の終わりに述べます．

3.4　因子分析モデルの行列表現と因子回転再説

ここでは因子分析についてもう少し詳しく解説します．因子分析モデルはベクトルと行列で表すと見通しが良くなります．この節の後半では探索的因子分析の因子回転についてもう少し詳しく解説します．

6 変数 2 因子の探索的因子分析のモデル式 (3.1) を全部書き下すと次のようになります．

$$\begin{array}{rcl} X_1 &=& \lambda_{11}F_1 + \lambda_{12}F_2 + e_1 \\ X_2 &=& \lambda_{21}F_1 + \lambda_{22}F_2 \quad + e_2 \\ X_3 &=& \lambda_{31}F_1 + \lambda_{32}F_2 \quad\quad + e_3 \\ X_4 &=& \lambda_{41}F_1 + \lambda_{42}F_2 \quad\quad\quad + e_4 \\ X_5 &=& \lambda_{51}F_1 + \lambda_{52}F_2 \quad\quad\quad\quad + e_5 \\ X_6 &=& \lambda_{61}F_1 + \lambda_{62}F_2 \quad\quad\quad\quad\quad + e_6 \end{array} \tag{3.7}$$

---

[15]実際はこれらの前に推定方法の指定がある．本書では，最尤法 (ML) に限定しているのでここではふれなかった．

繰り返しになりますが，λ_{ir} は因子 F_r から観測変数 X_i への影響の大き
さを表します．F_r はすべての方程式に現れ，すべての観測変数 X_i に影
響を及ぼす可能性があります．それゆえ，共通因子の名があります．e_i は
一つの方程式にしか現れず，観測変数 X_i にのみ影響を与えます．それゆ
え，独自因子の名があります．(3.7) で，e_i を縦に並べず斜めに書いてい
るのは，「観測変数に共通ではない」ということを強調するためです．

　共通因子 F_r は観測変数間の相関関係を生み出す源泉です．逆に言えば，
因子分析では観測変数間の相関は <u>すべて</u> 共通因子によって生み出される
ことを仮定しています．従って，e_i の間にも，e_i と F_r の間にも相関がな
い，つまり

$$\mathrm{Cov}(e_i, e_j) = 0 \qquad i \neq j \text{ なるすべての } i, j \text{ について} \qquad (3.8)$$

$$\mathrm{Cov}(e_i, F_r) = 0 \qquad \text{すべての } i, r \text{ について} \qquad\qquad (3.9)$$

が仮定されています．

　方程式 (3.7) を行列とベクトルで表現しましょう．

$$x = \begin{bmatrix} X_1 \\ X_2 \\ X_3 \\ X_4 \\ X_5 \\ X_6 \end{bmatrix}, \quad \Lambda = \begin{bmatrix} \lambda_{11} & \lambda_{12} \\ \lambda_{21} & \lambda_{22} \\ \lambda_{31} & \lambda_{32} \\ \lambda_{41} & \lambda_{42} \\ \lambda_{51} & \lambda_{52} \\ \lambda_{61} & \lambda_{62} \end{bmatrix}, \quad f = \begin{bmatrix} F_1 \\ F_2 \end{bmatrix}, \quad e = \begin{bmatrix} e_1 \\ e_2 \\ e_3 \\ e_4 \\ e_5 \\ e_6 \end{bmatrix}$$

とおくと，方程式 (3.7) は

$$x = \Lambda f + e \qquad\qquad (3.10)$$

となります．(3.8), (3.9) は，それぞれ

$$\mathrm{Var}(e) = \text{対角行列}, \quad \mathrm{Cov}(e, f) = O$$

となるので，$\mathrm{Var}(x) = \mathrm{Var}(\Lambda f + e) = \Lambda \mathrm{Var}(f)\Lambda' + \mathrm{Var}(e)$ が導かれま
す．[16] そこで，$\mathrm{Var}(f) = \Phi$, $\mathrm{Var}(e) = \Psi$ とおくと，

$$\mathrm{Var}(x) = \Lambda \Phi \Lambda' + \Psi \; (= \Sigma, \text{ と書く}) \qquad\qquad (3.11)$$

---

[16] プライム $'$ で行列やベクトルの転置を表す．

なる関係式が出ます. この式は, 因子分析の基本方程式とよばれている有名な式で, 観測変数 x の分散共分散行列 Σ が, Λ, Φ, Ψ の関数で表されることを示しています. 特に, Ψ が対角行列であることを記憶しておいてください.

因子に関する適当な仮説があれば, 検証的因子分析を実行することができます. 例えば, 共通因子 F_1 は, 観測変数 X_1, X_2, X_3 だけに影響を及ぼし, X_4, X_5, X_6 には影響しないとします. また, F_2 はその逆だとしましょう. この仮説に対応するモデルは

$$
\begin{array}{rcl}
X_1 &=& \lambda_{11}F_1 + 0 \cdot F_2 + e_1 \\
X_2 &=& \lambda_{21}F_1 + 0 \cdot F_2 \quad + e_2 \\
X_3 &=& \lambda_{31}F_1 + 0 \cdot F_2 \qquad + e_3 \\
X_4 &=& 0 \cdot F_1 + \lambda_{42}F_2 \qquad + e_4 \\
X_5 &=& 0 \cdot F_1 + \lambda_{52}F_2 \qquad\quad + e_5 \\
X_6 &=& 0 \cdot F_1 + \lambda_{62}F_2 \qquad\qquad + e_6
\end{array}
\tag{3.12}
$$

となります. 影響を及ぼさないところは, 因子負荷を 0 に固定しています. 従って, このときの因子負荷行列 Λ は以下のようになり, この行列を $\Lambda(\boldsymbol{\lambda})$ と書くことにします.[17]

$$
\Lambda(\boldsymbol{\lambda}) = \begin{bmatrix}
\lambda_{11} & 0 \\
\lambda_{21} & 0 \\
\lambda_{31} & 0 \\
0 & \lambda_{42} \\
0 & \lambda_{52} \\
0 & \lambda_{62}
\end{bmatrix}
$$

ここで, $\boldsymbol{\lambda}$ は $\lambda_{11}, \lambda_{21}, \lambda_{31}, \lambda_{42}\ \lambda_{52}, \lambda_{62}$ からなるベクトルです. この記号の下で, 検証的因子分析モデルの基本方程式は

$$
\mathrm{Var}(\boldsymbol{x}) = \Lambda(\boldsymbol{\lambda})\Phi\Lambda(\boldsymbol{\lambda})' + \Psi
\tag{3.13}
$$

となります. 関数形 $\Lambda(\boldsymbol{\lambda})$ をいろいろと変えることによって, 種々の因子に関する仮説を表すことができます. (3.13) と探索的因子分析の基本方程式 (3.11) と比較してください. 探索的因子分析では, 因子に関する情報がなくすべての Λ の要素を推定しますが, 検証的因子分析では, いくつかの要素を 0 におくなどの情報が $\Lambda(\boldsymbol{\lambda})$ という関数形に表れているのです.

---

[17] ここでのように, 0 に固定して推定しないパラメータを**固定パラメータ**という. 一方, λ_{11} などのようにデータから推定するパラメータを「**推定すべきパラメータ**」もしくは「**自由パラメータ**」とよぶ.

　ここまでは 6 変数 2 因子のモデルを考えましたが，一般の p 変数 k 因子のモデルでも全く同様で，以降この一般モデルで話を進めます．例えば，Λ は $p \times k$ の行列になります．

　さて，ここからは，因子回転について調べていきます．因子分析は，分散共分散行列 Σ の推定量である (標本) 分散共分散行列や (標本) 相関行列に基づいて統計的推測を行います．従って，Σ から (Λ, Φ, Ψ) が一意的に (ただ一つ) 決まらなければ何を推定しているのか分からなくなると同時に，プログラムが推定値を計算する際にも問題が生じます．Σ から (Λ, Φ, Ψ) が識別できるかどうかを検討するという意味で，識別性 (identification) の問題といいます．

　次の二つのモデルを考えます．共通因子 f の分散共分散行列 Φ が単位行列 I_k であるとき，直交モデルといいます．つまり，共通因子 F_r が互いに無相関で，分散が 1 であるモデルです．F_r の分散が 1 という制約は一般性を失いません．因子はどのような尺度で測ってもよいからです．直交モデルでは (3.11) は次のようになります．

$$\mathrm{Var}(x) = \Sigma = \Lambda\Lambda' + \Psi \qquad (3.14)$$

一方，共通因子 F_r に相関を許すモデルを斜交モデルとよんでいます．

　まず直交モデルの識別性を考えましょう．Σ が分かれば，(Λ, Ψ) がただ一つ決まるのでしょうか．実はそうはならないのです．$T \ (\in \mathcal{O}(k))$ を任意の k 次直交行列とすると，[18] (Λ, Ψ) が (3.14) を満たすならば，$(\Lambda T', \Psi)$ も (3.14) を満たすからです．つまり，

$$\Sigma = \Lambda\Lambda' + \Psi = (\Lambda T')(\Lambda T')' + \Psi$$

が成立します．この関係を方程式 (3.10) のように表すと

$$x = \Lambda f + e = (\Lambda T')(Tf) + e$$

となります．k 次直交行列は k 次元ベクトルの回転を表すので，共通因子 f には回転の自由度があるということになり，共通因子の変換 $f \to Tf$

---

[18] k 次実正方行列 T が $TT' = T'T = I_k$ を満たすとき，直交行列 (orthogonal matrix) という．k 次直交行列全体を $\mathcal{O}(k)$ で表す．

を直交回転とよんでいます. 前節の説明との対応は, $g = Tf$ が (3.5) に, $\Theta' = T\Lambda'$ が (3.6) になっています.[19]

回転の不定性はモデルにおける自由度ですから, データからどうこうすることはできません. そこで, この回転行列 T の決定法についてさまざまな提案がなされてきました. 3.3 節で述べたように, その基本的な考え方は, 因子負荷 λ_{ir} の値を, 0 に近いものはより 0 に近く, 0 から離れているものはより離れるように (コントラストを強める) 回転するというものです. この考え方を計算機上で実現する一つの方法は, λ_{ir}^2 の分散を大きくするような T を選択するというものです. 例えば, 一番ポピュラーな回転である バリマックス (VARIMAX) 法 は, $\Lambda T'$ の要素を b_{ir} として,

$$\max_{T \in \mathcal{O}(k)} \sum_{r=1}^{k} \left[\sum_{i=1}^{p} b_{ir}^4 - \frac{1}{p} \left(\sum_{i=1}^{p} b_{ir}^2 \right)^2 \right]$$

の解として T を定めます. この基準は, b_{ir}^2 の列ごとの分散の和を最大化する k 次直交行列 T を探そうとするものです. この基準は, b_{ir}^2 の列間の共分散の和

$$\sum_{r \neq r'}^{k} \left[\sum_{i=1}^{p} b_{ir}^2 b_{ir'}^2 - \frac{1}{p} \sum_{i=1}^{p} b_{ir}^2 \sum_{i=1}^{p} b_{ir'}^2 \right] \tag{3.15}$$

を最小化することと同等であることに注意しておきます (直交モデルの場合).

斜交モデルの場合はさらに自由度が増えますが, 考え方は同じです. 今度は, T を任意の k 次正則行列とします. このとき,

$$\Lambda\Phi\Lambda' + \Psi = (\Lambda T^{-1})(T\Phi T')(\Lambda T^{-1})' + \Psi$$

ですから, (Λ, Φ, Ψ) と $(\Lambda T^{-1}, T\Phi T', \Psi)$ とからは同じ Σ を生成することになります. $T\Phi T' = \mathrm{Var}(Tf)$ ですから, $T\Phi T'$ は変換された共通因子 Tf の分散共分散行列を表しています. 共通因子の変換 $f \to Tf$ を斜交回転とよんでいます.

直交解と同じように, 共通因子の分散が 1 である, つまり,

$$\mathrm{Diag}(T\Phi T') = I_k \tag{3.16}$$

---

[19]記号の対応は $\Theta = (\theta_{ij})$, $\Lambda = (\lambda_{ir})$, $f = [F_1, F_2]'$, $g = [G_1, G_2]'$ となっている.

という制約をおきます. ここで, Diag(A) は行列 A の対角要素からなる対
角行列 diag($a_{11}, \cdots, a_{pp}$) を表します. 直交回転と同じように, 斜交回転の
方法も多数提案されています. ここでは, 直接オブリミン法 (OBLIMIN)
という代表的な斜交回転法を紹介します. それは, 制約 (3.16) のもとで
(3.15) を最小化する解として T を定める方法です. b_{ij} の代わりに, b_{ij}
を共通性の平方根 $h_i = (\sum_{r=1}^{k} b_{ir}^2)^{1/2}$ $(= (\sigma_{ii} - \psi_i)^{1/2})$ で基準化したも
の b_{ir}/h_i を用いることがあります. 回転に関してより詳しくは芝 (1979,
6 章)・柳井他 (1990,4 章) を参考にしてください.

　6 科目のテストデータを探索的因子分析してみましょう. ここでは SPSS
(Version 10) を用い, 最尤法で分析しました.[20]

表 3.5: 探索的因子分析結果: 適合度

因子数	カイ 2 乗値	自由度	p 値
$k = 1$	51.996	9	0.000
$k = 2$	2.335	4	0.675

　表 3.5 にあるように, 1 因子モデルは高度に有意で棄却されますが, 2
因子モデルの適合度は良好です. 表 3.6 に初期解, (基準化) バリマックス

表 3.6: 探索的因子分析結果: 因子負荷の推定値 $\widehat{\Lambda}$

		初期解		バリマックス解		直接オブリミン解	
		F_1	F_2	F_1	F_2	F_1	F_2
X_1	ゲール語	0.553	0.429	0.232	0.660	0.056	0.669
X_2	英　　語	0.568	0.288	0.321	0.550	0.190	0.518
X_3	歴　　史	0.392	0.450	0.085	0.591	-0.088	0.637
X_4	計　　算	0.740	-0.273	0.770	0.172	0.813	-0.048
X_5	代　　数	0.724	-0.211	0.723	0.216	0.746	0.015
X_6	幾　　何	0.595	-0.132	0.571	0.212	0.577	0.059

---

[20] 1 因子モデルは探索的モデルでもあり検証的モデルでもあるのでカイ 2 乗値は一致する
べきである. ところが, 図 3.9 のカイ 2 乗値は, 表 3.5 のそれと比べて少し大きい. これ
は, 探索的モデルの場合, カイ 2 乗値に Bartlett 調整が施されているからである. 詳しく
は, Lawley-Maxwell (1963) をみよ.

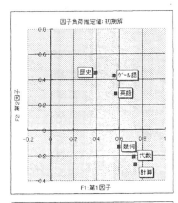

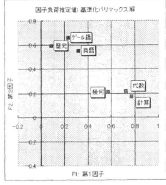

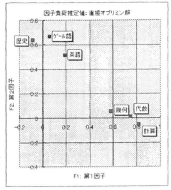

図 3.17: 因子負荷のプロット

解，直接オブリミン解をまとめてありま
す．初期解とは，回転を実行する前の解
のことで，意味のあるものではありませ
ん．というのは，初期解は，回転の自由
度がある中で推定値を計算しやすい直交
行列 T を選んでいるので，それが解釈
に適しているとは限らないのです．回転
後の推定値は，両方とも，F_1 は X_4, X_5,
X_6 に大きな影響を与え，X_1, X_2, X_3 に
はわずかに影響しているだけです．一方,
F_2 は逆のパターンです．以上の結果か
ら，F_1 は数学的能力を表す因子，F_2 は
文科的能力を表す因子と考えられます．
斜交解である直接オブリミン解は直交解
のバリマックス解よりもコントラストが
強く，つまり，絶対値の小さい因子負荷
はより小さく，絶対値の大きな因子負荷
はより大きくなっています．これは一般
的な傾向です．直交解か斜交解かどちら
の解を選ぶべきかは，因子間相関を認め
るべきかどうかによります．「数学的能
力」と「文科的能力」は相関があるはず
だと考えるときは斜交解を採用すること
になります．ちなみに，斜交解における
因子間相関は 0.516 と推定されています．
図 3.17 に，これら 3 組の因子負荷推定
値をプロットしてあります．未回転の推
定値を 60° ぐらい回転したものがバリ
マックス解であること，また，斜交解で
ある直接オブリミン解は，直交解である
バリマックス解より，二つの軸の近くに
プロットされていることが分かります．

3.5　探索的因子分析から検証的因子分析へ (EQS)

　本節では，EQS を用いて，探索的因子分析結果からただちに検証的分析を実行する手順を紹介しましょう.

　検証的因子分析の重要性を指摘した最初の論文である Jöreskog-Lawley (1968) は，探索的分析結果を検証すべきであると主張しています. つまり，まず探索的因子モデルを当てはめ，絶対値が 0.3 を超える因子負荷の推定値に基づき解釈を行います. このことは，絶対値が 0.3 以下の因子負荷 λ_{ir} は有意に 0 から離れていいず誤差変動とみなし，共通因子 F_r は観測変数 X_i には影響しないと判断することを意味します. そこで，次に絶対値が 0.3 以下の因子負荷を 0 に固定した検証的モデルを考え，このモデルが首尾良くデータに適合すれば探索的分析結果の信頼性が高められるというわけです. Jöreskog-Lawley は，この二つの分析をランダムに分割した二つの標本に別個に適用することを勧めています.

　EQS では，探索的因子分析は共分散構造分析を行うための事前解析として実行できます. 解析をトラブルなくスピーディに実行するため，$\mathrm{Var}(e_i)$

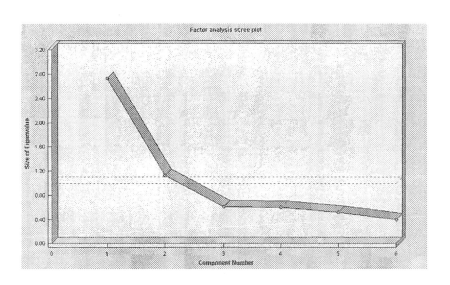

図 3.18: 相関行列の固有値: スクリープロット

がすべて等しい，つまり $\Psi = \theta I_p$ なるモデルのもとで因子負荷 λ_{ir} を推定します. ここで θ は共通の分散を表すスカラーです.

　このモデルは数学的には主成分分析と同等です. 表 3.1 のデータ (6 科目のテスト) について， EQS で探索的因子分析を実行してみましょう. 3.2 節でのように， EQS データファイル school.ess が作成されているとします. EQS の メニューで $\boxed{\text{Analysis}}$ ┤$\boxed{\text{Factor Analysis}}$ を選択，探索的因子分析を行いたい変数 (この場合すべての変数) を選択します.[21] また，検証的分析に移行するためには因子負荷行列を保存しておく必要があります. そのために $\boxed{\text{Options}}$ を選択して (図 3.19) "Put Factor ⋯" をクリックします. そして，どの解を保存するかを指定します. 今回は，斜交回転解 (OBLIMIN Rotation) を選ぶことにしましょう. OK ボタンをクリックすると，いわゆるスクリープロット (Scree Plot; 図 3.18) が表示されます.

　スクリープロットとは，相関行列 R の固有値を大きさの順に並べその

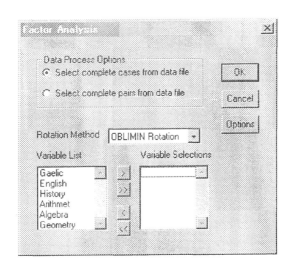

図 3.19: 探索的因子分析の設定 (因子負荷行列の保存)

---

[21]Variable List にあるすべての変数を分析対象とする場合は， $\boxed{>>}$ をクリックするとよい.

大きさをプロットしたものです. 共通因子数 k の選定法として, R の固有値で, 1 より大きいもの数を因子数 k とするという簡便法があります. これは主成分分析でもよく用いられる方法です. この基準にしたがうと $k = 2$ となります. また, 3 番目までの固有値はその値が急激に減少していますが, 4 番目の固有値以降は減少の割合がなだらかです. このようなとき $k = 2$ とせよ, というのが スクリー法です. この二つの基準から, ここでは $k = 2$ とすることにします.

Factor ─ Factor Specifications を選択すると Factor Analysis Selection Box が開きます (図 3.20). 因子数 (Number of) 2 を入力し, OK ボタンをクリックすればただちに分析が実行されます. 先に, データエディタに保存するよう指定した探索的分析による因子負荷行列の推定値が `factor2.ess` というファイル名で生成されます (図 3.21). この因子負荷行列を参考にして検証的因子分析を行います. すなわち, 絶対値の小さい因子負荷は有意ではなく誤差変動とみなし 0 に固定, 絶対値のかなり大きい因子負荷は 0 に固定せず自由パラメータとして推定します. 探索的因子分析の結果を見たければ, `output.log` をアクティブにします. そこには, 因子負荷行

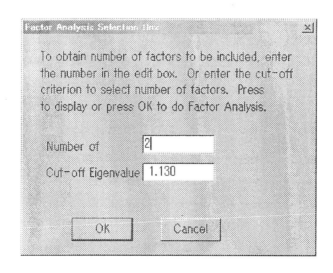

図 3.20: 探索的因子分析の設定

列 Λ の推定値 (ORTHOSIM 回転したもの；バリマックス法の類型)，斜
交モデルによる推定値 (直接 OBLIMIN 回転) などが出力されています.

　では，検証的分析に移行しましょう．データ (`school.ess`) をアクティ
ブにしてから， Build_EQS ─ Title/Specifications を選択し適当な情報を入
力すると，モデルファイル `school.eqx` が作成されます．続いて，検証的
因子分析モデルを作成するためには Build_EQS ─ Equations を選択して
Build Equations ダイアログを開きます (図 3.22).

　"Adopt Equations from Factor Analysis" を選択します．これは，探
索的分析で得られた因子負荷 (図 3.21) のなかで，ある一定の値以下のも
のは 0 に固定することにより因子負荷行列のパターンを作成しようとす
るオプションです．"Factor Loading Filter" のデフォルトは 0.5，つまり
0.5 以下の因子負荷は 0 とすることになります．OK ボタンをクリックす
ると，Create New Equations ダイアログが開きます (図 3.23)．ここでは
* が非ゼロと考えられる自由パラメータを表し，印が付いていないところ
は 0 に固定された要素を表します．図 3.21 と比較すると，探索的因子分
析で 0.5 以下の推定値は 0 に，0.5 以上のところは自由パラメータとして
指定されていることが分かります．もし，この指定が気に入らなければ，
マウスでクリックすることにより * を変更できます．また，パラメータ
を入力するセルの一定範囲をマウスでドラッグすると，図 3.24 のように
Start Value Specifications ダイアログが開き，その中のパラメータを一気
に指定することも可能です.

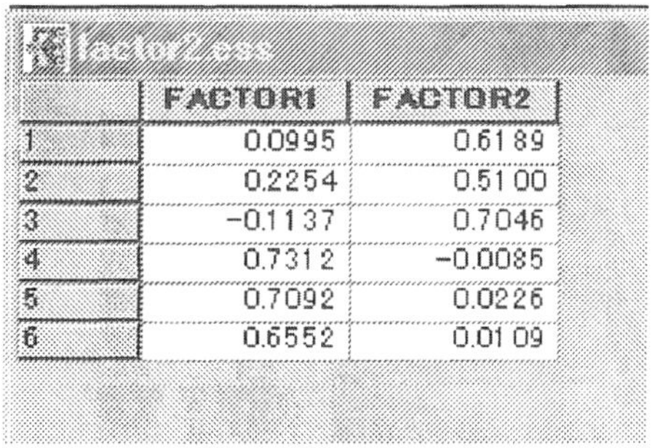

	FACTOR1	FACTOR2
1	0.0995	0.6189
2	0.2254	0.5100
3	-0.1137	0.7046
4	0.7312	-0.0085
5	0.7092	0.0226
6	0.6552	0.0109

図 3.21: データエディタに保存された因子負荷行列の推定値

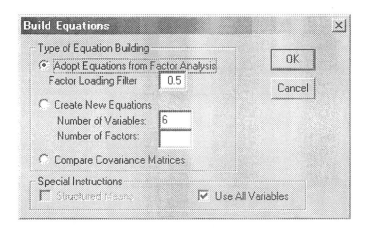

図 3.22: 探索的因子分析結果から方程式を作成

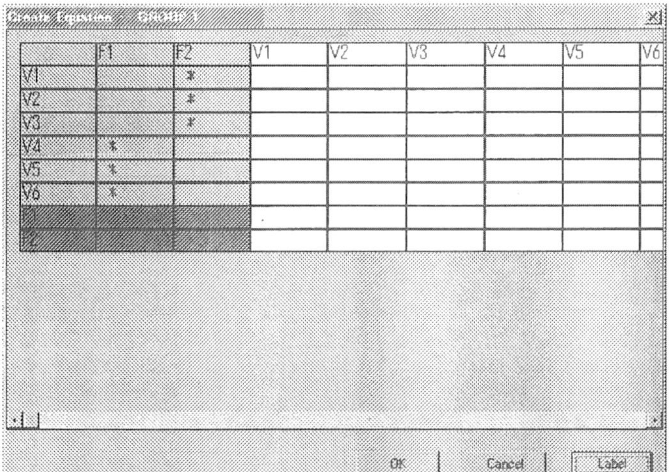

図 3.23: 探索的因子分析結果から方程式を作成 (続き)

　　ここで OK ボタンをクリックすると，表 3.7 (左) の方程式が作成され
るとともに，Create Variances/Covarinaces ダイアログが開きます．ここ
では，独立変数 F_1, F_2, $e_1 \sim e_6$ 間の分散・共分散を指定します．対角成

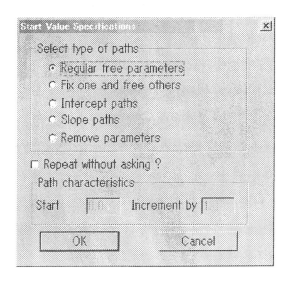

図 3.24: パラメータをまとめて指定する

表 3.7: EQS モデルファイル

```
/EQUATIONS
V1 =       *F2  + E1;
V2 =       *F2  + E2;
V3 =       *F2  + E3;
V4 = *F1        + E4;
V5 = *F1        + E5;
V6 = *F1        + E6;
```

```
/VARIANCES
  F1 = 1;
  F2 = 1;
  E1 = *;
  E2 = *;
  E3 = *;
  E4 = *;
  E5 = *;
  E6 = *;
/COVARIANCES
  F2,F1 = *;
```

分は分散を表し, 既に * が入力されています. これは, すべての分散が
未知パラメータであることを示します. ここでは斜交解を求めているの
で, F_1 と F_2 の共分散を (ゼロではなく) 自由パラメータにするため, 対
応する場所 (下三角の部分) をクリックし * を表示させておきます. 因子
分析では通常, 共通因子 F_1, F_2 の分散を 1 に固定します. そのために,
これらの分散のところに表示されている * をクリックして消しておきま
す. DONE ボタンをクリックすると分散・共分散に関する条件式が作成
されます (表 3.7 (右)).　EQS モデルファイルができると, メニューから
Build_EQS ┤ Run EQS を選択して解析を始めます.

　解析結果をパス図で表すと図 3.14 のようになります.[22] 以上のように,
EQS では, 探索的因子分析結果を利用し, 実にスムーズに検証的因子分
析が実行できるよう工夫されています.

---

[22]残念ながら, この方法で解析するとパス図を描いてくれない.

第4章
共分散構造分析の基礎

この節では，二つの例を用いて共分散構造分析を理解するにあたって必要な概念を説明します．いくつかの重要な用語は第3章までに出てきていますが，ここで，もう一度整理します．本節では，重回帰モデルと2.3節で紹介した多重指標モデルを例にとります．共分散構造分析で扱うモデルを一般に共分散構造モデルといいます．

表 4.1: 原稿と刷り上がり頁数のデータ

	原稿頁数	図・表の数	刷り上がり頁数
第1回	7.0	5	4.3
第2回	9.1	14	4.4
第3回	10.1	8	6.4
第4回	13.2	15	6.8
第5回	9.7	7	6.6
第6回	12.3	11	6.5

　最初の例は重回帰モデルです．共分散構造分析のフレームワークで，もちろん回帰分析を実行することができます．扱えるモデルは，説明変数が確率変数である，いわゆるランダム (重) 回帰モデルです．表 4.1 は，あ

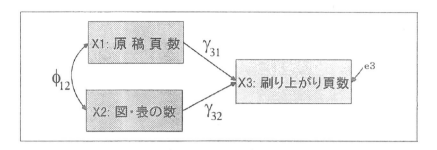

図 4.1: 重回帰モデル

る雑誌で連載した記事の「原稿ページ数」「図・表の数」「刷り上がりペー
ジ数」です。[1] この連載は，刷り上がりで 5 ページ前後になるように原稿
を書くことになっています。私のフォーマットでは，10 ページ弱の原稿
でちょうど刷り上がりが 5 ページ前後になると感じていますが，実際は，
図・表の数や大きさなどによりきっちりとはいきません。書き手としては
「X_1: 原稿ページ数」と「X_2: 図・表の数」から「X_3: 刷り上がりページ
数」を予測する公式があれば便利です。そこで，図 4.1 の重回帰モデルを
考えます。このモデルを方程式で表すと

$$X_3 = \gamma_{31} X_1 + \gamma_{32} X_2 + e_3 \tag{4.1}$$

となります。[2] 誤差は，変数 X_3 に付属するので e_3 と書いています。

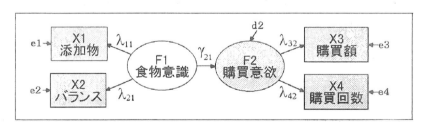

図 4.2: 多重指標モデル

---

[1]本書のもとになった連載記事「共分散構造分析とソフトウェア」BASIC 数学 (現代数
学社) のことである。原稿枚数は図表を含めたものである。

[2]第 1 章では回帰係数を β で表したが，本章では共分散構造分析での標準的な記号であ

次に，2.3 節で紹介した多重指標モデル (図 4.2) を思い出してくださ
い．この解析をする主目的は，潜在変数間の因果関係「F_1: 食物意識 →
F_2: 購買意欲」の強さを調べることでした．つまり，多重指標モデルは潜
在変数間の回帰モデルといえます．このモデルには 3 種類の誤差が導入さ
れています:

$d_2:$ 　　　主たる興味の因果関係である $F_1 \to F_2$ での誤差

$e_1, e_2:$ 　原因系の潜在変数 F_1 を測る指標 X_1, X_2 の誤差

$e_3, e_4:$ 　結果系の潜在変数 F_2 を測る指標 X_3, X_4 の誤差

これと比べて回帰モデルは，結果系の変数の誤差のみが設定されているこ
とに注意しましょう．多重指標モデルは，観測変数にともなう，興味ある
因果関係に無関係な誤差を切り捨て，因果のエッセンスだけを取り出して
因果関係を調べる巧妙な手法と言えます．

本章では，図 4.1 と図 4.2 のモデルを用いて共分散構造分析の基礎を解
説します．

4.1　変数いろいろ

観測変数と潜在変数　共分散構造分析は直接観測できない変数を導入す
ることが，その特徴であることを述べてきました．本書では観測変数を X
で，潜在変数を F で表しています．

独立変数と従属変数　一つ目の例である回帰モデルを考えましょう．回帰
モデルにおいてまず思い出して欲しいのは，X_1, X_2 を独立変数，X_3 を
従属変数とよんだことです．つまり，矢印の出発点が独立変数で，矢印を
受ける側が従属変数だということです．この名称は，X_3 は，X_1, X_2 と
e_3 によって決定される，つまり X_1, X_2, e_3 の関数として従属している
ことに由来しています．一方，X_1 と X_2 は，これらの変数を規定するも
のはこのモデルには含まれていないという意味で，独立です．同様に，e_3
も独立変数に分類されます (経済学や社会学では，独立変数，従属変数を，
それぞれ外生変数，内生変数とよぶことがあります)．

る γ を用いた．共分散構造分析は分散・共分散の情報から因果関係の大きさを問題にする
ことが多い．そのような場合は，平均を問題にせずデータを中心化し分析するので，回帰分
析においても切片項は推定しない．もちろん平均を構造化するモデルもある．6.2 節を見よ．

　共分散構造モデルにおいても，基本的にこの定義が用いられます．共分散構造分析では複雑な因果関係を扱うため，一つの変数が矢印の出発点でありかつ受け手である場合があります．図 4.2 の F_2 のような場合です．このような変数は従属変数に分類します．というのは，$F_2 = \gamma_{21}F_1 + d_2$ ですから，F_2 は F_1 と d_2 によって決定されるわけで，この意味で，従属変数とするのです．

　まとめると，矢印をまったく受けていない変数が独立変数で，矢印を一つでも受けている変数は従属変数です．

構造変数と誤差変数　観測変数に付随する誤差変数を e で表します (error の頭文字)．一方，図 4.2 のパス図にあるように，潜在変数 F に付随する誤差変数を d で表し区別します．d は disturbance の頭文字で撹乱変数ともよばれます．また，e や d も直接観測できませんから潜在変数と考えることもできます．モデルの中で積極的な意味をもつ潜在変数 F を，誤差を表す潜在変数 e, d と区別するため，構造変数とよぶことがあります．

4.2　方程式と分散・共分散

　図 4.1 のパス図は，方程式で (4.1) のように表されました．逆に，(4.1) からパス図が再現できるかというと，必ずしもできるとは限りません．X_1，X_2 間の相関が方程式には記述されていないからです．パス図において，独立変数の分散は，特別な指定をしない限り，いつも推定すべきパラメータであると約束されています．独立変数間に相関を設定するときは，図 4.1 の X_1, X_2 のように，双方向の矢印で明示します．従って，パス図と同等な表現は，方程式に分散・共分散に関する情報を加えて次のようになります．

$$\text{方程式:}\quad X_3 = \gamma_{31}X_1 + \gamma_{32}X_2 + e_3$$
$$\text{分　散:}\quad \mathrm{Var}(X_1) = \phi_{11},\ \mathrm{Var}(X_2) = \phi_{22},\ \mathrm{Var}(e_3) = \theta_3 \qquad (4.2)$$
$$\text{共分散:}\quad \mathrm{Cov}(X_2, X_1) = \phi_{21}$$

　回帰分析の分野では，(4.2) の分散・共分散はいつも自由パラメータとして推定することになっているので，特に注意する必要はありません．共分散構造分析では，2.2 節で考えたように $\mathrm{Cov}(X_1, X_2) = 0$ としたり，と

きには，$\mathrm{Var}(X_1) = \mathrm{Var}(X_2)$ などの制約をおいて推定することがあります．この意味でも (4.2) を正確に書いておくことが重要です．

独立変数間の共分散は，指定されていない限り自動的に 0 に設定されています．例えば，図 4.1 のモデルでは $\mathrm{Cov}(X_1, e_3) = \mathrm{Cov}(X_2, e_3) = 0$ が暗に仮定されています．従って，データから推定するパラメータは，主たる興味であるパス係数 γ_{31}, γ_{32} と $\phi_{11}, \phi_{21}, \phi_{22}, \theta_3$ です．

従属変数である X_3 の分散はどう表されるのでしょうか．簡単な公式により

$$\begin{aligned} \mathrm{Var}(X_3) &= \mathrm{Var}(\gamma_{31}X_1 + \gamma_{32}X_2 + e_3) \\ &= \gamma_{31}^2\phi_{11} + 2\gamma_{31}\gamma_{32}\phi_{21} + \gamma_{32}^2\phi_{22} + \theta_3 \end{aligned} \qquad (4.3)$$

となります．従って，従属変数の分散は独立変数の分散・共分散とパス係数の関数となり，それ自身独立した自由パラメータではないということですから注意してください．

図 4.2 のパス図を方程式と分散・共分散で表すと，表 4.2 となります．方程式の数は従属変数の数だけあります．このように，共分散構造モデル

表 4.2: 多重指標モデルの方程式と分散・共分散

$$\begin{aligned} &\text{方程式：} & X_1 &= \lambda_{11}F_1 + e_1 & (4.4) \\ & & X_2 &= \lambda_{21}F_1 + e_2 & (4.5) \\ & & X_3 &= \lambda_{32}F_2 + e_3 & (4.6) \\ & & X_4 &= \lambda_{42}F_2 + e_4 & (4.7) \\ & & F_2 &= \gamma_{21}F_1 + d_2 & (4.8) \\ &\text{分\ 散：} & \mathrm{Var}(F_1) &= \phi_1 & (4.9) \\ & & \mathrm{Var}(d_2) &= \psi_2 \\ & & \mathrm{Var}(e_j) &= \theta_j \ \ (j=1,\cdots,4) \\ &\text{共分散：} & &\text{なし} \end{aligned}$$

において独立変数と従属変数の区別は重要です．独立変数には分散・共分

散を設定し，従属変数には方程式を作成します．

　観測変数も潜在変数も従属変数になりえます．観測変数である従属変数の方程式を測定方程式，潜在変数である従属変数の方程式を構造方程式とよぶことがあります．表 4.2 に示した方程式でいえば，(4.4)-(4.7) が測定方程式，(4.8) が構造方程式です．ただ，分野や研究者によってよび方が違うことがあるので注意が必要です．

　独立変数間の共分散について補足しておきましょう．独立変数は，e や d で表される誤差変数とモデルにおいて重要な意味をもつ独立観測変数・構造変数に分けることができます．これらに関して以下のような基本ルールがあります：

1. 「誤差変数」と「独立観測変数・構造変数」との間に共分散を設定することはない．[3]
2. 特別な理由がない限り，誤差変数の間には共分散を設定しない．
3. 特別な理由がない限り，独立観測変数・構造変数の間には共分散を設定する．

　原因系変数の影響を取り除いた下でもなお従属変数間に相関が残る場合[4]に限り誤差項に共分散を設定します．しかし，その判定は難しく，共分散構造分析の初級者には薦められません．[5] 独立観測変数・構造変数の間に共分散を設定するのは，モデリングのデフォルトと考えてください．AMOS では，これらの間に共分散を設定していないと，警告のダイアログが表示されます．

4.3　共分散構造とは

　まず，重回帰モデル (図 4.1) を考えます．(4.3) では従属変数である X_3 の分散をパス係数と独立変数の分散・共分散で表しました．同様にして，

---

[3] ごく例外的な場合を除く．

[4] 偏相関があるという意味である．

[5] 本書のレベルを超えるので詳細は述べない．パス解析においては誤差共分散を許すことがある．第 7 章において，撹乱変数 d の間に共分散を設定する潜在曲線モデルが紹介されている．

(4.2) から，次の共分散も

$$
\begin{aligned}
\mathrm{Cov}(X_3, X_1) &= \mathrm{Cov}(\gamma_{31}X_1 + \gamma_{32}X_2 + e_3, X_1) \\
&= \gamma_{31}\phi_{11} + \gamma_{32}\phi_{21} \tag{4.10} \\
\mathrm{Cov}(X_3, X_2) &= \mathrm{Cov}(\gamma_{31}X_1 + \gamma_{32}X_2 + e_3, X_2) \\
&= \gamma_{31}\phi_{21} + \gamma_{32}\phi_{22} \tag{4.11}
\end{aligned}
$$

のように表すことができます．より一般に，モデルに現れるすべての変数 (観測変数と潜在変数) の分散・共分散は，パス係数と独立変数の分散・共分散で表すことができます．従って，共分散構造モデルにおいて推定すべきパラメータは，パス係数と独立変数の分散・共分散ということになります．

　観測変数の間の分散・共分散をパラメータ (パス係数と独立変数の分散・共分散) の関数で表したものを共分散構造 (covariance structure) といいます．共分散構造分析の名はここから来ています．観測変数 $X_1, \cdots, X_p$ の分散・共分散は $p(p+1)/2$ だけあり，かなりの数になります．そこで，より見やすくするため行列形式で表します．より狭い意味では，観測変数の分散共分散行列をパラメータで表したものを共分散構造といいます．

　図 4.1 の重回帰モデルの共分散構造，つまり，観測変数 $\boldsymbol{x} = [X_1, X_2, X_3]'$ の分散共分散行列は，(4.2), (4.3), (4.10), (4.11) から，次のようになります．

$$
\begin{aligned}
&\mathrm{Var}(\boldsymbol{x}) \\
&= \begin{bmatrix}
\mathrm{Var}(X_1) & \mathrm{Cov}(X_1, X_2) & \mathrm{Cov}(X_1, X_3) \\
\mathrm{Cov}(X_2, X_1) & \mathrm{Var}(X_2) & \mathrm{Cov}(X_2, X_3) \\
\mathrm{Cov}(X_3, X_1) & \mathrm{Cov}(X_3, X_2) & \mathrm{Var}(X_3)
\end{bmatrix} \\
&= \begin{bmatrix}
\phi_{11} & \phi_{21} & \gamma_{31}\phi_{11} + \gamma_{32}\phi_{21} \\
\phi_{21} & \phi_{22} & \gamma_{31}\phi_{21} + \gamma_{32}\phi_{22} \\
\gamma_{31}\phi_{11} + \gamma_{32}\phi_{21} & \gamma_{31}\phi_{21} + \gamma_{32}\phi_{22} & \begin{array}{c}\gamma_{31}^2\phi_{11} + 2\gamma_{31}\gamma_{32}\phi_{21} \\ + \gamma_{32}^2\phi_{22} + \theta_3\end{array}
\end{bmatrix} \\
&= \Sigma(\theta) \tag{4.12}
\end{aligned}
$$

共分散構造はしばしば $\Sigma(\boldsymbol{\theta})$ と表されます. この例では

$$\boldsymbol{\theta} = [\gamma_{31}, \gamma_{32}, \phi_{11}, \phi_{21}, \phi_{22}, \theta_3]'$$

であり, 具体的な関数形は (4.12) で与えられるというわけです.

このモデルのパラメータの個数は 6 です. 観測変数の分散・共分散の数 $p(p+1)/2$ とパラメータの個数 q の差 d をモデルの自由度といいます.

$$d = \frac{1}{2}p(p+1) - q$$

モデルの自由度は, モデルの適合度を測るときのカイ 2 乗分布の自由度でもあり重要です. 図 4.1 の重回帰モデルの自由度は

$$d = \frac{1}{2} \times 3(3+1) - 6 = 0$$

となりますが, より一般に, 通常の重回帰モデルの自由度はいつも 0 です.[6]

図 4.2 のモデルの共分散構造はどうなるでしょうか. 構造方程式 (4.8) と分散・共分散から, 潜在変数 F_1, F_2 の分散共分散行列は

$$\mathrm{Var}\left(\begin{bmatrix} F_1 \\ F_2 \end{bmatrix} \right) = \begin{bmatrix} \phi_1 & \gamma_{21}\phi_1 \\ \gamma_{21}\phi_1 & \gamma_{21}^2\phi_1 + \psi_2 \end{bmatrix}$$

となります. 測定方程式 (4.4)-(4.7) は

$$\begin{bmatrix} X_1 \\ X_2 \\ X_3 \\ X_4 \end{bmatrix} = \begin{bmatrix} \lambda_{11} & 0 \\ \lambda_{21} & 0 \\ 0 & \lambda_{32} \\ 0 & \lambda_{42} \end{bmatrix} \begin{bmatrix} F_1 \\ F_2 \end{bmatrix} + \begin{bmatrix} e_1 \\ e_2 \\ e_3 \\ e_4 \end{bmatrix}$$

と書けるので, 観測変数 $\boldsymbol{x} = [X_1, X_2, X_3, X_4]'$ の分散共分散行列は次のようになります.

$$\mathrm{Var}(\boldsymbol{x}) = \begin{bmatrix} \lambda_{11} & 0 \\ \lambda_{21} & 0 \\ 0 & \lambda_{32} \\ 0 & \lambda_{42} \end{bmatrix} \begin{bmatrix} \phi_1 & \gamma_{21}\phi_1 \\ \gamma_{21}\phi_1 & \gamma_{21}^2\phi_1 + \psi_2 \end{bmatrix} \begin{bmatrix} \lambda_{11} & 0 \\ \lambda_{21} & 0 \\ 0 & \lambda_{32} \\ 0 & \lambda_{42} \end{bmatrix}'$$

[6]図 4.2 の多重指標モデルの自由度は 143 ページを見よ.

$$+ \begin{bmatrix} \theta_1 & 0 & 0 & 0 \\ 0 & \theta_2 & 0 & 0 \\ 0 & 0 & \theta_3 & 0 \\ 0 & 0 & 0 & \theta_4 \end{bmatrix}$$

$$= \Sigma(\theta) \tag{4.13}$$

ここで, $\theta = [\lambda_{11}, \lambda_{21}, \lambda_{32}, \lambda_{42}, \gamma_{21}, \phi_1, \psi_2, \theta_1, \theta_2, \theta_3, \theta_4]'$ としたいところですが, 実は, パラメータ表示 (4.13) には重複している部分があり, そううまくはいきません. この点は 4.4 節で「識別性の問題」として解説します.

(4.13) では行列を用いて共分散構造を導きましたが, 直接 $\mathrm{Cov}(X_i, X_j)$ を計算することもできます. 例えば,

$$\begin{aligned} \mathrm{Cov}(X_1, X_2) &= \mathrm{Cov}(\lambda_{11}F_1 + e_1, \lambda_{21}F_1 + e_2) = \lambda_{11}\lambda_{12}\mathrm{Cov}(F_1, F_1) \\ &= \lambda_{11}\lambda_{12}\phi_1 \end{aligned}$$

のように計算することができます.

続いて標準解の共分散構造を考えましょう. 標準解では, 潜在変数の分散を 1 に標準化します. つまり, $\mathrm{Var}(F_1) = \phi_1 = 1$, $\mathrm{Var}(F_2) = \gamma_{21}^2\phi_1 + \psi_2 = 1$ とおきます. これらの値を (4.13) へ代入して, 行列の計算をすると, 観測変数の分散共分散行列は次のようになります.[7]

$$\mathrm{Var}(x) = \begin{bmatrix} \lambda_{11}^2 + \theta_1 & \lambda_{11}\lambda_{21} & \lambda_{11}\gamma_{21}\lambda_{32} & \lambda_{11}\gamma_{21}\lambda_{42} \\ \lambda_{21}\lambda_{11} & \lambda_{21}^2 + \theta_2 & \lambda_{21}\gamma_{21}\lambda_{32} & \lambda_{21}\gamma_{21}a_{42} \\ \lambda_{32}\gamma_{21}\lambda_{11} & \lambda_{32}\gamma_{21}\lambda_{21} & \lambda_{32}^2 + \theta_3 & \lambda_{32}\lambda_{42} \\ \lambda_{42}\gamma_{21}\lambda_{11} & \lambda_{42}\gamma_{21}\lambda_{21} & \lambda_{42}\lambda_{32} & \lambda_{42}^2 + \theta_4 \end{bmatrix} \tag{4.14}$$

行列 $\mathrm{Var}(x)$ の (i, j) 成分は $\mathrm{Cov}(X_i, X_j)$ を表していたことを思い出しましょう. 例えば, $(1, 2)$ 成分を見ると,

$$\mathrm{Cov}(X_1, X_2) = \lambda_{11}\lambda_{21}$$

となっています. このことは, 図 4.2 のパス図を見ると, 変数 X_1 と X_2 とは F_1 を介して

$$X_1 \,\text{—}\, F_1 \,\text{—}\, X_2$$

---

[7]標準解では観測変数の分散も 1 になっている. すなわち, $\mathrm{Var}(x)$ の対角成分が 1 となる. ここでは誤差変数の分散は標準化していない. 標準解について詳しくは 129 ページを見よ.

のように結ばれており，$\mathrm{Cov}(X_1, X_2)$ は，このパスにそってパス係数の積をとったものであることが分かります．同様に，$\mathrm{Var}(\boldsymbol{x})$ の $(1,3)$ 成分を見れば

$$\mathrm{Cov}(X_1, X_3) = \lambda_{11}\gamma_{21}\lambda_{32}$$

となっており，これは再び，変数 X_1 と X_3 を結ぶパス上のパス係数の積をとったものになっています．このように，変数の分散を 1 に標準化してあれば，変数間の共分散は変数を結ぶパス上のパス係数をかけたものになります．パスが複数あるときは，すべての和をとります．例えば，X_1 の分散 $\mathrm{Var}(X_1) = \mathrm{Cov}(X_1, X_1)$ は，$X_1 - F_1 - X_1$ というパスと $X_1 - e_1 - X_1$ というパスがあるので

$$\mathrm{Var}(X_1) = \lambda_{11}^2 + \theta_1$$

となります．

　標準解では観測変数の分散も 1 に標準化されているので，共分散は相関係数に等しくなります．

　以上見てきたように，共分散構造モデルを表すには，パス図，方程式＋分散・共分散，共分散構造の3通りがあります．私たちにとって最も分かりやすい表記はパス図です．コンピュータの入力に適しているは，方程式＋分散・共分散と考えられます．コンピュータ内部での計算処理の際に用いられるのは共分散構造です．共分散構造分析の牽引車であった LISREL (Jöreskog- Sörbom, 1981, 1993) は，長い間モデルの入力に共分散構造を採用していましたが，LISREL を含めて最近のソフトウェアの多くは，パス図か方程式＋分散・共分散を入力するようになっています．

4.4　識別性について

　共分散構造分析には，識別性 (identification) という少し厄介な問題があります．この節では，識別性について少し詳しく調べてみましょう．

　共分散構造 (4.13) を例にとり，$c > 0$ を定数として次の変換を考えます．

$$\phi_1 \;\rightarrow\; c^2\phi_1$$
$$\lambda_{11} \;\rightarrow\; \lambda_{11}/c, \;\; \lambda_{21} \;\rightarrow\; \lambda_{21}/c$$

$$\gamma_{21} \;\to\; \gamma_{21}/c$$

この変換のもとで，$\mathrm{Var}(\boldsymbol{x})$ は変化しないことは，簡単な計算により確かめることができます．つまり，c が正の実数でありさえすれば，変換されたパラメータで (4.13) の共分散構造 $\mathrm{Var}(\boldsymbol{x})$ を表現することができるのです．このように，観測変数の分散共分散行列 $\mathrm{Var}(\boldsymbol{x})(=\Sigma(\boldsymbol{\theta}))$ を表すパラメータ $\boldsymbol{\theta}$ が複数個あるとき，「共分散構造モデルは識別可能でない」といいます．数式で書くならば，共分散構造モデル $\Sigma(\boldsymbol{\theta})$ が識別可能であるとは

$$\Sigma(\boldsymbol{\theta}_1) = \mathrm{Var}(\boldsymbol{x}) = \Sigma(\boldsymbol{\theta}_2) \;\Longrightarrow\; \boldsymbol{\theta}_1 = \boldsymbol{\theta}_2$$

が成立するときにいい，そうでないとき識別可能でないといいます．

この変換を方程式＋分散・共分散で考えてみると，(4.4), (4.5), (4.8), (4.9) の代わりに

$$\left\{ \begin{array}{rcl} X_1 &=& (\lambda_{11}/c)(cF_1) + e_1 \\ X_2 &=& (\lambda_{21}/c)(cF_1) + e_2 \\ F_2 &=& (\gamma_{21}/c)(cF_1) + d_2 \\ \mathrm{Var}(cF_1) &=& c^2\phi_1 \end{array} \right. \tag{4.15}$$

と書き換えることを意味し，これは潜在変数 F_1 の尺度 (単位) を c で変換したことになっています．この不定性は，潜在変数の尺度のとり方が自由であることから引き起こされたもので，モデルの欠点ではありません．むしろ潜在変数を導入した場合には生じるべき不定性です．そこで，この不定性を解消するため，

$$\mathrm{Var}(F_1) = \phi_1 = 1 \tag{4.16}$$

という制約をおきます．(4.15) から分かるように，制約 (4.16) の代わりに，$\lambda_{11} = 1$ や $\lambda_{21} = 1$ とおいても数学的には同等であることに注意しましょう．

同様のことが潜在変数 F_2 についても言えますので，F_2 の尺度を定めないといけません．F_2 は従属変数ですから $\mathrm{Var}(F_2)$ それ自身はパラメータではなくパラメータの関数です．従って

$$\mathrm{Var}(F_2) = \gamma_{21}^2\phi_1 + \psi_2 = 1$$

とすることが考えられます. しかしながら, この式はパラメータ間の非線
形な制約式であり, 計算プログラム上扱いにくいので, その代わりに

$$\lambda_{32} = 1 \quad (\text{または} \quad \lambda_{42} = 1) \tag{4.17}$$

なる制約をおきます.[8]

　まとめると, 独立変数である潜在変数 F の尺度を定めるためには,
$\mathrm{Var}(F) = 1$ なる制約をおき, 従属変数である潜在変数の尺度について
は, 一つのパス係数 (因子負荷) を $\lambda = 1$ のように制約することになり
ます.

　このような制約をおいても, さらに符号の自由度が残ります. c の代わ
りに $-c$ とおいても同じ議論が展開でき, この自由度は (4.13) の制約を
おいても解消することができないのです. この自由度は潜在変数 F の方
向の不定性から生じるものですが, 通常, 識別性を議論したりモデルファ
イルを作成するときは, 符号の自由度を無視します. ソフトウェアは, 負
の値をとる推定値が少なくなるように適切に符号を決定します.

　(4.13) を修正して, 多重指標モデル (図 4.2) の共分散構造を導いてお
きます. F_1 と F_2 の尺度を固定するために, $\phi_{11} = 1$, $\lambda_{32} = 1$ とおくと,
(4.13) から

$$\Sigma(\theta) = \begin{bmatrix} \lambda_{11}^2 + \theta_1 & \lambda_{11}\lambda_{21} & \lambda_{11}\gamma_{21} & \lambda_{11}\gamma_{21}\lambda_{42} \\ \lambda_{21}\lambda_{11} & \lambda_{21}^2 + \theta_2 & \lambda_{21}\gamma_{21} & \lambda_{21}\gamma_{21}a_{42} \\ \gamma_{21}\lambda_{11} & \gamma_{21}\lambda_{21} & (\gamma_{21}^2\phi_1 + \psi_2) + \theta_3 & (\gamma_{21}^2\phi_1 + \psi_2)\lambda_{42} \\ \lambda_{42}\gamma_{21}\lambda_{11} & \lambda_{42}\gamma_{21}\lambda_{21} & \lambda_{42}(\gamma_{21}^2\phi_1 + \psi_2) & \lambda_{42}^2(\gamma_{21}^2\phi_1 + \psi_2) + \theta_4 \end{bmatrix} \tag{4.18}$$

が導かれます. 推定すべきパラメータは 9 個で

$$\theta = [\lambda_{11}, \lambda_{21}, \lambda_{42}, \gamma_{21}, \psi_2, \theta_1, \theta_2, \theta_3, \theta_4]'$$

となります.

　以上の例は潜在変数の尺度を定めるという比較的簡単な識別性の問題
でした. 次に別のタイプの識別性について解説しましょう. 図 4.3 のモデ
ルを見てください. これらのモデルは, 共通因子が一つの探索的因子分析

---

[8]潜在変数から出るパスを一つ 1 に固定するというルールの方がシンプルで拡張性がある
が, 1 に固定したパス係数の有意性を検討しにくいという問題もある. 独立潜在変数の場合
は分散を 1 に固定する方法を採ることで, パス係数の有意性を検討し易くしている.

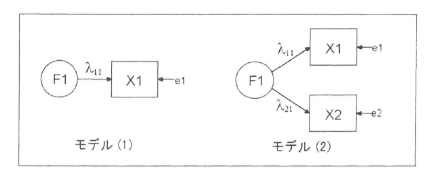

図 4.3: 識別性

で，指標 (観測変数) の数が 1 か 2 というモデルです.

まず，潜在変数の尺度を固定するため $\mathrm{Var}(F_1) = 1$ としておきます. モデル (1) では，観測変数 X_1 の分散は

$$\mathrm{Var}(X_1) = \lambda_{11}^2 \,\mathrm{Var}(F_1) + \mathrm{Var}(e_1) = \lambda_{11}^2 + \theta_1$$

と表されます. 上式からすぐに分かるように，$\mathrm{Var}(X_1)$ から，パラメータ $[\lambda_{11}, \theta_1]$ を決定することはできず，このモデルは識別可能ではありません. 識別可能なモデルにするためには次の 2 通りの方法が考えられます.

(i)　$\theta_1 = 0$ とおく

(ii)　比 $\frac{\lambda_{11}^2}{\lambda_{11}^2 + \theta_1}$ を既知とする

(i) は $F_1 = X_1$ を意味し，潜在変数の指標 (観測変数) が一つしかないためやむをえずとる処置ですが，できれば避けたいものです. (ii) は，観測変数がどの程度潜在変数を反映しているかという割合を既知とするモデルで，例えば，テスト理論や尺度構成における信頼性係数 $\rho = \lambda_{11}^2/(\lambda_{11}^2 + \theta_1)$ が既知の場合などがあります.

モデル (2) の観測変数 $\boldsymbol{x} = [X_1, X_2]'$ の分散共分散行列は

$$
\begin{aligned}
\mathrm{Var}(\boldsymbol{x}) &=
\begin{bmatrix} \lambda_{11} \\ \lambda_{21} \end{bmatrix}
\mathrm{Var}(F_1)
\begin{bmatrix} \lambda_{11} \\ \lambda_{21} \end{bmatrix}'
+
\begin{bmatrix} \theta_1 & 0 \\ 0 & \theta_2 \end{bmatrix} \\
&=
\begin{bmatrix} \lambda_{11}^2 + \theta_1 & \lambda_{21}\lambda_{11} \\ \lambda_{21}\lambda_{11} & \lambda_{21}^2 + \theta_2 \end{bmatrix}
\end{aligned}
$$

となります. 積 $\lambda_{21}\lambda_{11}$ を一定にしておいて λ_{11}, λ_{21} を動かし, θ_1, θ_2 を適当に調節すると, パラメータの色々な値に対して同じ $\mathrm{Var}(\boldsymbol{x})$ を作ることができます. 例えば, $\lambda_{11} = \lambda_{21} = \frac{1}{2}$, $\theta_1 = \theta_2 = \frac{3}{4}$ としましょう. このとき, $\mathrm{Var}(\boldsymbol{x}) = \begin{bmatrix} 1 & \frac{1}{4} \\ \frac{1}{4} & 1 \end{bmatrix}$ となります. この分散共分散行列は $\lambda_{11} = \frac{c}{2}$, $\lambda_{21} = \frac{1}{2c}$, $\theta_1 = 1 - \frac{c^2}{4}$, $\theta_2 = 1 - \frac{1}{4c^2}$ に対しても $\mathrm{Var}(\boldsymbol{x}) = \begin{bmatrix} 1 & \frac{1}{4} \\ \frac{1}{4} & 1 \end{bmatrix}$ となります. つまり, モデル (2) は識別可能ではありません.

モデル (2) を識別可能にするためにはいくつかの方法があります. 簡単なものは, $\lambda_{11} = \lambda_{21}$ もしくは, $\theta_1 = \theta_2$ なる条件を課すというものです. 他の一つは, 潜在変数 F_1 と無相関でない他の変数を導入することです. ですから, 図 4.2 のモデルは, F_1, F_2 にそれぞれ観測変数が 二つしかないのですが識別可能です.

一方, モデル (1) では, 他にどのような変数を導入しようと, 識別可能にはなりません.

このように識別可能性をチェックすることは難しい作業です. 共分散構造モデルはたくさんのモデルを実現できるため, 識別性についての簡単な一般論はまだないのです. 各論のうちいくつかについては, 豊田 (1992, 6.6 節) を参照してください.

では, 現実問題として識別性チェックをどのようにして行ったらよいのでしょうか. それにはまず, 潜在変数の尺度を固定することが必要です. すなわち, モデル (1) のように一つの観測変数しか指標にもたない潜在変数がないかどうかの吟味を行います. そうしてとりあえずソフトウェアを走らせてみて, 出力をチェックするというのが現実的です. パラメータに重複があると情報行列が特異になります. ソフトウェアは, この特異性を検出し, 警鐘を鳴らしてくれます.

4.5　モデルの入力形式と推定値の出力形式

4.2 節では, 重回帰モデルと多重指標モデルを例にとり, 共分散構造モデルを「方程式＋分散・共分散」で表す方法を紹介しました. AMOS, EQS, CALIS のモデルファイル (入力ファイル) は, 基本的にこの考え方にした

がって作成しています. 本節では, それぞれのソフトウェアでの「工夫」
を見ていきます.[9]

　「方程式＋分散・共分散」に最も忠実にモデルファイルを作成するのが
EQS です. EQS では, 観測変数, 潜在変数, 観測変数に伴う誤差変数,
潜在変数に伴う誤差変数を, それぞれ, V, F, E, D で表します. 表 4.3
に重回帰モデル (図 4.1) と多重指標モデル (図 4.2) の, モデルファイルに
おけるモデル記述の部分を抜き出してあります.

　重回帰モデルは, (4.2) と対応しています. 多重指標モデルは, (4.4)-
(4.8) の方程式と分散, そして, 識別性の条件 (4.16), (4.17) を考慮した
ものです. これらの変数にラベルを付けたいときは,

```
/LABELS
V1=TENKA; V2=BARANSU; V3=GAKU; V4=KAISU;
```

などを追加します.

　モデルの入力では, λ_{ir} や ϕ_1 などは現れず, すべて * でおきかえられ
ていることが分かります. この * はその場所にあるパス係数や分散・共分
散が推定するべきパラメータであることを示しています. 一方, 1.0 と書

表 4.3: EQS によるモデル記述: 重回帰モデル (左) と多重指標モデル (右)

```
/EQUATIONS              |   /EQUATIONS
  V3 = *V1 + *V2 + E3;  |     V1 =    *F1 + E1;
/VARIANCES              |     V2 =    *F1 + E2;
  V1 = *;               |     V3 = 1.0F2 + E3;
  V2 = *;               |     V4 =    *F2 + E4;
  E3 = *;               |     F2 =    *F1 + D2;
/COVARIANCES            |   /VARIANCES
  V2, V1 = *;           |     F1 = 1.0;
                        |     E1 = *;
                        |     E2 = *;
                        |     E3 = *;
                        |     E4 = *;
```

[9]CALIS には種々のモデル記述の方法があるが, その中で最もよく利用されているのが,
ここで紹介している EQS に準じた入力方法 (LINEQS) である. LINEQS 以外の CALIS の
モデル記述方法については豊田 (1992) を参照されたい.

かれているところは，その場所にある値は推定すべきパラメータではなく，
1.0 に固定されていることを示します．前章までで紹介したように，パス
図からスタートしたときは，モデルファイルは自動的に作成されます．

　パラメータを λ_{ir} や ϕ_1 などで区別しないと，出力された推定値がどの
パラメータの推定値であるか区別しにくいと考える人がいるかもしれませ
ん．実は最近の共分散構造分析ソフトウェアは，出力も方程式＋分散・共
分散の形でなされます．表 4.4 に推定値の出力を示しています．パス図か
らスタートしたときには，パス図の上に自動的に推定値などが表示されま
すが，出力ファイルにはより細かい情報が書かれています．

表 4.4: EQS: 推定値の出力 (日本語は出力しない)

```
           測定方程式                        独立変数の分散
      標準誤差，検定統計量                          E
                                              ---
  V1 =  .488*F1  + 1.000 E1        E1 - V1      .762*
        .048                                    .051
      10.140@                                 14.981@

  V2 =  .617*F1  + 1.000 E2        E2 - V2      .619*
        .055                                    .063
      11.309@                                  9.810@

  V3 = 1.000 F2  + 1.000 E3        E3 - V3      .682*
                                                .052
                                              13.146@

  V4 = 1.666*F2  + 1.000 E4        E4 - V4      .117*
        .223                                    .110
       7.469@                                  1.061

           構造方程式                          D
      標準誤差，検定統計量                        ---

  F2 =  .318*F1  + 1.000 D2        D2 - F2      .217*
        .050                                    .033
       6.347@                                  6.512@
```

推定値に関する情報は，パラメータを θ と書くと，

(i) 推定値 $\hat{\theta}$

(ii) 推定値の標準誤差 $\sqrt{\widehat{\mathrm{Var}(\hat{\theta})}}$

(iii) $H:\theta=0$ の検定統計量 $z=\hat{\theta}/\sqrt{\widehat{\mathrm{Var}(\hat{\theta})}}$

の 3 つが上から順に出力されます．(iii) は一変量ワルド検定のための統計量です．[10] z-値は，標準正規分布の上側 2.5% 点である 1.96 と比較し，$|z|\geq 1.96$ であれば帰無仮説 $H:\theta=0$ を棄却し $\theta\neq 0$ と判断します．つまり，その方程式や分散・共分散を考える意味があったと解釈できるわけです．この例では (Var(e_4) を除いて) すべての検定で帰無仮説が棄却されています．つまり，すべてのパスは有意な効果をもつことが分かります．有意なパスに関しては，統計量 (iii) に @マークが付されます．

次に Amos Basic に移ります．EQS のモデルファイルでは独立変数の分散・共分散の記述が面倒です．この部分を改良したものが，Amos Basic と言えます．表 4.5 と表 4.6 を見てください．独立変数の分散・共分散の記述はほとんどありません．Amos Basic では

● すべての誤差変数 (e,d) は互いに独立で，他の独立変数とも独立．これらの分散は推定すべき自由パラメータである．

● 誤差を除くすべての独立変数 (観測変数＋潜在変数) 間の分散・共分散はすべて推定すべき自由パラメータである．

ことが約束されており，これに当てはまらないときのみ Sem.Structure で宣言します．表 4.6 では，Sem.Structure "食物意識<--->食物意識(1)" とありますが，これは潜在変数である 食物意識 の分散を 1 に固定することを示しています．[11] 方程式では，係数が (1) となっていないすべての係数が推定されます．

表 4.7 では AMOS の出力で推定値に関する部分を抜き出してあります．推定値は $\hat{\theta}$, 標準誤差は $\sqrt{\widehat{\mathrm{Var}(\hat{\theta})}}$, 検定統計量は $\hat{\theta}/\sqrt{\widehat{\mathrm{Var}(\hat{\theta})}}$ を表しています．

---

[10] ワルド検定については 5.1 節を参照のこと．
[11] 一般に，X <---> Y で X と Y の共分散を表す．

表 4.5: Amos Basic によるモデル記述: 重回帰モデル

```
option explicit
Sub Main
  Dim sem As New AmosEngine

  Sem.TextOutput
  Sem.Standardized
  Sem.Smc

  Sem.BeginGroup "page.txt"
  Sem.Structure "刷り上がり頁数 = 原稿頁数 + 図・表の数 + (1)error"
  Sem.FitModel

End Sub
```

表 4.6: Amos Basic によるモデル記述: 多重指標モデル

```
    Option Explicit
    Sub Main
        Dim sem As New AmosEngine

        Sem.TextOutput
        Sem.Standardized
        Sem.Smc

        Sem.BeginGroup "food.xls", "food"
        Sem.Structure "添加物   =   食物意識 + (1)error1"
        Sem.Structure "バランス=   食物意識 + (1)error2"
        Sem.Structure "購買額  =(1) 購買意欲 + (1)error3"
        Sem.Structure "購買回数=   購買意欲 + (1)error4"
        Sem.Structure "購買意欲=   食物意識 + (1)error5"
        Sem.Structure "食物意識<--->食物意識 (1)"

        Sem.FitModel

    End Sub
```

表 4.7: AMOS: 推定値の出力

係数:	推定値	標準誤差	検定統計量
刷り上がり頁数 <- 原稿頁数	0.651	0.105	6.175
刷り上がり頁数 <- 図・表の数	-0.197	0.059	-3.341

標準化係数:	推定値		
刷り上がり頁数 <- 原稿頁数	1.260		
刷り上がり頁数 <- 図・表の数	-0.682		

共分散:	推定値	標準誤差	検定統計量
原稿頁数 <> 図・表の数	5.067	4.037	1.255

相関係数:	推定値		
原稿頁数 <> 図・表の数	0.678		

分散:	推定値	標準誤差	検定統計量
原稿頁数	4.186	2.647	1.581
図・表の数	13.333	8.433	1.581
error	0.125	0.079	1.581

　この節を終えるにあたって標準解について補足しておきます. 多変量データでは, 測定単位が異なっていてそれぞれの変数における "1" の意味が異なることがあります. そのようなときには通常, 分散を 1 に標準化してから分析を行います. また, 既に紹介したように, 潜在変数の尺度を定めるため潜在変数の分散を 1 に設定します. このようなことを行った解を標準解といいます.[12]

　一方, EQS の標準解は, 誤差変数を含めたすべての変数の分散を 1 に標準化します. その結果として, 誤差変数のパス上に表示されるパス係数は誤差分散の平方根, つまり, 誤差変数の標準偏差になっています.

---

[12]本書では扱っていないが, LISREL では, 誤差変数を除く潜在変数の分散を 1 に標準化した解を標準解, さらに観測変数の分散をも 1 に標準化した解を完全標準解とよんで区別している.

4.6　パラメータの推定方法とその考え方

　共分散構造分析のソフトウェアでは多様な推定方法が用意されています．AMOS, EQS, CALIS のデフォルトはすべて ML (最尤法) ですが，ML の他に GLS, SLS, ADF など数種類の推定方法が指定できます．本書にはこれらの推定方法の違いを詳しく述べるスペースはありませんが，それぞれの推定方法の基本的な考え方とその使い分けについて解説します．前節までで，共分散構造モデルの表し方として (i) パス図，(ii) 方程式＋分散・共分散，(iii) 共分散構造，の 3 通りを紹介しましたが，ここで利用するのは共分散構造です．

　共分散構造分析の推定方法を考える前に少し復習をしましょう．統計学におけるパラメータ推定は，モデルがデータに最も近づくようにパラメータの値を選ぶことにより実行されます．その代表選手が最小 2 乗法です．例えば回帰モデル $y = X\beta + \epsilon$ では，観測データ y にモデル $X\beta$ が最も近くなるようにパラメータ β の値を定めます．最小 2 乗法では

$$\min_{\beta}(y - X\beta)'(y - X\beta)$$

の解によって β を推定します．もし $\mathrm{Var}(y) = \sigma^2 I_p$ でないならば，重み付き最小 2 乗法

$$\min_{\beta}(y - X\beta)'\left\{\widehat{\mathrm{Var}(y)}\right\}^{-1}(y - X\beta)$$

を用いることになります．

　推定の考え方は共分散構造分析でも同じです．共分散構造 $\mathrm{Cov}(X_i, X_j)$ $(= \sigma_{ij}(\boldsymbol{\theta}))$(モデル) が標本共分散 (と分散) s_{ij}(データ) になるべく近くなるようにパラメータ $\boldsymbol{\theta}$ の値を定めます．共分散 $\mathrm{Cov}(X_i, X_j)$ を (i, j) 成分にもつ行列が共分散構造 $\Sigma(\boldsymbol{\theta})$ であり，標本共分散 (と分散) s_{ij} を (i, j) 成分にもつ行列 S が標本分散共分散行列であったことを思い出してください．推定の基本的な考え方は，標本分散共分散行列 S を共分散構造モデル $\Sigma(\boldsymbol{\theta})$ で近似するというものです．

$$S \overset{\text{近似}}{\Longleftarrow} \Sigma(\boldsymbol{\theta})$$

　これをイメージ図で描くと図 4.4 のようになります．共分散構造モデル $\Sigma(\theta)$ は，標本分散共分散行列 S の取りうる値の一部分になります．[13] 言ってみれば，S は楕円全体で，モデルはその中の一つの曲線ということになります．S が偶然，曲線 $\Sigma(\theta)$ の上にあれば，$S = \Sigma(\theta)$ となる θ の値をみつければよいのですが，そうなることは望み薄です．そこで，推定値 $\widehat{\theta}$ は S から最も近い曲線上の点を与える θ の値として選ばれるのです．

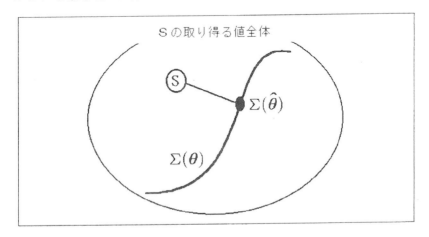

図 4.4: 推定のイメージ図

　その際，S から $\Sigma(\widehat{\theta})$ までの距離が問題になります．この距離が大きければ，データはモデルから遠いということで，モデルが不適切ではないかと疑うことになります．後で述べる適合度指標は，この距離に基づいて，モデルの適切さの指標を構成したものです．

　S と $\Sigma(\theta)$ との距離 (厳密な距離ではない) を表す関数を $F(S, \Sigma(\theta))$ と表すことにします．θ の推定値 $\widehat{\theta}$ は次の最小化問題の解として定義されます．

$$\min_{\theta} F(S, \Sigma(\theta)) \tag{4.19}$$

関数 F の取り方によって種々の推定方法が定義され，それゆえソフトウェアにはたくさんの推定方法のオプションがあるというわけです．

---

[13] S の取りうる値は $p \times p$ の正定値行列全体である．

　少し抽象的な話が続きましたので，具体例に戻りましょう．再び，自然
食品の購買行動に関するデータを用いた多重指標モデル (図 4.2, 表 4.2 ;
51 ページ) を取り上げます．データは，相関行列 $\left(R = (r_{ij})\right)$ の形で表 2.9
に与えられています．共分散構造分析では，相関行列 R を標本分散共分
散行列 S とみなして解析することが多いので，以下での R は S と読み
替えても同じです．[14] 推定の基本的な考え方である「モデルをデータに近
づける」ということを，この例を通して考えていきます．

　4.4 節の (4.18) でこのモデルの共分散構造 $\mathrm{Cov}(X_i, X_j)$ を求めました．
つまり，$\mathrm{Cov}(X_i, X_j)$ をパス係数 $\lambda_{ir}, \gamma_{21}$ と分散・共分散 θ_j の関数とし
て表しました．推定の方法は，この $\mathrm{Cov}(X_i, X_j)$ を 観測変数 X_i と X_j
の (標本) 相関係数 r_{ij} の値に最も近くなるようにパラメータ $\lambda_{ir}, \gamma_{21}, \theta_j$
の値を定めます．具体的に書けば，共分散構造

$$\Sigma(\theta) = \left[\begin{array}{llll} \lambda_{11}^2 + \theta_1 & & & \\ \lambda_{21}\lambda_{11} & \lambda_{21}^2 + \theta_2 & & \\ \gamma_{21}\lambda_{11} & \gamma_{21}\lambda_{21} & (\gamma_{21}^2\phi_1 + \psi_2) + \theta_3 & \\ \lambda_{42}\gamma_{21}\lambda_{11} & \lambda_{42}\gamma_{21}\lambda_{21} & \lambda_{42}(\gamma_{21}^2\phi_1 + \psi_2) & \lambda_{42}^2(\gamma_{21}^2\phi_1 + \psi_2) + \theta_4 \end{array}\right]$$

が (標本) 相関係数行列

$$R = \left[\begin{array}{llll} 1.000 & & & \\ 0.301 & 1.000 & & \\ 0.168 & 0.188 & 1.000 & \\ 0.257 & 0.328 & 0.530 & 1.000 \end{array}\right]$$

に最も近くなるようなパラメータの値を推定値とするのです．

　これは計算機なしでは実行できません．共分散構造分析のソフトウェア
は，適当な初期値から出発し，反復法を用いて $\Sigma(\theta)$ が一番よく R を近
似するようなパラメータ θ の値を探してくれます．標本分散共分散行列
S を分析するときも同様で，S を近似するようなパラメータ θ の値を探
します．

　AMOS には，ソフトウェアが初期値から出発して最も R や S に近い
パラメータの値 (推定値) を探すプロセスを画面上で見せてくれるモデ

[14]多くの場合，モデルの尺度不変性と推定方式の尺度不変性が成立するので，S を解析し
ても R を解析しても標準解ならびに適合度指標は同じになる (丘本 1986 補題 5.1)．その
意味で，ここでは，R を S と読み替えてもよいと言っている．推定値の標準誤差について
は注意が必要である．

表 4.8: R と $\Sigma(\theta^{(t)})$ との距離

反復回数 t	データとモデルの距離
0	586.8169
1	169.6210
2	44.0488
3	3.3231
5	.7032
6	.4303
7	.4300
8	.4300

リングラボ というオプションがあります．メニューから モデルの適合度 ー モデリングラボ を選択すれば，このラボが動き始めます．パス図に最初に表示されているのは初期値です．AMOS が (このモデルに対して) 分散の初期値として 1 を，また，パス係数の初期値として 0.1 を採用していることが分かります．そして，そのときの共分散構造 $\Sigma(\theta^{(0)})$ とデータである相関行列が表示されています． Amos ステップ をクリックすると反復を一回繰り返し，その時の推定値をパス図に書き，そして，$\Sigma(\theta^{(1)})$ を出力します．その経過を表 4.9 に示しています．初期値での共分散構造 $\Sigma(\theta^{(0)})$ は R からかなり離れていますが，反復すると次第に R へ近づいていくさまが見て取れます．[15] この例では，8 回の反復で収束しました．図 4.5 には各反復における推定値をパス図上に表してあります．

表 4.8 には，具体的に R と $\Sigma(\theta^{(t)})$ との距離を出力しています．[16]

参考までに，推定値を求めるための S と $\Sigma(\theta)$ の (擬) 距離関数を紹介しておきましょう．最小 2 乗法は，次の $F_{ULS}(S, \Sigma(\theta))$ を最小にする θ の値として推定値 $\hat{\theta}$ を定めます．

$$F_{ULS}(S, \Sigma(\theta)) = \frac{1}{2}\mathrm{tr}[(S - \Sigma(\theta))^2]$$

---

[15] この出力では変数の順序が変更されている．

[16] 実際は，次にで紹介する $F_{ML}(R, \Sigma(\theta^{(t)}))$ の値である．値が微妙に異なるときは，分析のプロパティを開いて 分散タイプ のタブで不偏推定値共分散を選ぶ (2 箇所)．

表 4.9: 反復のようす: $\Sigma(\theta^{(t)})$ とターゲットである相関行列

$$
\Sigma(\theta^{(0)}) = \begin{bmatrix}
1.010 & & & \\
0.101 & 2.010 & & \\
0.001 & 0.010 & 1.010 & \\
0.001 & 0.010 & 0.010 & 1.010
\end{bmatrix}
$$

$$
\Sigma(\theta^{(1)}) = \begin{bmatrix}
1.118 & & & \\
0.553 & 1.345 & & \\
0.088 & 0.144 & 1.189 & \\
0.087 & 0.141 & 0.279 & 1.183
\end{bmatrix}
$$

$$
\Sigma(\theta^{(3)}) = \begin{bmatrix}
0.986 & & & \\
0.536 & 1.058 & & \\
0.352 & 0.283 & 0.999 & \\
0.280 & 0.225 & 0.298 & 1.000
\end{bmatrix}
$$

. . .

$$
\Sigma(\theta^{(8)}) = \begin{bmatrix}
1.000 & & & \\
0.530 & 1.000 & & \\
0.327 & 0.196 & 1.000 & \\
0.258 & 0.155 & 0.301 & 1.000
\end{bmatrix}
$$

$$
R = \begin{bmatrix}
1.000 & & & \\
0.530 & 1.000 & & \\
0.328 & 0.188 & 1.000 & \\
0.257 & 0.168 & 0.301 & 1.000
\end{bmatrix}
$$

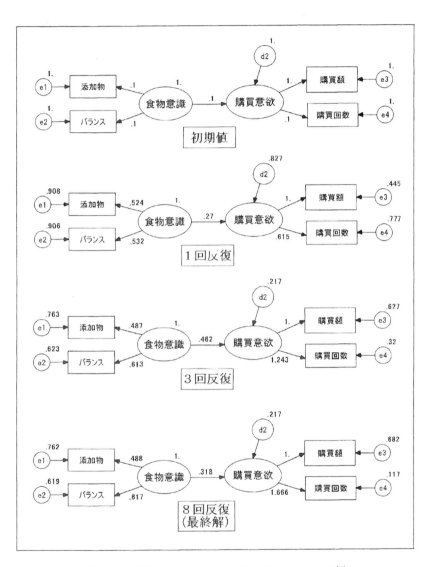

図 4.5: 反復のようす: パス図に表示された $\theta^{(t)}$

最小 2 乗法は ULS (Unweighted Least Squares) もしくは, 単に LS と略
されます. この関数を成分で表すと次のようになります.

$$F_{ULS}(S, \Sigma(\theta)) = \frac{1}{2} \sum_{i=1}^{p} \sum_{j=1}^{p} (s_{ij} - \sigma_{ij}(\theta))^2$$

ここで, $\sigma_{ij}(\theta)$ は $\Sigma(\theta)$ の (i,j) 成分です. この式から, 最小 2 乗法は,
その名のとおり, データとモデルの差の 2 乗を小さくするように推定値を
定める方法であることが分かります.

最小 2 乗法を推定における西の横綱だとすると, 東の横綱は最尤法で
す. 共分散構造分析における最尤法はデータが多変量正規母集団から取ら
れたという仮定のもとで導かれ, 次の $F_{ML}(S, \Sigma(\theta))$ を最小にする解 $\hat{\theta}$ と
して定義されます.[17]

$$F_{ML}(S, \Sigma(\theta)) = \log|\Sigma(\theta)| - \log|S| + \text{tr}\{\Sigma(\theta)^{-1}S\} - p$$

表 4.10 には, いくつかの代表的な推定方法とその略称をソフトウェア
ごとに紹介しています. 記号 "−" は, 当該ソフトウェアがその方法をサ

表 4.10: 推定方法と各ソフトウェアでの名称 ($\Sigma(\theta)$ を Σ と略している)

	擬距離関数 $F(S, \Sigma)$	AMOS	EQS	CALIS
i)	$F_{ML}{}^\dagger$	ML	ML(RLS)	ML
ii)	$\frac{1}{2}\text{tr}[(S - \Sigma)^2]$	ULS	LS	ULS
iii)	$\frac{1}{2}\text{tr}[\{D_S^{-1}(S - \Sigma)\}^2]$	SLS	−	−
iv)	$\frac{1}{2}\text{tr}[\{S^{-1}(S - \Sigma)\}^2]$	GLS	GLS	GLS
v)	$F_{ML}/(\hat{\gamma} + 1)$	−	ERLS	−
vi)	$\frac{1}{2}\text{tr}[\{\hat{C}^{-1}(S - \Sigma)\}^2]$	−	HKRLS	−
vii)	$\text{vec}(S - \Sigma)'\hat{W}^{-1}\text{vec}(S - \Sigma)$	ADF	AGLS	WLS(ADF)
viii)	$\text{vec}(S - \Sigma)'\hat{D}_W^{-1}\text{vec}(S - \Sigma)$	−	−	DWLS
ix)	$F_{ML}/\hat{\alpha}$	−	ML, ROBUST	−

$${}^\dagger F_{ML} = \log|\Sigma| + \text{tr}(\Sigma^{-1}S) - \log|S| - p$$

---

[17] S は $n-1$ で割った不偏分散を使っている.

ポートしていないことを示します. これらの推定方法を詳細に説明するスペースはありませんので, 簡単にコメントしておきます. 擬距離関数 iii) における D_S は S の対角成分からなる対角行列で, これを重みに使うことにより推定方式が尺度不変になります.[18] 一方, 最小 2 乗法 ii) は尺度不変ではありません. v) は正規分布より広い楕円分布において適切に分析するための方法です. $\hat{\gamma}$ は尖度の推定値で, その定義は 4.8.2 節 (158 ページ) で述べます. 楕円分布は各観測変数の尖度が一定でないといけないという制約がありますが, その制約を外したより広い分布族における分析方法を提供したのが vi) です.[19]vii) は ADF (Asymptotically Distribution-Free) と称されることが多い方法で, Browne (1982, 1984) によって導入されました. viii) は vii) の簡略版で, vii) での重み行列 $\hat{W}$ の対角成分だけを使ったものです. 次に ix) を見てみましょう. EQS には, "ROBUST" というオプションがあります. その考え方は, 非正規分布のときに, 検定統計量がカイ 2 乗分布と同じ期待値をもつように調整を施すというものです.

$$ME=ML,ROBUST;$$
$$ME=LS,ROBUST;$$

のように指定し, EQS がサポートするすべての推定方法に適用できます.

関数 $F(S,\Sigma)$ は距離の公理を満たす保証はありませんが,[20] 次の性質をもちます.

(i) $F(S,\Sigma) \geq 0$

(ii) $F(S,\Sigma) = 0 \Longleftrightarrow S = \Sigma$

(iii) $F(S,\Sigma)$ は S, Σ について連続

たくさんある推定方式の中でどれを用いるべきかという質問をしばしば受けます. この問題に対して私は, 最尤法が基本だと答えています. 多変量正規性の仮定が崩れているときは最尤法は使うべきではない, という主張を聞くことがありますが, $\Sigma(\theta)$ で S を近似するという考え方は, 母集団分布が多変量正規であろうとなかろうと成立し, 推定量の基本的な性質

---

[18]尺度不変性の正確な定義は丘本 (1986, 43 ページ) を参照のこと. 尺度不変性の一つの効用は 132 ページの脚注にある.

[19]詳しくは Kano-Berkane-Benter (1990) を参照されたい. HK は Heterogeneous kurtosis の意味.

[20]それゆえ,「距離関数」ではなく,「擬距離関数」「不一致度関数」などとよばれる.

である一致性と漸近正規性が成り立ちます.[21] 本書でもすべての推定値を
最尤法によって求めています.

　ただし,この考え方は (点) 推定にだけ成立するもので,推定量の標準
誤差や以下に述べる検定に対しては注意が必要です.基本的には,母集団
分布に合わせて推定方法を選択するということになりますが,この点につ
いては 4.8 節で解説します.

4.7　適合度の吟味

　考えたモデルがデータと矛盾しないかどうかを検討することは極めて重
要です.回帰分析では,データと推定されたモデルの差

$$y - X\widehat{\beta}$$

に基づいて,モデルの適合性や異常値の有無などを検討します.データと
推定されたモデルの差を残差といい,このような作業を残差分析といって
います.残差分析は回帰分析の重要なプロセスです.

　共分散構造分析でも同様に,データと推定された構造の差 — 残差 —

$$S - \Sigma(\widehat{\theta})　もしくは　R - \Sigma(\widehat{\theta})$$

や,何らかの意味での S (or R) と $\Sigma(\widehat{\theta})$ のくいちがいの程度に基づいて,
モデルの妥当性の検討を行います.

　表 4.11 に,多重指標モデル (図 4.2, 表 4.2) において推定された構造
と残差を示しています.

　残差が全体的に大きければ考えたモデルが不十分であり,モデルを全体
的に見直す必要があるかもしれません.一方,一部分の残差が大きいとき
は,対応する共分散が適切に推定されているかどうか,つまり,異常値な
どがないかどうかを散布図などで吟味します.サンプルに異常がなければ,
モデルを部分修正することになります.この場合,どこにパスを引けばよ
いかが問題になりますが,LM 検定や修正指標が有用な情報を与えてくれ

---

[21]一致性は,推定量 $\widehat{\theta}$ が真の値 θ の近似であることを保証する.漸近正規性は,$\widehat{\theta}$ を標
準化したものの分布が正規分布で近似できることを示す.

表 4.11: 推定された構造と残差

変　数	推定された構造 $\Sigma(\hat{\theta})$			残　差 $R - \Sigma(\hat{\theta})$
X_1, X_1	$\hat{\lambda}_{11}^2 + \hat{\theta}_1$	$=$	1.000	0.000
X_1, X_2	$\hat{\lambda}_{11}\hat{\lambda}_{12}$	$=$	0.301	0.000
X_1, X_3	$\hat{\lambda}_{11}\hat{\gamma}_{21}\hat{\lambda}_{32}$	$=$	0.155	0.013
X_1, X_4	$\hat{\lambda}_{11}\hat{\gamma}_{21}\hat{\lambda}_{42}$	$=$	0.258	$-.001$
X_2, X_2	$\hat{\lambda}_{21}^2 + \hat{\theta}_2$	$=$	1.000	0.000
X_2, X_3	$\hat{\lambda}_{21}\hat{\gamma}_{21}\hat{\lambda}_{32}$	$=$	0.196	$-.008$
$\cdots$	$\cdots$			$\cdots$
$\cdots$	$\cdots$			$\cdots$

るでしょう. モデルを部分修正するとき有用なワルド検定, LM 検定と修正指標は第 5 章で紹介します.

多重指標モデル (図 4.2, 表 4.2) の分析では, 残差行列 (表 4.11 を行列形式にしたもの) は次のようになります.

$$R - \Sigma(\hat{\theta}) = \begin{bmatrix} 0.000 & & & \\ 0.000 & 0.000 & & \\ 0.013 & -0.008 & 0.000 & \\ -0.001 & 0.001 & 0.000 & 0.000 \end{bmatrix}$$

最大の絶対残差は 0.013 であり, これは十分小さいと考えてよいでしょう.

分析を, (標本) 相関行列ではなく標本分散共分散行列からスタートした場合は, 標準偏差 $\sqrt{s_{ii}}$ で基準化した残差を用います. EQS では, (基準化) 残差のヒストグラムを描いてくれます.

残差行列はその名のとおり行列であり, そのままでは大きさについて判断がしにくいので, 1 次元に縮約します. この縮約の方法にさまざまな工夫があり, 多くの適合度指標が提案されています. Marsh-Balla-McDonald (1988) は 33 個もの指標を比較検討しています. ここでは, 比較的信頼がおけ実績もある適合度指標を紹介します. 本書で紹介するソフトウェアは,

いずれもここで紹介する適合度指標をデフォルトで出力します.

　まず，適合度指標として最も考えやすいのは，(基準化された) 残差の
2 乗和を平均し平方根をとったもの SRMR (Standardized Root Mean
Square Residual)[22]，そして，GFI (Goodness-of-Fit Index)，AGFI (Ad-
justed GFI) です.

$$\text{SRMR} \;=\; \sqrt{\frac{2}{p(p+1)} \sum_{i \le j} \left\{ s_{ij} - \sigma_{ij}(\hat{\theta}) \right\}^2 / s_{ii} s_{jj}}$$

$$\text{GFI} \;=\; 1 - \frac{\text{tr}[\{\Sigma(\hat{\theta})^{-1}(S - \Sigma(\hat{\theta}))\}^2]}{\text{tr}[\{\Sigma(\hat{\theta})^{-1}S\}^2]}$$

$$\text{AGFI} \;=\; 1 - \frac{p(p+1)(1 - \text{GFI})}{p(p+1) - 2q}$$

ここで，q は θ の次元で推定すべきパラメータの数，$\sigma_{ij}(\hat{\theta})$ は $\Sigma(\hat{\theta})$ の
(i,j) 成分です. 以上は，LISREL 5 (Jöreskog-Sörbom 1981) に搭載され
ました. SRMR は小さいとき，GFI と AGFI は 1 に近いとき，良い当て
はまりを示します. 回帰分析の言葉で言えば，GFI は重相関係数に，AGFI
は自由度調整済みの重相関係数に対応します.

　回帰分析では，説明変数の増加にともなって残差は小さくなります. こ
れと同じことが共分散構造分析においても起こります. つまり，パスを引
けば引くほど，推定すべき自由パラメータが増加し残差は小さくなりま
す. 残差が小さければよいというだけならば残差が 0 の飽和モデル[23] が
一番良いということになってしまいます. 自由パラメーターをいたずらに
増やすのではなく，いかに少ないパラメータで良い適合を達成するかがポ
イントです. このような観点で，GFI にパラメータ数 q に関するペナル
ティを付加したものが AGFI です. 数学的には，GFI≧AGFI という関
係があります.

　また，最近，次の指標が提案され注目されています.

$$\text{RMSEA} = \sqrt{\max \left\{ \frac{\hat{F}}{d} - \frac{1}{n-1}, 0 \right\}}$$

---

[22]Jöreskog-Sörbom (1981) では，$s_{ii}s_{jj}$ による基準化はなされていない.
[23]パラメータ数最大のモデル. 飽和モデルの説明は 142 ページにある.

ここで, $d = p(p+1)/2 - q$, $\hat{F}$ はモデルとデータの最小距離であり, 次で定義されます.

$$\hat{F} = \min_\theta F(S, \Sigma(\theta))$$

RMSEA (Root Mean Square Error of Approximation) は, もともとは Steiger-Lind が 1980 年に米国アイオワ州で行われた計量心理学会 (Psychometric Society) で発表したものでしたが, Browne-Cudeck (1993) がその理論を整備したことで, あっという間に広まりました. その考え方は, 真の母分散共分散行列 Σ_0 はモデル $\Sigma(\theta)$ の中にはなく, モデルと Σ_0 との距離

$$F_0 = \min_\theta F(\Sigma_0, \Sigma(\theta))$$

は 0 ではないとします. この仮定は自然なものです. RMSEA は, この最小距離 F_0 を自由度で割った量 F_0/d を推定しようとするものです. また, F_0/d の区間推定も提案されています.

これらの指標を使って「どの程度の値であればモデルを受容するか」という具体的な基準を与えるのは難しい問題です. Tanaka (1987) や 豊田 (1992) は, GFI の値が 0.9 以上であればモデルはデータをうまく説明しているであろうと述べており, 実際, この 「0.9 基準」は永らく利用されてきました. しかし最近は, より厳しい条件が求められることが多くなってきており, データに矛盾しないモデルとして GFI や次に述べる CFI の値が 0.95 前後以上であることが基準になりつつあります (Hu-Bentler 1999). Browne-Cudeck (1993) は, RMSEA の値が 0.05 以下であれば当てはまりが良く, 0.1 以上であれば当てはまりは悪いと判断してよいと述べています.

2.3 節で紹介した「自然食品の購買行動」の分析では, これらの統計量の値は次のようになります.

$$\left.\begin{array}{lll} \text{RMSEA} & = & 0.000 \\ \text{SRMR} & = & 0.005 \end{array}\right\} \text{小さい値が良いモデルを表す}$$

$$\left.\begin{array}{lll} \text{GFI} & = & 1.000 \\ \text{AGFI} & = & 0.997 \end{array}\right\} \text{大きい値が良いモデルを表す}$$

どの基準で見てもこのモデルは良い当てはまりであると判断できます.

　また，数理統計学的には，共分散構造 $\Sigma(\theta)$ を検定 (カイ 2 乗検定) するという方法論があります．今まで既にカイ 2 乗値として使っているものです．帰無仮説 H と対立仮説 A を次のように設定します．

$$H : \mathrm{Var}(\boldsymbol{x}) = \Sigma(\theta) \quad \text{versus} \quad A : \mathrm{Var}(\boldsymbol{x}) \text{ は構造をもたない.} \qquad (4.20)$$

「$\mathrm{Var}(\boldsymbol{x})$ が構造をもたない」とは，$\mathrm{Var}(\boldsymbol{x})$ の要素はすべて自由パラメータであることを意味し，飽和モデル (saturated model) とよばれます．飽和モデルのパラメータの数は $d = p(p+1)/2$ なので，飽和モデルの自由度は $d = p(p+1)/2 - p(p+1)/2 = 0$ になります．[24]

　飽和モデルでは，$\widehat{\mathrm{Var}(\boldsymbol{x})} = S$ と推定できます．一方，$\mathrm{Var}(\boldsymbol{x}) = \Sigma(\theta)$ のときは，$\mathrm{Var}(\boldsymbol{x})$ の要素は自由パラメータではなく，一般に，$\Sigma(\theta) = S$ となるような θ は存在しません．

　この仮説に対する尤度比検定統計量[25]は

$$T_{ML} = (n-1)F_{ML}(S, \Sigma(\widehat{\theta}))$$

となり，数理統計学の一般論から，標本サイズ n が十分大きいとき，帰無仮説のもとで，T_{ML} の分布は自由度

$$\frac{1}{2}p(p+1) - q \quad (= d \quad \text{と書く})$$

のカイ 2 乗分布 χ_d^2 で近似できることが分かっています．従って，検定方式は

$$T_{ML} \le \chi_d^2(\alpha) \quad \Longrightarrow \quad \text{モデルを受容}$$
$$T_{ML} > \chi_d^2(\alpha) \quad \Longrightarrow \quad \text{モデルを棄却}$$

となります．ここで $\chi_d^2(\alpha)$ は，自由度 d のカイ 2 乗分布[26]の上側 $100\alpha\%$ 点です．有意水準 α の値としては 0.05 や 0.10 がよく用いられます．仮説 (4.20) の検定は，尤度比検定だけでなく，例えば，一般化最小 2 乗法にもとづき，

$$T_{GLS} = (n-1)\min_{\theta} F_{GLS}(S, \Sigma(\theta))$$

---

[24]逆に，自由度が 0 であるモデルを飽和モデルということもある．

[25]正確な尤度比検定統計量は $n-1$ の代わりに n をかけるのであるが，不偏分散 S のときと同様，$n-1$ がよく用いられる．

[26]確率密度関数が $\frac{1}{\Gamma(d/2)2^{d/2}}x^{d/2-1}e^{-x/2}$ $(x > 0)$ である確率分布を自由度 d のカイ 2 乗分布という．

によっても行うことができます．検定方式は尤度比検定と同じでカイ 2
乗近似を利用します．最小 2 乗法はこのような性質をもたず，$T_{ULS} = (n-1)\min_\theta F_{ULS}(S, \Sigma(\theta))$ にはカイ 2 乗近似は使えないことはよく知ら
れています．そこで，Browne(1982) は，最小 2 乗推定値に基づく検定統
計量でカイ 2 乗近似を利用できるものを提案しました．[27] 以後，カイ 2
乗近似を利用するこのようなモデル妥当性の検討方法を，カイ 2 乗検定
(Chi-Square Test) ということにします．4.3 節で見たように，d はモデル
の自由度でもあります．

「自然食品の購買行動」の分析では，観測変数の数は $p = 4$ で推定す
べきパラメータ数は $q = 9$ でした．このとき，$d = \frac{1}{2}p(p+1) - q = 1$ と
なります．表 2.10 で与えられた

> カイ 2 乗値 = 0.43, 自由度 = 1, p 値 = 0.5120

は，カイ 2 乗統計量の値が $T_{ML} = 0.43$ で，モデルの自由度が $d = 1$ で
ある，つまり，T_{ML} の分布が自由度 1 のカイ 2 乗分布 χ_1^2 で近似でき，

$$\Pr(\chi_1^2 \geq 0.430) = 0.5120$$

であることを示しています．この検定結果はモデルを受容することを勧め
ています．

今まで紹介した適合度指標はすべて，推定された共分散構造 $\Sigma(\widehat{\theta})$ と
標本分散共分散行列 S とのくいちがいの程度を測ろうとするものでした．
Tucker-Lewis (1973) や Bentler-Bonett (1980) は少し違った指標を提案
しました．この指標を紹介する前に，回帰モデル

$$y_i = \beta_0 + \sum_{j=1}^{p} x_{ij}\beta_j + \epsilon_i \quad (i = 1, \cdots, n)$$
$$\boldsymbol{y} = X\boldsymbol{\beta} + \boldsymbol{\epsilon} \quad (\text{ベクトル表示})$$

における，[28] 偏回帰係数の零仮説の検定を考えましょう：

$$H : \beta_1 = \cdots = \beta_p = 0, \text{ versus } A : \text{仮説 } H \text{ は正しくない}$$

---

[27] EQS はこの値を出力する．

[28] $X = \begin{bmatrix} 1 & x_{11} & \cdots & x_{1p} \\ \vdots & \vdots & \vdots & \vdots \\ 1 & x_{n1} & \cdots & x_{np} \end{bmatrix}$ である．

注意して欲しいのは，H において $\beta_0 = 0$ を要求していないことです．この検定は，一般平均 β_0 を除く 説明変数 X が，y の変動に影響を及ぼしているかどうかを検討するもので，分析の最初に行われる説明変数の全体的評価です．

上記の仮説 H の下で $\mathrm{E}[y_i] = \beta_0$, 仮説 A の下で $\mathrm{E}[y_i] = \beta_0 + \sum_{j=1}^{p} x_{ij}\beta_j$ となるので，これらをベクトルで表せば

$$H : \mathrm{E}[\boldsymbol{y}] = \boldsymbol{1}_n \beta_0 \quad \text{versus} \quad A : \mathrm{E}[\boldsymbol{y}] = X\boldsymbol{\beta} \tag{4.21}$$

となります．ここで，$\boldsymbol{1}_n = [1, \cdots, 1]'(\in \mathbf{R}^n)$ です．

先ほどの共分散構造分析における適合度検定との違いは，適合度検定は興味あるモデル $\Sigma(\boldsymbol{\theta})$ を 最大モデルである飽和モデル と比較しているのに対して，回帰係数の零仮説の検定は，興味ある回帰モデルを $\mathrm{E}[\boldsymbol{y}] = \boldsymbol{1}_n \beta_0$ という最小モデル と比較しているところにあります．[29]

Bentler-Bonett (1980) は，共分散構造分析における最小モデルとして，観測変数間に相関がないというモデルを導入しました:

$$\mathrm{Var}(\boldsymbol{x}) = \begin{bmatrix} \sigma_{11} & & \boldsymbol{0} \\ & \ddots & \\ \boldsymbol{0} & & \sigma_{pp} \end{bmatrix} \quad (= \mathrm{diag}(\sigma_{11}, \cdots, \sigma_{pp}), \quad \text{と書く})$$

このモデルは伝統的に，独立モデルとよばれているものです．(4.21) に対応する仮説は

$$H : \mathrm{Var}(\boldsymbol{x}) = \mathrm{diag}(\sigma_{11}, \cdots, \sigma_{pp}) \quad \text{versus} \quad A : \mathrm{Var}(\boldsymbol{x}) = \Sigma(\boldsymbol{\theta}) \tag{4.22}$$

となります．回帰分析での検定 (4.21) では説明変数が観測変数に影響を及ぼしているかどうかを検討したのに対して，(4.22) は観測変数間の相関を説明するパスや相関が存在するかどうかを検討しています．Bentler-Bonett (1980) は，この検定だけによってモデルの妥当性を検討するのではなく，現在考慮しているモデル $\Sigma(\boldsymbol{\theta})$ が，独立モデル (最小モデル) と飽和モデル (最大モデル) とを結ぶ直線上のどのあたりに位置するのかを見ることを提案しました．

---

[29] 小さいモデルとは，パラメータ数 q が小さく，モデルの自由度 d が大きいモデルのことをいう．大きいモデルはその反対である．

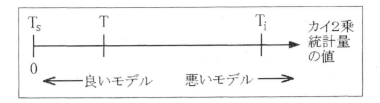

図 4.6: Bentler-Bonett (1980) の考え方

飽和モデルのカイ 2 乗値 T_s は, $\widehat{\mathrm{Var}(\boldsymbol{x})} = S$ に注意すると

$$T_s = (n-1)F(S, S) = 0$$

となり, 最小値をとります. 独立モデルのカイ 2 乗値を T_i とすると, このモデルが最も制約された小さいモデルであることから, T_i の値は最も大きくなります.[30] 現在考慮しているモデル $\Sigma(\boldsymbol{\theta})$ のカイ 2 乗値を

$$T = (n-1)\min_{\theta} F(S, \Sigma(\boldsymbol{\theta}))$$

とすると, S と $\Sigma(\widehat{\boldsymbol{\theta}})$ が近いほど良いモデルである, つまり, T が $T_s = 0$ に近ければ近いほど良いモデルであり, T が T_i に近ければ悪いモデルであると考えられます (図 4.6). そこで, Bentler-Bonett (1980) は T の相対的位置

$$\mathrm{NFI} = \frac{T_i - T}{T_i - T_s} = \frac{T_i - T}{T_i} = 1 - \frac{T}{T_i}$$

を適合度の指標にしました. $0 \le \mathrm{NFI} \le 1$ であり,[31] もちろん, 1 に近ければ良いモデルということになります.

NFI は標本サイズ n が大きくないとき, モデルが正しくても 1 に近くならないという欠点があります. そこで, モデルの自由度 d を導入することによってその欠点を改善したものが次の NNFI です.

$$\mathrm{NNFI} = 1 - \frac{T/d - 1}{T_i/d_i - 1}$$

---

[30]添字 i は independent, s は saturated の意味.
[31]それゆえ, Normed Fit Index の名がある.

ここで, d_i は独立モデルの自由度で, $d_i = p(p+1)/2 - p = p(p-1)/2$ です. モデルが正しいとき, T は近似的に自由度 d のカイ 2 乗分布 χ_d^2 にしたがいます. T が $E[\chi_d^2] = d$ なる値をとるときは十分良い適合だと考えられます. このとき ($T = d$ のとき), 1 なる値をとるように NFI を改良したものが NNFI です. この指標は, Tucker-Lewis (1973) が探索的因子分析モデルに対して提案した信頼性係数 (RHO; reliability coefficient) の共分散構造モデルへの拡張になっています.

NNFI は $0 \leq \text{NNFI} \leq 1$ なる性質をもちません.[32] そこで, Bentler (1990) は

$$\text{CFI} = 1 - \frac{\tau}{\tau_i}$$

を提案しました.[33] ここで

$$\begin{aligned} \tau &= \max\{T - d, 0\} \\ \tau_i &= \max\{T - d, T_i - d_i, 0\} \end{aligned}$$

です.

多重指標モデルでの分析では,

```
NFI=0.999,  NNFI=1.007,  CFI=1.000
```

となっており, このモデルは十分良い適合であることが分かります.

最後に, 情報量規準関連の指標を紹介します. 情報量規準は複数個のモデルの比較に用いられます.[34] ここでは以下の 3 つを紹介しておきましょう:

$$\begin{aligned} \text{AIC} &= T_{ML} + 2q & (4.23) \\ \text{BIC} &= T_{ML} + (\log n)q \\ \text{CAIC} &= T_{ML} + (1 + \log n)q \end{aligned}$$

ここで q は, モデルにおける推定されたパラメータの数を表します. 複数個のモデルを比較したとき, これらの指標の値が小さいモデルが良いモデルということになります.

---

[32]それゆえ, NonNormed Fit Index の名がある.

[33]CFI は Comparative Fit Index の略.

[34]絶対的な大きさには意味はなく, 数値の差に意味がある.

パスを入れ，パラメータを増やすと，カイ2乗値 (T_{ML}) の値は必ず下がります．では，パラメータがより多いモデルはいつも「より良い」モデルなのでしょうか．情報量規準は引いたパスの個数，すなわちパラメータ数 q でペナルティを付けます．パスを一つ入れると，ペナルティの項である $2d$ の値は $+2$ 増加します．ということは，カイ2乗値が2以上減少しなければ AIC は増加してしまいます．このように，カイ2乗値とパラメータ数のバランスをとりながら良いモデルを選択しようとするのが情報量規準だと考えられます．AIC, BIC, CAIC の違いは自由度への重みの付け方です．BIC と CAIC では自由度の重みが標本サイズ n の関数となっており，AIC が大標本でやや大きすぎるモデルを選択してしまう欠点を補ったものです．[35]

モデルの自由度 d とパラメータ数 q との間には $d = p(p+1)/2 - q$ の関係がありますから，これを (4.23) に代入すると AIC $= T_{ML} + p(p+1) - 2d$ が得られます．ここで，全てのモデルに共通の定数である $p(p+1)$ を除いて

$$\mathrm{AIC} \;=\; T_{ML} - 2d \tag{4.24}$$

と定義している文献もあります．

表 4.12: パス解析モデルの適合度

```
     カイ2乗値  =  233.315          GFI  =    0.891
        自由度  =  1                AGFI  =   -0.092
          p値  =  0.000            NFI  =    0.508
        RMSEA  =  0.529            NNFI  =   -1.976
         SRMR  =  0.142             CFI  =    0.504
          AIC  =  231.315          CAIC  =  225.593
```

　重要な適合度指標の紹介が終わったところで，「自然食品の購買行動」のデータを図 2.31 のパス解析モデルで解析したときの適合度を見てみましょう．表 4.12 の結果から，このデータに対してパス解析モデルは良い当てはまりであるとは言えません．最大絶対残差は

$$r_{34} - \sigma_{34}(\widehat{\theta}) = 0.449$$

----

[35] AIC の詳細については，Akaike(1987) や坂本-石黒-北川 (1982) を参照されたい．

と出力されました．従って，このモデルでは X_3 と X_4 の相関が十分説明できていないことが分かります．このように，適合度指標は適切でないモデルに対してクリアに「No」と言ってくれます．

上記は EQS の出力ですが，AIC の値を見てみると

$$231.315 = 233.315 - 2 \times 1 = カイ 2 乗値 - 2 \times 自由度$$

となっていることが分かります．すなわち，EQS は AIC の定義として (4.24) を採用していることが分かります．CAIC の定義も (4.24) に準じる形で，$2d$ の代わりに $(1 + \log n)d$ $(n = 831)$ が用いられていることが確認できます．CALIS は EQS と同じく (4.24) の定義を採用していますが，AMOS は (4.23) です．

さて，パス解析は重回帰分析と似ています．図 2.31 のパス解析の代わりに，重回帰分析を 2 回行ってはいけないのでしょうか．実際行ってみる

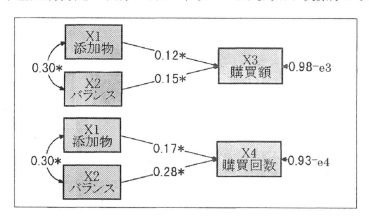

図 4.7: 重回帰分析を 2 回行う

と図 4.7 の結果が得られます．推定値は，有効数字 2 桁までパス解析の結果 (図 2.31) と一致しています．従って，このモデルとデータについては，パス解析も 2 回の重回帰分析もほぼ同一の推定値を与えます．[36] 2 回の重回帰分析の最大の欠点は，モデルの適合度の吟味ができないことです．出力結果には，カイ 2 乗値＝ 0 (df=0) と出力されているはずです (118 ペー

---

[36]一般には，これらの推定値は異なる．もし，大きく異なるならば分析に何らかの問題がある．

ジ参照). つまり, 重回帰モデルは飽和モデルであり, 飽和モデルの適合度は測定することができないのです. 2.3 節の解析では, パス解析モデルはデータに合わないと棄却されましたが, 重回帰分析ではそのような情報が得られないのです. また, 重回帰分析では, 従属変数である X_3 と X_4 の相関係数の値が必要ありません. ということは, この情報が分析に活かされていないということになります. 逆に言うと, パス解析では, この情報を使ってモデルの不適切さを判定したのです.

また, 回帰分析や共分散構造分析で, 以下の 2 つの概念はまったく別モノです:

- 適合度指標: モデルがデータに近いか遠いか
- 決定係数: 説明変数が従属変数をどの程度説明しているか

重回帰モデルの良し悪しは, 決定係数 R^2 の値で判断することが多いですが, 実は, R^2 はモデルがデータに矛盾しないかどうかを見る尺度ではありません. R^2 は, モデルは正しいという仮定の下で, 説明変数の変動が従属変数の変動をどの程度説明しているかを表す尺度になっています. 回帰分析は予測に使われることが多く, R^2 が大きくあって欲しいという希望があります. それゆえ, R^2 の値が小さければ悪いモデルであるとというレッテルが貼られるのですが, それでも, 誤差分散が大きいモデルが当てはまっている のです.

一方, 共分散構造モデルの適合度がすばらしく良くても, 決定係数が非常に小さいということも起こりえます.

4.8 統計的推測の注意点

この章を終わるにあたって, 推定方法の選択の仕方など, 統計的推測について補足説明をしておきます.

4.8.1   5 件法や 7 件法のデータ (順序カテゴリカルデータ) をどう分析するか

　共分散構造分析の理論体系やソフトウェアは，観測変数 x の分布に多変量正規分布[37]を仮定して構築されてきました．しかし，だからと言って，多変量正規性が崩れたときには共分散構造分析が適用できない，ということではありません．

　観測変数にはいくつかの種類 (観測のレベル) があります．表 4.13 には観測変数の種類がまとめられています．下にいくほど扱いが難しくなります．5 件法 (7 件法) というのは，非常に賛成 (5 点)，賛成 (4 点)，どちらでもない (3 点)，反対 (2 点)，非常に反対 (1 点) といった選択肢をもつ質問に対する回答の変数です．二値変数は，「yes, no」,「買う，買わない」や「介入する，介入しない」などといった二者択一式の選択肢をもつ質問に対する回答がその代表例です．以上は離散型の順序尺度 (または順序カテゴリカルデータ) とよばれます．[38] 名義尺度とは，性別 (男・女)，血液型 (A, B, AB, O) など，単に何らかの区別を示していて，量的な意味をまったくもたない変数です．

　まず，二値変数を独立変数として用いるときは，それを連続変数に見立てて普通に分析しても「罪は軽い」と言えます．たとえば，性別を表すダ

表 4.13: 観測変数の種類

```
                    ┌         ┌ 多変量正規分布
                    │ 連続型 ┤
                    │         └ 非正規連続分布
観測変数の種類 ┤
                    │         ┌ 5 件法，7 件法など ┐
                    │ 離散型 ┤ 二値変数            ├ (離散) 順序尺度
                    └         └ 名義尺度            ┘
```

---

[37]確率密度関数が $\dfrac{1}{(2\pi)^{p/2}|\Sigma|^{1/2}} e^{-\frac{1}{2}(x-\mu)'\Sigma^{-1}(x-\mu)}$ で表される確率分布を $(p$ 次元) 多変量正規分布 $N_p(\mu, \Sigma)$ という

[38]以下，「離散型」を略して，順序尺度ということにする．

ミー変数 (女性=0，男性=1) を独立変数として分析に組み入れることは，大きな問題ではないことが多いということです．回帰分析において，このような変数をダミー変数として説明変数に組み入れることはよくあることです．問題は，二値変数を従属変数に使いたいとき，そして，5件法や7件法などの変数をどう分析するかです．

これらの変数に対して，次の3通りの扱い方があります．

(1) 連続変数とみなす

(2) 多分相関係数 (polychoric correlation coefficient)，多分系列相関係数 (polyserial correlation coefficient) を使う[39]

(3) 多項分布に基づく方法

しばしば，順序尺度の観測変数を連続変数とみなして解析してもよいのかと聞かれるのですが，例えば，Bentler-Chu (1987, 88ページ) は次のように述べています．

> (順序尺度のデータに対して) カテゴリー数が4以上であれば，少し注意して (with little worry) 連続変数とみなすことができる．カテゴリー数が3以下の場合は別の方法を使うべきである．

また，Collins et.al. (1986) はシミュレーションにより，二値変数を連続変数とみなすことの影響を探索的因子分析を用いて検討し，次のように結論づけています．

> 二値変数を連続変数とみなすと，因子数の選定は正しくできない可能性が高いが，因子負荷の推定値はかなり安定している．

繁桝 (1990) は二値変数を連続変数とみなすことには否定的で，その理由として以下の3点を挙げています．

(a) 通常の相関係数 (ϕ 係数) の値は観測変数の平均 (通過率) に依存する

(b) 正反応率を反映したみかけの因子を抽出する

(c) 0,1 の値しかとらない観測変数が，連続変数である潜在変数の線形結合で表されるというモデル規定に無理がある

最近の研究で萩生田-繁桝 (1996) は5件法・7件法を勧め，その場合は連続変数とみなす方法でよいと言っています．

---

[39]多分相関係数と多分系列相関係数の定義やそれらの最尤推定法については Poon-Lee (1987) を参照．

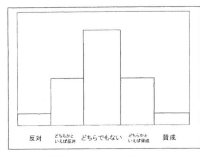
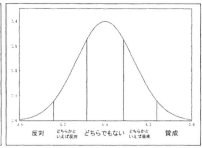

5 件法のヒストグラム   系列範疇法

図 4.8: 5 件法の考え方

　(2), (3) の方法は，実際は連続変数 (心理学的連続体) であっても，表に
現れるもの (観測変数) は順序尺度になってしまうという状況を扱います.
これは，連続変数のデータが度数分布表にまとめられているが，元のデー
タがなく度数分布表しか手元にないという状況に似ています. 度数分布表
ではクラス (級) の境界値が分かっていますが，この順序尺度の場合は境
界値も未知です. 図 4.8 にあるように，5 件法では正規分布を 5 つの領域
に分け，心の中で起こる心的反応の大きさによって，どの領域に属するか
が決まり，それが回答として観測されるというわけです.[40] このような状
況の下でも，潜在的な連続変数として標準正規分布を仮定すれば，度数分
布表とクロス集計表から境界値と相関係数を推定することができます. 二
つの観測変数が順序尺度の場合を多分相関係数，一方が連続変数で他方が
順序尺度の変数の場合を多分系列相関係数といいます.
　(2) の方法は，多分相関係数や多分系列相関係数によって観測変数間の相
関係数を推定してから，共分散構造 $\Sigma(\theta)$ を推定しようとするものです. 推
定方法は，これらの相関係数間の漸近分散・共分散を用いる ADF タイプを
適用します. EQS では，例えば 第 4 番目と第 5 番目が離散型の順序尺度で
あれば，EQS Model Specifications(Build_EQS ┤ Title/Specifications) の
Advanced Options で Categorical variables をクリックして，V_4 と V_5 を
選択します. すると，モデルファイルの /SPECIFICATION に以下のよう

---

[40]このような考えの下で，順序尺度を間隔尺度へ変換する方法を系列範疇法という.

に記述されます.[41]

```
CATEGORY=V4,V5;
MATRIX=RAW;
```

理論的に一番優れているのが (3) です.[42] カテゴリーとして観測される データは多項分布にしたがうと考えるのが自然です. そして, 各カテゴリーの生起確率が潜在変数などから影響を受けると考えるのです. しかしながら, 一般に反応パターンの数が多く推定が難しいのが現実です. 例えば, 観測変数 X_i $(i = 1, \cdots, p)$ が c 個のカテゴリーをもつとすると, 反応パターンの総数は c^p となり, p や c の増加に伴い膨大な数になります. また, 多重積分が必要になることも考え合わせると, 適用できる状況は 2 値データ程度に限られると思われます. 推定の方法は, 各反応パターンの生起確率 p_k を未知パラメータ (θ, τ) の関数で表し, 最尤推定法, もしくは一般化最小 2 乗法を適用します. ここで, τ は境界値を表すベクトルです.

実は, (2) と (3) とははっきりと区別できるものでなく, このような考えの下でさまざまな推定方式が提案されています. 詳しくは, 柳井他 (1990, 5 章) や繁桝 (1990) を参照してください.

先に述べたように (2), (3) の方法は理論的には優れています. しかし, その前提条件である「実際は連続変数だけれども, 表に現れるもの (観測変数) は順序尺度になってしまう」という仮定が厳しく, ときには非現実的です. また, この仮定を検証する術がありません. 一方, 図 4.8(左) にように, 変数のヒストグラムがきれいな釣鐘型をしていれば, (2) や (3) による方法と順序尺度の変数を連続変数と考えて分析する (1) と大きな違いはないものと思われます. というのは, そのような場合は系列範疇法による尺度がほぼ等間隔になるからです.

以上をまとめると, 順序尺度の共分散構造分析はやはり難しく, ベストと言える推測方法はありません. 現状では, 2 値データに対しては (2), (3) の方法を適用する, 3 件法や 4 件法はグレイゾーン, 5 件法以上だと連続変数とみなしてもそう大きな損失はない, と考えられます.

---

[41]AMOS, CALIS にはこのようなオプションはない.
[42]たとえば, Lee-Poon-Bentler(1990) を参照のこと.

　順序尺度の観測変数を連続変数とみなす場合は，質問項目に工夫を凝らし，分布に大きな偏りが生じないようにします．というのは，先ほど述べたように，ヒストグラムが釣鐘型 (正規分布) に近ければ (1), (2), (3) の方法による推定値には大きな違いがないからです．

　専門家によるカテゴリーの数値化や，いくつかの内的整合性のある項目を用意し，それらの合計でもって一つの観測変数を作成することも有効です．

4.8.2　正規性の検討と楕円分布

　多変量解析では，通常，母集団分布として多変量正規分布を想定します．データの分布が明らかに多変量正規分布から離れているとき，多変量正規分布に代わるものとして楕円分布 (elliptical distribution)[43]が用いられることがあります．本節では多変量正規性の検討方法と楕円分布に基づく統計的推測ができるための条件を解説します．

　分析の最初でデータが多変量正規分布をしているとみなしてもよいかどうかの検討をします．ヒストグラムや散布図の吟味の後，統計量として出力される周辺分布の歪度 (skewness) と尖度 (kurtosis) を検討します．

$$\text{歪度：}\quad \hat{\gamma}_{1j} = \frac{\hat{\mu}_{3j}}{\hat{\mu}_{2j}{}^{3/2}}$$
$$\text{尖度：}\quad \hat{\gamma}_{2j} = \frac{\hat{\mu}_{4j}}{\hat{\mu}_{2j}{}^{2}} - 3 \qquad (j = 1, \cdots, p)$$

ここで $\mu_{\ell j} = \mathrm{E}[(X_j - \mathrm{E}[X_j])^{\ell}]$ は，観測変数 X_j の平均回りの ℓ 次モーメントです．歪度・尖度ともに正規性からのずれを表す尺度で，歪度は分布の対称性からのずれを表します．尖度はその意味付けが難しいのですが，分布が対称のときは，平均周りの確率と分布のスソ (平均から離れた部分) での確率のバランスが正規分布とどの程度ずれているかを表しています．参考のため，図 4.9 にいくつかの分布パターンとその歪度と尖度の値がどのようになるかを図示してあります．正規分布に近いと歪度・尖度ともに 0 に近くなります．

　5 件法や 7 件法ではちょうど真ん中に「どちらでもない」という項目が

---

[43]楕円分布は正規分布の拡張である．詳しくは，例えば，狩野 (1990) を参照のこと．

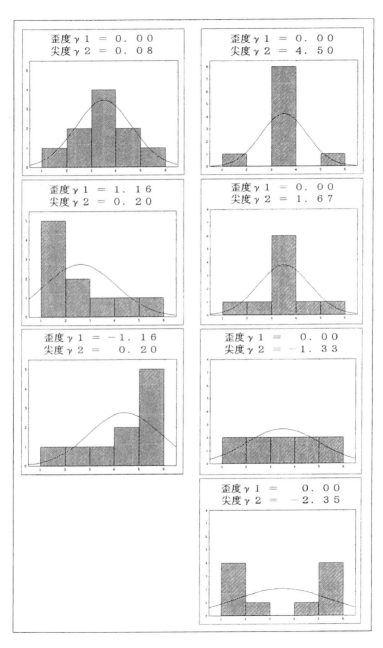

図 4.9: 歪度と尖度

きます.「どちらでもない」という項目があると,極端にこの項目を選ぶ人が多くなることがあるのは日本人の特徴でしょうか.その結果,図 4.9 の右上 (とその下) のような分布になるわけです.これを避けるため,意識的に「どちらでもない」を外して,4件法・6件法を採用することもあります.

　共分散構造分析では尖度が重要です.周辺分布をチェックした後,(Mardia の) 多変量尖度

$$\hat{\gamma}_{2,p} = E[\{(x-\mu)'\widehat{\Sigma^{-1}}(x-\mu)\}^2] - p(p+2) \tag{4.25}$$

を検討します.周辺分布の尖度 $\hat{\gamma}_2$ と $\hat{\gamma}_{2,p}$ がすべて 0 に近ければ,正規分布と判断します.統計的な目安として,

$$|(\hat{\mu}_4/\hat{\mu}_2^2 - 3)/(24/n)^{1/2}| < 1.96$$
$$|\hat{\gamma}_{2,p}/(8p(p+2)/n)^{1/2}| < 1.96 \tag{4.26}$$

であれば,正規性が成り立っていると判断して大きな間違いはないでしょう.[44] (4.26) の左辺の量を標準化された多変量尖度といいます.

　楕円分布の下では,スケールを調整した (周辺分布の) 尖度と多変量尖度

$$\frac{\gamma_{2j}}{3} \ (= \frac{\mu_{4j}}{3\mu_{2j}^2} - 1) \quad (j = 1, \cdots, p) \tag{4.27}$$

$$\frac{\gamma_{2,p}}{p(p+2)} \tag{4.28}$$

がすべて等しくなります.従って,これらの推定値がほぼ同じ大きさであるがかなり 0 から離れているとき,楕円分布と判断します.正規分布でも楕円分布でもないと判断されたときには,一般分布理論に基づく推測を行います.

　このような分析をするためには,もちろん,分散共分散行列や相関行列だけではなく,生データが必要です.

　表 4.14 に「中古車価格のデータ」の歪度・尖度を報告しています.これは EQS の標準出力です.AMOS では, 分析のプロパティ の 出力 タブで

---

[44] ここでは大標本論に基づく正規近似を用いているが,極めて大きな標本が必要であると言われている.例えば,$n = 1000$ を勧める文献もある.この意味で,検定結果はあくまでも目安にとどめる方がよい.

「正規性と異常性の検定」にチェックを入れます．CALIS では，オプション KURTOSIS を付けることで，表 4.14 とほぼ同様の情報が得られます．

EQS では，$\hat{\gamma}_{2j}$ は G2 の欄に出力されています．このデータでは，尖度と多変量尖度ともに小さな値で異常性は見当たりません．

ELLIPTICAL THEORY KURTOSIS ESTIMATES のセクションには，楕円分布論を適用するに際して必要になる尖度の推定値として何を指定しているかが書かれています．尖度の推定値はたくさん提案されています．例えば，(4.27) を使えば $\frac{1}{p}\sum_{j=1}^{p}\hat{\gamma}_{2j}$ という推定値を考えることができます．

表 4.14: 分布の吟味

```
SAMPLE STATISTICS
  UNIVARIATE STATISTICS
  --------------------
  VARIABLE        PRICE        KM        YEAR      SHAKEN
  MEAN           60.6667     5.4000     6.1667    14.0833
  SKEWNESS (G1)   0.7580     0.2361    -0.2998    -0.2246
  KURTOSIS (G2)  -0.7775    -1.1104    -0.7193    -1.3968
  STANDARD DEV.  33.8240     2.1822     2.3290     9.0399

  MULTIVARIATE KURTOSIS
  --------------------
  MARDIA'S COEFFICIENT (G2,P) = -4.2730
  NORMALIZED ESTIMATE         = -1.0683

  ELLIPTICAL THEORY KURTOSIS ESTIMATES
  ------------------------------------
  MARDIA-BASED KAPPA                    = -0.1780
  MEAN SCALED UNIVARIATE KURTOSIS       = -0.3337
  MARDIA-BASED KAPPA IS USED IN COMPUTATION.  KAPPA= -0.1780

  CASE NUMBERS WITH LARGEST CONTRIBUTION TO NORMALIZED
  ----------------------------------------------------
  CASE NUMBER       3           7            9
  ESTIMATE       2.3549     -1.5481      14.4388

  MULTIVARIATE KURTOSIS:
  --------------------
     10          12
   2.4918     -2.6265
```

(4.28) から，$\hat{\gamma}_{2,p}/p(p+2)$ も推定値として使えます．この他にも色々と提案されています．ここでは，それらの中で $\hat{\gamma}_{2,p}/p(p+2)$ を採用することを宣言しています．

そして CASE NUMBERS WITH LARGEST CONTRIBUTION TO NORMALIZED MULTIVARIATE KURTOSIS: では，データに異常値などがないかどうかをチェックします．標準化された多変量尖度は (4.26) で紹介しましたが，具体的に書けば

$$\frac{\hat{\gamma}_{2,p}}{\sqrt{8p(p+2)/n}} = \frac{1}{n} \sum_{j=1}^{n} \frac{\left\{ (x_j - \bar{x})' S^{-1} (x_j - \bar{x}) \right\}^2 - p(p+2)}{\sqrt{8p(p+2)/n}} \tag{4.29}$$

となります．ここで x_j は，j 番目の個体のデータを縦ベクトルにしたものです．このセクションでは，(4.29) の右辺のシグマ記号の中で，その絶対値が大きい個体 (被験者) が報告されています．飛びぬけて大きいのもがあれば，異常値が疑われます．ここでは，個体 9 がやや大きな値となっています．個体 9 については，図 2.17 と図 2.18 の散布図を検討したときにもその疑惑が取りざたされたことを思い出してください．

AMOS では，各個体のマハラノビスの距離

$$(x_j - \bar{x})' S^{-1} (x_j - \bar{x})$$

が出力されます．

中古車価格のデータの正規性に関して，図 2.16 の多重散布図と表 4.14 の諸統計量による吟味からは致命的な問題点は見出されませんでした．しかし，標本サイズが小さく，その異常性が確認できないだけという可能性もあります．特に，SHAKEN は正規分布にしたがわないかもしれません．

4.8.3　どの推測方法を選ぶか

統計的推測方法の選択について考えましょう．既に表 4.10 で，多くの推測方法を紹介しました．一番多くの推測方法をサポートしているのは EQS です．EQS では次の推測方法が指定できます．

　　　LS, GLS, ML, ELS, EGLS, ERLS, HKRLS, AGLS

さらに,

LS,ROBUST;

ML,ROBUST;

のように, 上記 8 種類の推定方法のそれぞれに, ",ROBUST" なるオプショ
ンを付加できます. 従って, EQS には 16 種類の推測方法が装備されてい
ることになります. これだけ推測方法があるとユーザーとしてはただただ
迷ってしまうばかりですが, ここでは, 使い分けの原則を紹介したいと思
います.

まず最初にパラメータの推定を考えます. LS は漸近有効な推定量を与
えませんが, GLS と ML は正規母集団に対して漸近有効, ELS, EGLS,
ERLS は楕円母集団に対して漸近有効, 一般の分布に対しては, AGLS[45]
が漸近有効である推定量[46]を与えます. 一方, LS は標本分散共分散行列 S
や相関行列 R の推定値が正定値行列でなくとも使え,[47] また, 不適解[48]が
一番起こりにくいという特徴があります (Ihara-Okamoto 1985). しかし
ながら, 実は理論的にはどの推定値も大きくは違わないはずなので, どれ
を使っても実質的な差はないと思われます. であるならば, 歴史があり多
くの文献で報告されている ML (最尤法) が無難です. いろいろな推定値
を比較してみて, それらの値があまりにも違う場合は, モデルやデータ
が適切でないと考えられます. この意味で, 種々の推定値の比較は分析の
チェックになります.

推定量の標準誤差やカイ 2 乗検定, 5.1 節で述べるワルド・LM 検定
を適切に行うには, 母集団分布を判断しそれに見合った推測方法を指定
する必要があります. つまり, 正規 $\implies$ ML, 楕円 $\implies$ ERLS, その他
$\implies$ AGLS を指定します. この指定を間違うとまったく異なった結論を導
く可能性があります (Hu-Bentler-Kano, 1992; 狩野 1995). AGLS は理論

---

[45] Arbitrary (distribution) Generalized Least Squares の略.
[46] 漸近有効とは, n が大きいとき標本分散共分散分散行列 S の関数として表される推定
量の族の中で一番良いという意味.
[47] R や S が正定値にならないことは, (i) 観測変数の数を p, 標本サイズを n とすると
き, $p > n-1$ である, (ii) 多分相関係数や系列相関係数に基づいて相関係数を求めた, (iii)
欠測値のあるデータセットで, 完全なペアに基づいて相関係数を計算した (変数のペアごと
に計算に組み入れる個体が異なる), などのときに生じうる. LS は, このようなときでも使
えるが, 有効な統計的推測が行うことができるかどうかは別問題である.
[48] (誤差) 分散の推定値が正の値にならないとき不適解という. 230 ページを参照のこと.

的にはどんな分布に対しても適用できるのですが，S や R だけではなく
生データが必要で，さらに，標本サイズ n が十分大きくなければなりま
せん．例えば，Hu-Bentler-Kano (1992) のシミレーションでは，3 因子
15 変数の検証的因子分析モデルで $n = 5000$ の標本が必要であると報告
されています．これらに当てはまらない状況では

```
ME=ML,ROBUST;
```

を選択するのがよいでしょう．以上を図 4.10 にまとめてあります．
　最後に適合度指標について考えます．歴史的には尤度比検定であるカイ
2 乗検定がよく用いられており，AMOS, EQS など多くのソフトウェアで
カイ 2 乗検定の結果を最初に出力します．しかしながら，カイ 2 乗検定は
以下の点でやや利用しにくいと考えられています．

(i) 帰無仮説が棄却されないときモデルを採択するというアクションを
    とる．このアクションが間違いであるという可能性は第 2 種の過誤
    β で，定量的に測ることができない．

(ii) 多変量正規性の仮定はしばしば正しくない．この仮定が崩れたとき
    の統計的推測の頑健性が明らかでない．

(iii) 標本サイズ n が小さいときカイ 2 乗近似は十分でなく，大標本では
    ほとんど必ずモデルは棄却される．

問題 (i) は，Neyman-Pearson 流の仮説検定を採用する限り避けようがな
いと思われます．少なくともカイ 2 乗検定の検出力を検討しておく必要
があります．最近の研究として MacCallum-Browne-Sugawara (1996) を
紹介しておきます．(ii) についてはかなり研究が進んできており，どのよ
うな状況でカイ 2 乗検定が頑健かそうでないのかが明らかにされつつあ
ります．それらの研究の成果が先ほど述べた種々の推測方法に活かされて
います (Shapiro-Browne 1987; Browne-Shapiro 1988; Hu-Bentler-Kano
1992).
　特に (iii) が研究者の不満をかきたてました．せっかく苦労してたくさ
んのデータを採ったのに，n が大きいとモデルが棄却されるというのは
納得がいかないというわけです．そこで，カイ 2 乗検定に代わって登場し

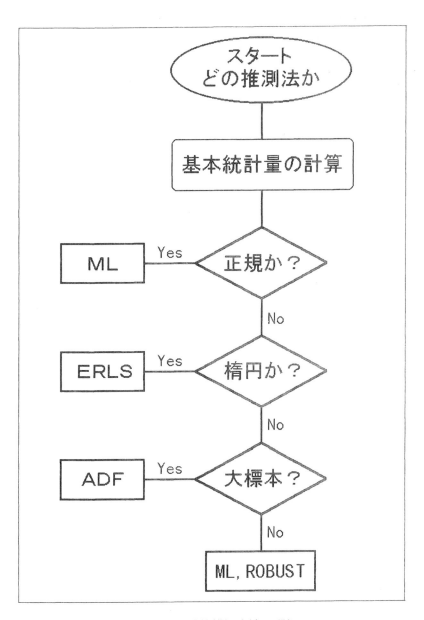

図 4.10: 統計的推測方法の選択

たのが種々の適合度指標なのですが，どの指標も理論的背景が脆弱です．
従って，現在のところ 100% 満足できるものはないのですが，標本サイ
ズ n が数百程度であればカイ 2 乗検定，$n = 500$ 前後以上であれば GFI,
CFI, RMSEA を指標にするのが妥当であろうと思われます．

第5章
モデルの修正

共分散構造分析の基本的な考え方は第4章までで紹介し終わりました. 本章では, 少し進んで, モデルを修正する方法について解説します.

回帰分析では変数選択という重要なトピックがあります. 1.3節では「中古車価格のデータ」を重回帰分析しました. 価格を決定する要因として「走行距離」「乗車年数」「車検」の3つを取り上げましたが, これで十分なのでしょうか. 概観や色なども価格の決定要因として大きな影響をもつかもしれません. 独立変数 (説明変数) として何を取り込むべきかは回帰分析では重要な問題で, 変数選択とよんでいます. 変数に与えられるF-値を参考にして, 変数を取り込んだり外したりしながら, より少ない変数 (小さなモデル) で説明力が大きくなるように変数が選ばれます.

共分散構造分析でもこのような作業が必要です. 当初想定していた共分散構造モデルが, 何の変更もしないでデータにぴったり適合する, ということは稀です. 4.7節で紹介したように, データに対する適合の良さ悪さは, カイ2乗検定や種々の適合度指標で評価します. 考えていたモデル (の適合度) をカイ2乗検定したとき, 高度に有意 (p値が0.01以下) になったり, 適合度指標であるGFIやCFIの値が0.7や0.8にしかならないと, 解析をやり直す必要性に迫られます.

解析がうまくいかないとき, その理由には大きく分けて次の3つが考えられます.

(i)　　データに問題がある

(ii)　　モデルが適切でない

(iii)　　母集団分布に合う適切な推測方法が指定されていない

「(i) データに問題がある」場合とは，異常値が混入したり，質問項目 (観測変数) が不適切で分布に大きな偏りができたりして，共分散や相関係数が適切に推定されていないことを指します．多くの場合，母集団分布には多変量正規分布を想定します．母集団分布がこの仮定から大きくずれているときは，4.8.3 節で述べたように特別な推測方法を指定する必要があります．この節では「(ii) モデルが適切でない」を取り上げ，モデルを修正する際の道しるべになる統計的指標を紹介します．

EQS と CALIS が備えている指標は LM 検定とワルド検定で，一変量版と多変量版の両方があります．一方，AMOS は修正指標 (modification index) と (一変量) ワルド検定が利用できます．

これらの統計指標は大変有効なのですが，過度に頼ってはいけません．以下の点に注意して利用する必要があります．

- 共分散構造分析をするにあたって最初のモデルが十分な理論に基づいており，データからかけ離れていないこと．
- LM 検定や修正指標の結果新しいパスや相関を導入するときは，それらに十分意味があり解釈ができること．
- これらの指標を使ったモデル修正は，データを見てからモデルに変更を加えた「後知恵」であるから，通常の統計的検定は使えない．よって，新しいデータであらためてモデルの適合度を検証することが望ましいこと．

本章では，表 5.1 の心理テスト (知能テスト) のデータを解析します．このデータは Holzinger-Swineford (1939) によって解析された 26 項目の心理テストから 9 項目を選んだものです．[1] 5.1 節では，EQS を用いて LM 検定とワルド検定を紹介し，モデル修正の考え方を解説します．CALIS によるモデル修正の手順がそれに続きます．また，5.2 節では AMOS によるモデル修正を取り上げます．

---

[1] Jöreskog (1969) が解析したものとは V_3 が異なる．$n = 145$

表 5.1: 9 つの心理テスト

	V1	V2	V3	V4	V5	V6	V7	V8	V9
V1 Visual Perception	1.000								
V2 Cubes	.318	1.000							
V3 Flags	.468	.230	1.000						
V4 Paragraph Comprehension	.335	.234	.327	1.000					
V5 Sentence Completion	.304	.157	.335	.722	1.000				
V6 Word Meaning	.326	.195	.325	.714	.685	1.000			
V7 Addition	.116	.057	.099	.203	.246	.170	1.000		
V8 Counting Dots	.314	.145	.160	.095	.181	.113	.585	1.000	
V9 Straight-Curved Capitals	.489	.239	.327	.309	.345	.280	.408	.512	1.000

5.1　LM 検定とワルド検定 (EQS, CALIS)

　図 5.1 は，表 5.1 の心理テスト (知能テスト) の検証的因子分析結果です．V_1〜V_3 は「視覚に関する能力 (視覚表象化能力)」，V_4〜V_6 は「言語能力」，V_7〜V_9 は「スピード」を測定するテスト項目として作成されています．

　このモデル (初期モデル) の適合度をカイ 2 乗検定してみると次のようになります．

カイ 2 乗値 = 44.982, 自由度 = 24, p 値 = 0.0058

　残念ながら，このように初期モデルは棄却されてしまいます．適合度を改善する一つの方法は，因子 F から観測変数 V へパスを入れ，より大きなモデルに修正することです．では，どの因子からどの変数へパスを引けばよいのでしょうか．このようなとき大いに役立つのが LM 検定 (Lagrange Multiplier test) といわれる手法です．EQS で LM 検定を実行するには，次の命令をモデルファイルに入力します．[2]

_____
[2] これは LM 検定のデフォルトで，/LMTEST を選択して OK をクリックすると，PROCESS

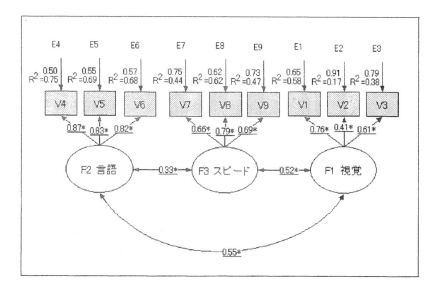

図 5.1: 9 つの心理テスト (初期モデル)

```
/LMTEST
PROCESS=SIMULTANEOUS;
SET=PVV,PFF,PDD,GVV,GVF,GFV,GFF,BVV,BVF,BFV,BFF;
```

これは，$\boxed{\text{Build\_EQS}}$ から $\boxed{\text{LMTEST}}$ を選択すれば自動的に入力されます．図 5.1 のモデルに対して LM 検定を行うと，表 5.2 の出力が得られます．PARAMETER のセクションにある「V9, F1」は，因子 F_1 から観測変数 V_9 へのパス (パス係数を λ_{91} とする) を表します．CHI-SQUARE の列に示されている数値 25.943 は，このパスを入れれば，カイ 2 乗値を 25.943 程度減少させることができることを示します．つまり，このパスを入れたモデルのカイ 2 乗値は

$$44.982 - 25.943 = 19.039 \tag{5.1}$$

程度となるはずだというわけです．自由度は $24 - 1 = 23$ ですから，このモデルはうまく適合すると予想されます．そのときのパス係数の推定値は

と SET が上述のように設定される．

PARAMETER CHANGE の列に出力されており，$\hat{\lambda}_{91} = 0.586$ ぐらいに推定されることを示しています．PROBABILITY は，仮説

$$H : \lambda_{91} = 0 \quad \text{versus} \quad A : \lambda_{91} \neq 0$$

を検定したときの，検定統計量の p 値を表しています．p 値 $= 0.000$ ですから高度に有意，つまり，$\lambda_{91} \neq 0$ となります．すなわち，F_1 から V_9 へのパスは引くべきであるという結論になります．2 行目以降も同様です．表 5.2 の出力は，パスを改善される (減少する) カイ 2 乗値の大きさの順に並べてくれたものです．

　では，仮説

$$H : \lambda_{ij} = 0 \quad \text{versus} \quad A : \lambda_{ij} \neq 0 \tag{5.2}$$

において，棄却されるすべてのパスを入れればよいのかというと，そうではありません．この例では，NO. 5 までの 5 つの p 値が 0.05 以下になっていますが，これらの検定は互いに関連しています．つまり，1 番目のパス λ_{91} を入れると，その影響で 2 番目以降の検定が有意にならない可能性があるのです．二つ以上のパスを入れるときには，一つ目のパスを入れた

表 5.2: LM 検定の結果 (一変量)

```
     LAGRANGE MULTIPLIER TEST (FOR ADDING PARAMETERS)
          ORDERED UNIVARIATE TEST STATISTICS:
 NO  CODE  PARAMETER  CHI-SQUARE  PROBABILITY  PARAMETER CHANGE
 --  ----  ---------  ----------  -----------  ----------------

  1  2 12  V9,F1       25.943       0.000            0.586
  2  2 12  V9,F2        9.525       0.002            0.260
  3  2 12  V8,F2        9.505       0.002           -0.269
  4  2 12  V7,F1        9.280       0.002           -0.348
  5  2 12  V8,F1        3.994       0.046           -0.246
  6  2 12  V1,F2        2.234       0.135           -0.236
  7  2 12  V5,F3        2.141       0.143            0.101
  8  2 12  V3,F2        1.874       0.171            0.179
  9  2 12  V1,F3        1.414       0.234            0.183
 10  2 12  V3,F3        1.354       0.245           -0.150
        ...        ...         ...          ...             ...
```

表 5.3: LM 検定の結果 (多変量)

```
         CUMULATIVE MULTIVARIATE STATISTICS
         --------------------------------
  STEP   PARAMETER   CHI-SQUARE  D.F.  PROBABILITY
  ----   ---------   ----------  ----  -----------
   1      V9,F1       25.943      1      0.000
```

後でさらに二つ目のパスを入れるべきかどうかを検討しなければなりません. このために開発された方法が多変量 LM 検定で,「複数個パスを入れるならばいくつのパスをどこに入れればよいか」を示してくれます.[3] 多変量 LM 検定では, まず Step 1 で最も有意性の高いもの (p 値が小さいもの) を取り込みます. この例では, λ_{91} です. 次に, このパスを入れた後でもう一度推定し直し, そして一変量 LM 検定を実行したとき, 5 ％有意になるものがあればそれを取り込みます (Step 2).[4] このプロセスは, 有意になる仮説がなくなるまで続けられます. この例での多変量 LM 検定の結果を表 5.3 に示しています. Step 1 しか出力されていませんから, LM 検定は F_1 から V_9 へのパスを入れるだけで十分であることを示しています.

図 5.1 の初期モデルに F_1 から V_9 へのパスを入れ再解析した結果を図 5.2 に示します. 修正後のモデルに対するカイ 2 乗値は次のようになり, 良い適合を示します.

カイ 2 乗値＝ 20.597, 自由度＝ 23, p 値＝ 0.60569

このカイ 2 乗値は (5.1) での予想値に近い値になっていることが分かります.

このように、統計学的には λ_{91} というパスを引くべきであるという結論になるのですが, このパスを引く心理学的な妥当性はあるのでしょうか. 項目 V_9 は, 大文字のアルファベットを曲線部分が有るか無いかで区別するという課題で, その回答スピードを計測したものです. この「文字形状

---

[3]多変量 LM 検定は正確でないことがある. その理由は, 正しくないモデルの推定結果に基づいて検定統計量を構成するからである. 一般的には, 多変量 LM 検定は参考程度にとどめ一変量の LM 検定結果に基づいて一つずつパスを入れていくのがよい.
[4]実際は再推定するのではなく, 代数的に算出する.

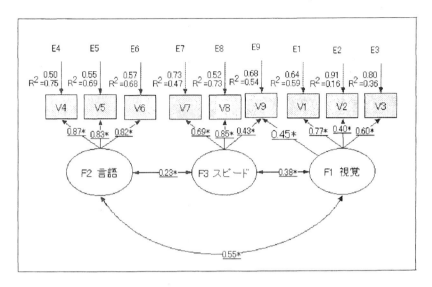

図 5.2: 9 つの心理テスト (修正後のモデル)

弁別」ともいうべき課題は，確かに処理の「F_3: スピード」を測っていま
すが，ものを見て判断する「視知覚力」にも関係すると思われます．「視知
覚力」は「F_1: 視覚表象化能力」と相関があると考えられます．それゆえ，
データは LM 検定を通じて，F_1 から V_9 へパスを引くように警告したと
考えられます．

　LM 検定を終えるにあたって，PROCESS と SET について説明しておき
ましょう．SET は，LM 検定を実行したい変数の組 (パスを入れたい変数
の組や相関を許したい変数の組) を指定します．EQS では，V，F，E，D
はそれぞれ，観測変数，潜在変数，観測変数に付随する誤差，潜在変数に
付随する誤差を表していました．P は独立変数 (Φ, Phi の P) の分散・共
分散を表します．従って，例えば PVV は観測変数で独立変数であるもの
の中で共分散 (相関) が 0 と設定してある変数の組を指定するオプション
ということになります．因子分析モデルでは，観測変数はすべて従属変数
ですから，図 5.1 のモデルでは PVV は空集合です．G と B はパス係数を
表します．G は独立変数が原因系となる場合 (Γ, Gamma の G)，B は従属

変数が原因系となる場合です。[5] 従って，現在の興味である，どの因子か
らどの観測変数へパスを引くべきかを調べるのは GVF です。

　PROCESS は，多変量 LM 検定を行うとき，どのように変数を取り込む
かを指定するオプションです。PROCESS=SIMULTANEOUS では，SET で指
定されたものすべてを候補とし，その有意性が高い (p 値が小さい) もの
から順に取り込まれます。PROCESS=SEPARATE とすれば，SET で指定され
たグループ (例えば PVV が一つのグループ) ごとに多変量 LM 検定を実
行します。

　誤差間に相関を設定すべきかどうかはデフォルトでは検討されません。
誤差相関を許すことには慎重であるべきなのでデフォルトから外してある
のですが，時には誤差相関の導入を吟味したいことがあります。このとき
は，再度 Build_EQS － LMTEST を選択して，Build LMtest ダイアロ
グから PEE を SET に加えます。すると次のようにモデルファイルが変更
されます。

```
/LMTEST
 PROCESS=SIMULTANEOUS;
 SET=PVV,PFF,PDD,GVV,GVF,GFV,GFF,BVV,BVF,BFV,BFF,PEE;
```

すると，以下の出力を得ます。

```
NO  CODE  PARAMETER  CHI-SQUARE  PROBABILITY  PARAMETER CHANGE
--  ----  ---------  ----------  -----------  ----------------
1   2  6   E8,E7       26.101       0.000          0.604
2   2 12   V9,F1       25.943       0.000          0.586
    ...      ...        ...          ...            ...
```

　LM 検定の結果は，e_7 と e_8 の間に誤差相関を許しなさい，というこ
とを述べています。つまり，「V_7: Addition (足し算)」と「V_8: Counting
Dots (点の数を数える)」の誤差間に相関を入れることを勧めています。V_7
と V_8 との間の相関が，因子「F_3: スピード」で十分に説明できず，その
他の因子[6]を導入する必要があるということですが，どうもしっくりきま
せん。この解釈よりもむしろ，「F_1: 視覚に関する能力」から，V_9 へのパ
スを引かなかったことによって分析が歪められたのではないかと考える方

---

[5] これらの記号は EQS モデルでの記号である。
[6] 例えば，数学的能力。

が自然です.

　次にワルド検定について解説します. ワルド検定は既に引いてあるパス
を外してよりシンプルなモデルを作りたいときに利用します. 図 5.2 のモ
デルで外すべきパスはあるのでしょうか. 実は, このモデルにはありませ
ん. 推定値の下線は, その係数が 0 かどうかの検定結果を示します. 検定
する仮説は (5.2) と同じで,[7] 下線が引かれていれば検定が有意, つまり,
$\lambda_{ij} \neq 0$ と判断することになり, そのパスや双方向矢印を引く価値があっ
たことを示します.

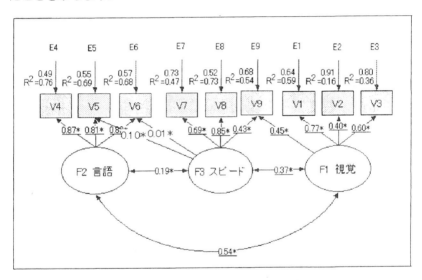

図 5.3: 9 つの心理テスト (不要なパスを入れたモデル)

　ワルド検定の有効性を実証するために, 図 5.3 のモデルを考えましょう.
このモデルは F_3 から V_5 と V_6 へ不要なパスを引いてあります. 不要に
引かれたパスの推定値を見ると, その値は 0.10, 0.01 でかなり小さく, 下
線が引かれていません. つまり, これらの係数のワルド検定は有意ではな

---

[7]ワルド検定は, $A : \lambda_{ij} \neq 0$ なるモデルの下での推定量 $\hat{\lambda}_{ij}$ を利用して検定する. この
検定法の開発者である Wald にちなんでこうよばれる. 一方, LM 検定は $H : \lambda_{ij} = 0$ な
るモデルの下で検定する. $\lambda_{ij} = 0$ は制約なので, 推定値を求める際, Lagrange Multiplier
(ラグランジュ乗数) を導入して最適化問題を解く. この乗数の推定値を利用して検定統計量
を構成するところから LM 検定の名がある. Score 検定, Rao 検定ともいわれる.

く, パスを外した方がよいことを示しています. しかも, このパスのおか
げで, F_2 と F_3 の間の共分散 ϕ_{23} が 0.19 と小さくなり有意でなくなって
しまっています. では, λ_{53}, λ_{63}, ϕ_{23} のうち, どれを 0 に固定すればよ
いのでしょうか. LM 検定のときと同様, すべてを同時に 0 とするのは
好ましくありません. これらの検定も相互に関連しており, 一つを 0 に
固定するだけで, 他の二つのワルド検定が有意になり, 0 に固定すべきで
なくなる可能性があるからです. そこで, 多変量のワルド検定を実行しま
す. そのためには, 次のような命令をモデルファイルに入力します.[8]

```
/WTEST
PVAL=0.050000;
PRIORITY=ZERO;
```

多変量ワルド検定の結果を表 5.4 に示しています. 多変量ワルド検定の
Step 1 では, まず一変量ワルド検定で p 値が最も大きいものを取り込み
ます. この例では, λ_{63} です. 次に, このパスを外した ($\lambda_{63} = 0$ とおい
た) モデルで推定, そして, 一変量ワルド検定を行い, 有意にならないも
のがあれば, その中で p 値が最も大きいものを取り込みます (Step 2). こ
の例では λ_{53} です. このプロセスを続けていき, 取り込むべきものがなく
なれば (すべての一変量ワルド検定が有意になれば) 終了です.

表 5.4: ワルド検定の結果 (多変量)

```
        WALD TEST (FOR DROPPING PARAMETERS)
   MULTIVARIATE WALD TEST BY SIMULTANEOUS PROCESS
        CUMULATIVE MULTIVARIATE STATISTICS
   ------------------------------------------
   STEP  PARAMETER  CHI-SQUARE  D.F.  PROBABILITY
   ----  ---------  ----------  ----  -----------
    1    V6,F3        0.014       1      0.907
    2    V5,F3        2.446       2      0.294
```

この例では, 多変量ワルド検定は, $\lambda_{63} = \lambda_{53} = 0$ とすれば次は取り込

---

[8]LM 検定と同様, これは /WTEST のデフォルトである. Build_EQS ─ Wald Test で入
力できる.

むべきものはない，つまり，その他の一変量ワルド検定がすべて有意になることを示します．結果として図 5.2 のモデルが選ばれます．

モデルファイルにおける PVAL=0.05 は，多変量ワルド検定で有意でない仮説 (パス) を順に取り込む際，有意水準を 0.05 に設定することを意味します．[9]

CALIS で LM 検定を実行するには，PROC CALIS の後ろに，ALL[10] または MOD のオプションを付けます．表 5.5 に因子から観測変数へのパスについての検定結果が示されています．[11] 出力は因子負荷行列の形でなされ，パスを引いてあるところには，ワルド検定の結果，すなわち，"パス係数=0" を検定するカイ 2 乗統計量が示されています．この値が $3.841(= \chi_1^2(0.05))$ を超えていれば仮説を棄却することができ，パスを引いた価値があるということになります．結果を見ると，すべてのカイ 2 乗値が大きく 3.841 を超えていますから有意ということです．

一方，パスを引いていない箇所については，(i) "パス係数=0" を検定するカイ 2 乗統計量, (ii) その p 値, (iii) パスを引いたときの推定値の予測値，以上 3 つの値が示されています．仮説が有意であれば，すなわち，p 値が 0.05 以下であれば，新たにパスを引くことを検討することになります．一番大きなカイ 2 乗値は F_1 から V_9 へのパスで，カイ 2 乗値=26.080, p 値=0.000, パス係数の予測値=0.593 となっています．従って，F_1 から V_9 へパスを引いたモデルで再推定を行う価値がありそうです．後半には LM 検定の結果をその大きさの順に並べたものが出力されています．

CALIS は，多変量ワルド検定も実行してくれます．図 5.3 のモデルにおける多変量ワルド検定の結果が表 5.7 に示されています．なお，有意水準を調整するには SLMW=0.10 などとします．[12] 分析プログラムは表 5.6 のとおりです．

これまでに見てきたように，LM 検定とワルド検定は，最初に考えたモデルをなるべく小さなモデルでデータにうまく合うよう修正していくための統計的指標です．先に述べたように，これらの検定は回帰分析で言えば

---

[9]PRIORITY=ZERO は多変量ワルド検定に取り込む帰無仮説 (パス) の順序に関するオプションである．パラメータ=0 の検定しかしない場合はこのオプションは不要．興味のある読者は EQS のマニュアルを参照されたい．

[10]ALL NOMOD とあるときは NOMOD を削除する．

[11]分析のための SAS プログラムは表 5.6 を参照のこと．

[12]デフォルトは SLMW=0.05.

表 5.5: CALIS の出力

```
╭──────────────────────────────────────────────────────────────╮
│ Lagrange Multiplier and Wald Test Indices _GAMMA_[9:3]         │
│         ----------------------------------------               │
│       | Lagrange Multiplier  or  Wald Index  |                 │
│         ----------------------------------------               │
│       | Probability | Approx Change of Value |                 │
│         ----------------------------------------               │
│                    F1                 F2                 F3     │
│   V1   66.378  [L_11]    2.243             1.416                │
│                          0.134  -0.236     0.234    0.185       │
│                                                                 │
│   V2   18.828  [L_21]    0.047             0.012                │
│                          0.828   0.025     0.914   -0.013       │
│                                                                 │
│   V3   44.857  [L_31]    1.883             1.355                │
│                          0.170   0.178     0.244   -0.152       │
│                                                                 │
│   V4   0.002          152.071  [L_42]      0.680                │
│        0.962  -0.004                       0.410   -0.056       │
│                                                                 │
│   V5   0.003          136.345  [L_52]      2.134                │
│        0.953  -0.005                       0.144    0.101       │
│                                                                 │
│   V6   0.012          131.806  [L_62]      0.360                │
│        0.911   0.010                       0.548   -0.042       │
│                                                                 │
│   V7   9.428             0.093          60.180  [L_73]          │
│        0.002  -0.353     0.760   0.026                          │
│                                                                 │
│   V8   4.072             9.487          86.376  [L_83]          │
│        0.044  -0.250     0.002  -0.270                          │
│                                                                 │
│   V9   26.080            9.468          66.299  [L_93]          │
│        0.000   0.593     0.002   0.260                          │
│                                                                 │
│                                                                 │
│ Rank order of 9 largest Lagrange multipliers in _GAMMA_        │
│        V9 : F1            V8 : F2            V9 : F2            │
│   26.0804 : 0.000    9.4874 : 0.002    9.4676 : 0.002          │
│                                                                 │
│        V7 : F1            V8 : F1            V1 : F2            │
│   9.4281 : 0.002     4.0720 : 0.044    2.2428 : 0.134          │
│                                                                 │
│        V5 : F3            V3 : F2            V1 : F3            │
│   2.1336 : 0.144     1.8832 : 0.170    1.4163 : 0.234          │
╰──────────────────────────────────────────────────────────────╯
```

変数選択です．LM 検定は変数増加法での F-値に対応します．つまり，モデルの適合度が低いときにどの変数を取り込むべきか (どこにパスを引くべきか) に関する指標です．ワルド検定は変数減少法での F-値に対応します．変数を多く取り込み過ぎているときに，どの変数を落とすべきか (パスを除くべきか) に関する指標です．

前節で少し述べましたが，これらの検定に頼りすぎるのはよくありません．特に新たにパスを引こうとする場合は，なぜそこにパスが必要なのかを分析者自身の既有知識（例えば心理学や社会学，経済学など）に照らして確認しておく必要があります．

表 5.6: 図 5.3 のモデルによる分析プログラム

```
DATA psych(TYPE=CORR);
 _TYPE_ ='CORR'; INPUT _NAME_ $ x1-x9;
CARDS;
x1 1.000  .   .   .   .   .   .   .   .
x2 .318 1.000 .   .   .   .   .   .   .
x3 .468 .230 1.000 .   .   .   .   .   .
x4 .335 .234 .327 1.000 .   .   .   .   .
x5 .304 .157 .335 .722 1.000 .   .   .   .
x6 .326 .195 .325 .714 .685 1.000 .   .   .
x7 .116 .057 .099 .203 .246 .170 1.000 .   .
x8 .314 .145 .160 .095 .181 .113 .585 1.000 .
x9 .489 .239 .327 .309 .345 .280 .408 .512 1.000
 ;
PROC CALIS DATA=psych EDF=144 ALL SLMW=.05;
 LINEQS
   x1=l_11 f1                    + e1,
   x2=l_21 f1                    + e2,
   x3=l_31 f1                    + e3,
   x4=        l_42 f2            + e4,
   x5=        l_52 f2 + l_53 f3  + e5,
   x6=        l_62 f2 + l_63 f3  + e6,
   x7=                  l_73 f3  + e7,
   x8=                  l_83 f3  + e8,
   x9=l_91 f1         + l_93 f3  + e9;
 STD
  e1-e9 = del1-del9,
  f1-f3 = 3*1.00;
 COV
  f1- f3 = phi21
           phi31 phi32;
 RUN;
```

表 5.7: CALIS による多変量ワルド検定の結果

```
           Stepwise Multivariate Wald Test
------------------------------------------------------------
           Cumulative Statistics        Univariate Increment
Parameter  Chi-Square      D.F.   Prob   Chi-Square     Prob
------------------------------------------------------------
L_63        0.015429         1   0.9011   0.015429     0.9011
L_53        2.445039         2   0.2945   2.429610     0.1191
```

5.2　AMOS によるモデル修正

　AMOS には LM 検定の代わりに修正指標[13] (modification index) が用意されているのですが，実はこれは古いタイプのもので，カイ 2 乗統計量の減少分の推定値ではなく，その下限を与えているだけです。[14] 不正確なのであまり積極的には薦められないのですが，モデル修正の参考にはなります。AMOS で修正指標を出力させるには，メニューから 表示 −
分析のプロパティ を選択して，出力 タブで修正指数にチェックを入れます。修正指数の閾値に 4 と設定すると，修正指数の値が 4 以上のものだけが出力されます。表 5.8 に修正指標の出力を載せています。因子から観測変数へのパスの中で一番指標の値が大きいものは F_1(視覚) から V_9 へのパスで，その値は 11.920 であることが分かります。

　さてここからは前節と同様，図 5.3 のモデルから，AMOS によって不要なパスを消し，よりスマートなモデルを探す方法を紹介しましょう。まず，出力ファイルから一変量ワルド検定が有意でないパラメータを探します。表 5.9 に図 5.3 のモデルによる解析結果を示しています。ワルド検定の結果は検定統計量の欄に出力されており，その絶対値が標準正規分布の上側 2.5% 点である 1.96 を超えていれば検定は有意になります。つまり，そのパスを引く価値があったということになります。この出力から，因子「スピード」から X_5, X_6 へ引いたパス (検定統計量=1.474, 0.124) と「スピード」と「言語」間の相関 (検定統計量=1.781) が有意になって

---

[13]AMOS の日本語版では修正指数と訳されている。
[14]AMOS の製作者である Albuckle 氏は，古いバージョンの修正指標はやや正確さを欠くが計算時間が短く多くの指標を検討できるというメリットがある，と述べている。

いないことが分かります.

　AMOS には多変量ワルド検定のオプションがありませんので，EQS の
ような方法は使えません．しかし，AMOS には，同時に複数個のモデル
で推定し，それらのモデルを比較検討できるという便利なオプションがあ
ります.[15]

　このオプションを実行するため，0 とおく可能性のある係数にラベルを
付け，図 5.4 のようにします．そのために，まず，パス図に推定値が表示

表 5.8: AMOS：修正指標の出力

```
       修正指数
       --------------------

       共分散：                修正指数        改善度
                             ---------      ----------
       e9 <-------> 視覚         12.513        0.247
       e9 <---> スピード          4.969       -0.150
       e9 <---------> e1         7.324        0.148
       e8 <-------> 言語          5.512       -0.144
       e7 <-------> 視覚         12.559       -0.252
       e7 <---------> e1         8.089       -0.159
       e7 <---------> e8         4.904        0.111

       分散：                  修正指数        改善度
                             ---------      ----------

       係数：                  修正指数        改善度
                             ---------      ----------
       V1 <---------- V9        4.451        0.143
       V9 <-------- 視覚        11.920        0.271
       V9 <-------- 言語         6.811        0.187
       V9 <---------- V3        5.923        0.164
       V9 <---------- V1       13.377        0.246
       V9 <---------- V5        5.315        0.155
       V9 <---------- V4        5.503        0.158
       V8 <-------- 言語         5.759       -0.164
       V8 <---------- V6        4.139       -0.131
       V8 <---------- V4        7.280       -0.173
       V7 <-------- 視覚         4.570       -0.171
       V7 <---------- V1        8.229       -0.197
```

---

　[15]正確には同時に推定するのではなく，1 回のジョブで複数個のモデルを順に推定する.
EQS6.0 にも同様のオプションが追加された.

されている場合は をクリックして入力モードに切り替えます．ラベ

ルを付けたいパスや双方向の矢印の上へカーソルを移動させ，マウスの右

ボタンをクリックして オブジェクトのプロパティ を選びます．パラメータ

のタブを選択し，係数のところに付与したいラベルを入力します．

　　まず，検定統計量が一番小さな係数は path5 ですから，このパスを外

表 5.9: AMOS 出力ファイル

最尤 (ML) 推定値

係数 :	推定値	標準誤差	検定統計量
V4 <-------- 言語	0.871	0.070	12.399
V5 <-------- 言語	0.808	0.072	11.208
V6 <-------- 言語	0.822	0.074	11.159
V7 <---- スピード	0.685	0.088	7.777
V8 <---- スピード	0.854	0.090	9.445
V9 <---- スピード	0.428	0.087	4.909
V1 <-------- 視覚	0.766	0.087	8.780
V2 <-------- 視覚	0.405	0.092	4.402
V3 <-------- 視覚	0.602	0.088	6.825
V6 <---- スピード	0.009	0.071	0.124
V5 <---- スピード	0.102	0.069	1.474
V9 <------- 視覚	0.455	0.087	5.202

共分散 :	推定値	標準誤差	検定統計量
verbal <----> speed	0.187	0.105	1.781
speed <----> visual	0.375	0.105	3.590
verbal <---> visual	0.544	0.083	6.585

分散 :	推定値	標準誤差	検定統計量
言語	1.000		
スピード	1.000		
視覚	1.000		
e4	0.241	0.052	4.613
e5	0.306	0.052	5.849
e6	0.322	0.055	5.883
e7	0.531	0.092	5.764
e8	0.271	0.110	2.472
e9	0.464	0.072	6.414
e1	0.414	0.093	4.432
e2	0.836	0.105	7.946
e3	0.637	0.093	6.840

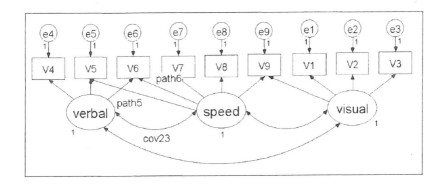

図 5.4: パス係数と相関係数にラベルを付ける

す,つまり,path5=0 とすることを決めましょう.すると残りの二つのパ
ラメータを 0 とおくかどうかで,合計 4 つのモデルを考えることができま
す.これらのモデルを同時に推定するには,メニューから モデル適合度 ー
モデルを管理 を選択します.新規作成をクリックして,path5=0 を入力
すると,図 5.5(左) ができ上がります.これが path5=0 としたモデルで,
モデル番号 2 と名付けられています.同様に,新規作成をクリックしてさ

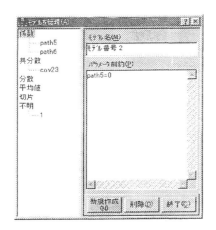
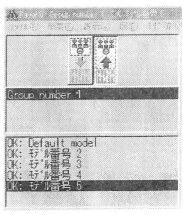

図 5.5: 複数個のモデルの同時推定

表 5.10: 5 つのモデルと制約

モデル	パラメータ制約
default model	–
モデル番号 2	path5=0
モデル番号 3	path5=0 path6=0
モデル番号 4	path5=0 cov23=0
モデル番号 5	path5=0 path6=0 cov23=0

らに 3 つのモデルを作成します. 表 5.10 にモデルとパラメータ制約をまとめています.[16] 5 つのモデルができ上がると, 図 5.5(右) のようになります.

推定結果を表 5.11 に示しています. CMIN はカイ 2 乗値, P は p 値を表しています. カイ 2 乗検定の結果ではすべてのモデルが受容されますが, cov23 を外したモデル番号 4,5 では カイ 2 乗値は他の 3 つと比べてかなり大きな値になっています. 実際, $H : cov23 = 0$ の検定をモデル番号 2, 4 とモデル番号 3, 5 に基づいて行うと

$$25.357 - 20.277 = 5.080 > 3.84 \left(= \chi_1^2(.05) \right)$$

表 5.11: 5 つのモデルの適合度

モデルの概要

モデル	NPAR	CMIN	DF	P	CMIN/DF	AIC
Default model	24	18.174	21	0.638	0.865	66.174
モデル番号 2	23	20.277	22	0.566	0.922	66.277
モデル番号 3	22	20.596	23	0.606	0.895	64.596
モデル番号 4	22	25.357	23	0.332	1.102	69.357
モデル番号 5	21	25.357	24	0.387	1.057	67.350

---

[16]モデル管理ダイアログのパラメータ制約欄には, 複数個の制約は縦に並べる.

$$25.357 - 20.596 = 4.761 > 3.84 \left(= \chi_1^2(.05)\right)$$

が得られ，両検定とも有意になります．従って，cov23≠0 と判断した方がよいでしょう．最後に，H : path6 $= 0$ をモデル番号 2, 3 に基づいて検定すると，

$$20.596 - 20.277 = 0.319 < 3.84 \left(= \chi_1^2(.05)\right)$$

となり，有意ではありません．これらのことから，path6=0 として，モデル番号 3 を選ぶことになります．

この結果は，AIC によるモデル選択の結果とも一致します．すなわち，AIC が最小となるモデルはモデル番号 3 になります (表 5.11 の最右列)．

第6章
多母集団の同時分析と
平均構造のあるモデル

本章では多母集団の同時分析を取り上げます．多母集団とは，例えば，男性と女性，中学生と高校生，アメリカ，イギリスと日本，関西と関東など，互いの構造を比較分析したい母集団 (グループ) が複数個あることをいいます．複数個の母集団で同一の因子 (潜在変数) が想定できるとき，因子が不変である，もしくは，因子不変性 (factorial invariance) が成り立つといいます．多母集団の同時分析は，因子不変性を確認する有力な方法です．

　通常，共分散構造分析では，変数の平均には興味がないのですべての変数の平均は 0 に中心化されています．しかし，状況によっては潜在変数の平均に関する分析をしたいときがあります．一つの母集団の分析では，自然な仮定の下で潜在変数の平均を導入し統計的推測を行うことができるとは限らないのですが，[1] 多母集団を同時に分析するときは，母集団間で潜在変数の平均を比較することができます．これも多母集団の同時分析のメリットです．

　表 6.1 に，小学生に施した 6 科目の心理テストのデータを示しています．データは男女二つの母集団から取られており，標本サイズは，それぞ

---

[1]測定モデルのパス係数が 1 に固定されている変量内誤差モデルでは，自然に因子の平均を考えることができる．狩野 (1997, 1 月号) では，信頼性係数一定のシンプレックス構造モデルにおいて潜在変数の平均を分析している．

れ $n = 72, 73$ です．ここでは，これらのデータに基づいて検証的因子分析を実行しましょう．

表 6.1: 6 科目の心理テストデータ: 男子 (上), 女子 (下)

```
男子のデータ (N=72)
                         V1      V2      V3      V4      V5      V6
分散共分散行列
Visual Perception        47.629
Cubes                     4.832 18.949
Lozenges                 24.086 12.941 73.154
Paragraph Complehension   7.838  3.571 10.702  9.268
Sentence Completion       7.296  2.593  9.818  8.923 17.265
Word Meaning             22.027  6.969 23.315 15.362 20.720 56.026

平均                      29.847 24.903 17.111  9.306 18.389 16.542
-----------------------------------------------------------------
女子のデータ (N=73)
                         V1      V2      V3      V4      V5      V6
分散共分散行列
Visual Perception        47.175
Cubes                    14.931 20.265
Lozenges                 26.531 17.416 61.726
Paragraph Complehension   8.335  3.356  9.056 12.516
Sentence Completion      12.645  4.036 13.228 12.864 25.197
Word Meaning             13.037  6.840 23.947 21.718 28.845 68.260

平均                      29.315 24.699 14.836 10.589 19.301 18.014
```

　これら 6 つの心理テストは，視覚 (視知覚) の能力 (visual ability) に関するテスト項目 ($V_1 \sim V_3$) と言語能力 (verbal ability) に関するテスト項目 ($V_4 \sim V_6$) とから成っています．そこで，これら二つの構成概念を因子とする検証的因子分析モデル (図 6.1) を想定します．6.1 節では，男女それぞれの母集団に視覚能力と言語能力を因子とする『同一』の検証的因子分析モデルを想定できるかどうかを検討します．『同一』と言ってもその意味はさまざまです．パス係数 (因子負荷) や分散・共分散のすべてが母集団間で等しいという最も強い条件を満たすものもあれば，因子負荷だけが等しいというやや弱い条件しか達成できないものもあります．

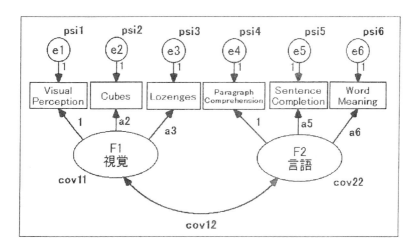

図 6.1: 検証的因子分析モデル

　表 6.1 の平均の欄を見ると，視覚に関するテスト項目 ($V_1 \sim V_3$) では男子の方が平均点が高く，言語に関するテスト項目 ($V_4 \sim V_6$) では女子の方が平均点が高いことが見て取れます．しかし，その差はわずかです．このデータから，男女で能力の平均に違いがあると言えるのでしょうか．先に述べたように，標準的な共分散構造分析では因子の平均は 0 に固定されていますが，ここでの目的を達成するためには，因子の平均を考える必要が出てきます．このモデルは 6.2 節で扱います．

6.1　多母集団の同時分析

　まず，多母集団の同時分析の典型的な手順を説明します．多母集団の同時分析を行うときは，通常，同じ観測変数 (e.g., 同じ検査) を複数個の母集団において観測したデータを扱い，同一の因子構造が想定できることを仮定します．先ほど紹介した 6 つの心理テストのデータ (表 6.1) と検証的因子分析モデル (図 6.1) を念頭におき，二つの母集団における母分散共分散行列を $\Sigma^{(\mathrm{b})}$, $\Sigma^{(\mathrm{g})}$ と書くことにします．第 3 章 の (3.13) で紹介したように，

$$
\Lambda(\boldsymbol{a}) = \begin{bmatrix} 1 & 0 \\ a2 & 0 \\ a3 & 0 \\ 0 & 1 \\ 0 & a5 \\ 0 & a6 \end{bmatrix}, \; \Phi = \begin{bmatrix} \mathrm{cov}11 & \mathrm{cov}12 \\ \mathrm{cov}12 & \mathrm{cov}22 \end{bmatrix}, \; \Psi = \begin{bmatrix} \mathrm{psi}1 & & \\ & \ddots & \\ & & \mathrm{psi}6 \end{bmatrix}
$$

とおくと，検証的因子分析モデルは次のように表すことができます．

$$
\begin{aligned}
\text{男子グループ:} \quad \Sigma^{(b)} &= \Lambda(\boldsymbol{a}^{(b)})\Phi^{(b)}\Lambda(\boldsymbol{a}^{(b)})' + \Psi^{(b)} \\
\text{女子グループ:} \quad \Sigma^{(g)} &= \Lambda(\boldsymbol{a}^{(g)})\Phi^{(g)}\Lambda(\boldsymbol{a}^{(g)})' + \Psi^{(g)}
\end{aligned} \tag{6.1}
$$

ここで，$\boldsymbol{a}^{(b)}$ と $\boldsymbol{a}^{(g)}$ は，それぞれ男子グループと女子グループの因子負荷を表し，分析の最初では，それらの値はグループごとに異なってもよいとします．$\Phi^{(b)}$, $\Phi^{(g)}$, $\Psi^{(b)}$, $\Psi^{(g)}$ も同様です．

　同一の因子構造とは，(6.1) のようにモデルは同じでパラメータの値は異なるかもしれないという状況を指します．さらに，多母集団の解析に進む前に，個々の母集団における解析で想定したモデルが当てはまっていることを確認しておく必要があります．つまり，適合度検定

$$
H : \Sigma^{(b)} = \Lambda(\boldsymbol{a}^{(b)})\Phi^{(b)}\Lambda(\boldsymbol{a}^{(b)})' + \Psi^{(b)} \quad \text{versus} \quad A : \text{not } H \tag{6.2}
$$

$$
H : \Sigma^{(g)} = \Lambda(\boldsymbol{a}^{(g)})\Phi^{(g)}\Lambda(\boldsymbol{a}^{(g)})' + \Psi^{(g)} \quad \text{versus} \quad A : \text{not } H \tag{6.3}
$$

で帰無仮説が受容されることが必要です．

　複数個の母集団を比較するということからまず頭に浮かぶのは，分散共分散行列の相等性の検討でしょう．この検討をこの時点で行うべきかどうかはなんとも言えませんが，重要な情報をもたらすことがあるので，どこかでやっておく必要があります．検定すべき仮説は次のようになります．

$$
H : \Sigma^{(b)} = \Sigma^{(g)} \quad \text{versus} \quad A : \Sigma^{(b)} \neq \Sigma^{(g)} \tag{6.4}
$$

もし，帰無仮説が受容されたならば，二つの母集団に対して同じモデルが適用できる可能性があります．$\Sigma^{(b)} = \Sigma^{(g)}$ なのだから，いつも同一のモデルが当てはまるのではないかと考えるかもしれませんが，実はそうではありません．帰無仮説が受容されたということは，有意な差が見出せなかったということだけで，例えば標本サイズを大きくして検出力を上げる

と，棄却されることも十分考えられるからです．また，適切な構造を仮定できれば (標本サイズを大きくせずとも)，分散共分散行列の違いを検出できることもあります．一方，仮説が棄却され，$\Sigma^{(b)} \neq \Sigma^{(g)}$ と判断されたときはどのように対処すればよいのでしょうか．分散共分散行列が異なるのだから同時に解析してもムダ，とは考えないでください．因子分析で考えれば，母集団間で，共通因子による影響は等しいけれども固有因子 (誤差変数) の影響が異なる，ということが起こりえます．これは貴重な情報です．以上のことを念頭においた上で，(6.4) の検定結果によらず，次の仮説検定に進みます．

$$H : \begin{cases} \Sigma^{(b)} = \Lambda(a^{(b)})\Phi^{(b)}\Lambda(a^{(b)})' + \Psi^{(b)} \\ \Sigma^{(g)} = \Lambda(a^{(g)})\Phi^{(g)}\Lambda(a^{(g)})' + \Psi^{(g)} \end{cases} \text{versus} \quad A : \text{not } H \quad (6.5)$$

この検定は (6.2), (6.3) とよく似ています．(6.2), (6.3) ではモデルの適合度を個々の母集団で検討しようとしており，検定を複数回実行するので，トータルの有意水準が指定されている α (以下) になりません．一方，(6.5) は同時に検定するのでそのような問題は生じません．そのため，(6.2), (6.3) の二つの検定でモデルが棄却されないのに，(6.5) では棄却されるということが起こりえます．検定結果が食い違うときでも，((6.2), (6.3) で OK なのだから) モデルは当てはまっているとみなして次の段階に進むこともあります．なお，(6.2), (6.3) でのカイ 2 乗検定統計量を $T^{(b)}, T^{(g)}$，自由度を f とすると，(6.5) のための検定統計量は，

$$T_0 = T^{(b)} + T^{(g)}$$

であり，その自由度は $2f$ となります．

　この段階をクリアするといよいよ同時分析に移ります．最初に検定する仮説は，(6.5) で，$a^{(b)} = a^{(g)}(= a$ と書く) とおいたもので，次のようになります．

$$H : \begin{cases} \Sigma^{(b)} = \Lambda(a)\Phi^{(b)}\Lambda(a)' + \Psi^{(b)} \\ \Sigma^{(g)} = \Lambda(a)\Phi^{(g)}\Lambda(a)' + \Psi^{(g)} \end{cases} \text{versus} \quad A : \text{not } H \quad (6.6)$$

この仮説は因子負荷が母集団によらず同一の値になることを意味します．もしこの仮説が受容されたならば，各母集団において同じ因子が存在するということの有力な証拠になります．

表 6.2: 多母集団同時分析の手順

モデル番号: No.	等値条件
0 (配置不変)	等値条件なし
1 (測定不変)	$a^{(\mathrm{b})} = a^{(\mathrm{g})}$
2	$a^{(\mathrm{b})} = a^{(\mathrm{g})}$, $\Phi^{(\mathrm{b})} = \Phi^{(\mathrm{g})}$
3	$a^{(\mathrm{b})} = a^{(\mathrm{g})}$, $\Psi^{(\mathrm{b})} = \Psi^{(\mathrm{g})}$
4	$a^{(\mathrm{b})} = a^{(\mathrm{g})}$, $\Phi^{(\mathrm{b})} = \Phi^{(\mathrm{g})}$, $\Psi^{(\mathrm{b})} = \Psi^{(\mathrm{g})}$

　表 6.2 に多母集団の同時分析の手順をまとめてあります. (6.6) の検定はモデル 1 の検定になります. そのための検定統計量を T_1 とします. また, (6.5) の検定はモデル 0 の検定です. モデル 0 が受容されたときを配置不変 (configural invariance), モデル 1 が受容されたときを測定不変 (metric invariance) であるといいます (Thurstone 1947; Horn-McArdle-Mason 1983).

　(6.6) の検定は, 各母集団が「因子負荷が等しい検証的因子分析モデルにしたがう」かどうかを調べています. 一方, 検証的因子分析モデルにしたがうことは前提として認めて, 因子負荷の相等性だけを検定することもあります. このための仮説は以下のようになります.

$$H : \begin{cases} \Sigma^{(\mathrm{b})} = \Lambda(a)\Phi^{(\mathrm{b})}\Lambda(a)' + \Psi^{(\mathrm{b})} \\ \Sigma^{(\mathrm{g})} = \Lambda(a)\Phi^{(\mathrm{g})}\Lambda(a)' + \Psi^{(\mathrm{g})} \end{cases} \quad \text{versus}$$

$$A : \begin{cases} \Sigma^{(\mathrm{b})} = \Lambda(a^{(\mathrm{b})})\Phi^{(\mathrm{b})}\Lambda(a^{(\mathrm{b})})' + \Psi^{(\mathrm{b})} \\ \Sigma^{(\mathrm{g})} = \Lambda(a^{(\mathrm{g})})\Phi^{(\mathrm{g})}\Lambda(a^{(\mathrm{g})})' + \Psi^{(\mathrm{g})} \end{cases} \quad (6.7)$$

(6.7) の仮説を検定するための統計量は

$$T_1 - T_0$$

となります.

　さて, 仮説 (6.6) (または, モデル 1) では因子の分散共分散行列が母集団間で異なることを認めています. そこで, 次に検定するのは, 因子間の

分散・共分散が同じである，つまり，$\Phi^{(b)} = \Phi^{(g)}(= \Phi$ と書く) となるモデルの適合性です．検定すべき仮説は

$$H : \begin{cases} \Sigma^{(b)} = \Lambda(\boldsymbol{a})\Phi\Lambda(\boldsymbol{a})' + \Psi^{(b)} \\ \Sigma^{(g)} = \Lambda(\boldsymbol{a})\Phi\Lambda(\boldsymbol{a})' + \Psi^{(g)} \end{cases} \text{versus} \quad A : \text{not} \quad H \qquad (6.8)$$

であり，このモデルが成立すれば，因子の相等性がかなりの信頼度でもって主張できることになります．

　(6.8) の仮説を検定するための統計量を T_2 とすると，モデル1を認めた下で $\Phi^{(b)} = \Phi^{(g)}$ を検定するための統計量は

$$T_2 - T_1$$

です．

　以下この考え方を進めて，$\Psi^{(b)} = \Psi^{(g)}$ となるモデル (モデル3)，また，$\Phi^{(b)} = \Phi^{(g)}$，$\Psi^{(b)} = \Psi^{(g)}$ を仮定する，つまり，すべてのパラメータが等しいとおくモデル (モデル4) を検討します．モデル4は，共分散構造がまったく等しい，つまり，データの発生メカニズムが母集団間で同一であるという強い条件を仮定しています．この検定は，検証的因子分析モデルを仮定した上での「分散共分散行列の相等性の検定」と解釈することができます．一般に，適切なモデルを想定すると検出力が上がります．そのため，(6.4) によって $\Sigma^{(b)} = \Sigma^{(g)}$ と判断され，(6.5) によって両母集団に検証的因子分析モデルが当てはまると解釈されても，モデル4の検定で帰無仮説が棄却されることがあります．

　モデル2とモデル3ではどちらを先に検討してもかまいません．モデル3では，共通因子の分散共分散行列が異なるのに固有因子 (誤差分散) が等しいことを仮定しています．この仮説に違和感を覚える人もいると思いますが，実はこの状況はよく起こります．本書の例ではグループを男女で分けましたが，例えば，「F_1: 視覚能力」が高いと思われる被験者のグループ (グループ1) と「F_2: 言語能力」が高いと思われる被験者のグループ (グループ2) に対して同時分析をしたとしましょう．グループ1は，因子 F_1 の値が高い被験者の集まりなので F_1 の分散は小さくなります．一方，被験者の F_2 は多様ですから F_2 の分散は大きくなります．グループ2の方は逆で，F_1 の分散が大きくなり F_2 の分散が小さくなります．このように，因子の分散・共分散は母集団の規定の仕方に依存することがあります．

表 6.3: 検定結果

No.	χ^2-値 (df)	p 値	等値条件の検定 (df)	p 値
0	$T_0 = 16.479(16)$	.420	—	
1	$T_1 = 18.291(20)$	.568	$T_1 - T_0 = 1.812(4)$	.770
2	$T_2 = 22.036(23)$	.518	$T_2 - T_1 = 3.745(3)$	.290
3	$T_3 = 22.882(26)$	.640	$T_3 - T_1 = 4.591(6)$	.597
4	$T_4 = 26.017(29)$	.625	$T_4 - T_2 = 3.981(6)$	.679
			$T_4 - T_3 = 3.135(3)$	.371

　因子分析では因子の尺度を決めるため，普通は因子の分散を 1 に固定します．しかし，多母集団の同時分析では，先に述べたように母集団によって因子の分散・共分散が変化する可能性があるので，因子負荷を 1 に固定することにより因子の尺度を定めます．
　表 6.2 に示されている 5 つのモデル (等値条件) に基づいて，6 科目の

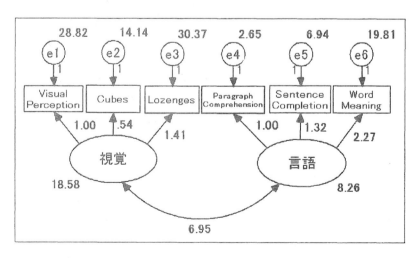

図 6.2: モデル 4 の推定値 (男女共通)

心理テストのデータを分析した結果を表 6.3 に示します.[2] このデータに対しては，最も制約が強いモデル 4 が当てはまることが分かります. モデル 4 の推定値を図 6.2 で報告しています.

　この分析の手順を以下の節で解説します. なお，CALIS では残念ながら多母集団の同時分析は実行できません.

6.1.1　AMOS

　AMOS のパス図描画機能は多母集団の同時分析に完全に対応しています. まず，データファイルを作成しましょう. 男子のデータのファイルと女子のデータのファイルが必要ですが，MS-Excel を使うと，それぞれを別のシートに収めることで，一つのファイルにできます. シートに "男子" と "女子" の名前を付けておきましょう (図 6.3). 6.2 節で平均構造のあるモデルを用いた分析を行うので，平均のデータも入れておきましょう. 次に，AMOS でデータファイルを指定します. どのシートのデータ

rowtype_	varname_	Visual Perception	Cubes	Lozenges	Paragraph Comprehensi	Sentence Completion	Word Meaning
n		72	72	72	72	72	72
cov	Visual Perception	47.629					
cov	Cubes	4.832	10.949				
cov	Lozenges	24.086	12.941	73.154			
cov	Paragraph Comprehensi	7.838	3.571	10.702	9.268		
cov	Sentence Completion	7.296	2.593	9.818	8.923	17.265	
cov	Word Meaning	22.027	6.969	23.315	15.362	20.72	56.026
mean		29.847	24.903	17.111	9.306	18.389	16.542

図 6.3: データファイル

を使うのかと聞いてくるので，とりあえず "男子" を選んでおきます. 続いて，図 6.4 のようなパス図を描きます. キャプションには，メニューから 図 ├ 図のキャプション を選択して，以下のように入力します:

----

[2] 初版では,「等置」(equate) を用いていたが,「等値」の方が誤解を招きにくいと判断し変更した.

検証的因子分析 : ¥group のサンプル
¥format
カイ 2 乗値 (df)=¥cmin (¥df) p 値=¥p

次に，再びメニューから モデル適合度 ┤ グループ管理 を選択して現在のグ
ループを "Group number 1" から "男子"に変更します.[3] AMOS のウィ
ンドウ左上にあるグループの名称で Group number 1 とあったのが，"男
子"に変更され，キャプションにも "男子のサンプル"と表示されます.[4] こ
の段階で分析を実行し，エラーが出ないかどうかをチェックしてみるとよ
いでしょう．例えば，変数名の付け方でトラブルが起こることがあります．
図 6.3 における変数名は 2 行にわたっていますが，実は 1 行であって折り
返して表示しています．パス図 (図 6.4) の観測変数の名称が 2 行にわたっ
ているのは，オブジェクトのプロパティで変数のラベルを 2 行で入力して
いるからです．例えば，図 6.5 のようにします．

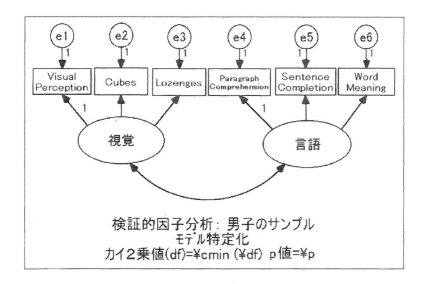

図 6.4: 検証的因子分析モデル: モデル 0

---

[3]多母集団の解析では，母集団をグループ (Group) とよぶ.
[4]キャプションの表示が変わらないときは 図 ┤ 図を書き直す を実行する.

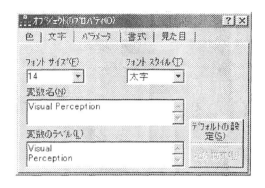

図 6.5: 変数名と異なった変数のラベルをつける

　最後に，グループ "女子" のデータの設定とモデルを指定します．再度メニューから モデル適合度 ─ グループ管理 を選択し，新規作成をクリックし，グループ名 "女子" を入力しましょう． 終了 をクリックすると，女子のグループができます．次に，データファイルを男子の場合と同様に指定します．

　以上でモデルのセットアップは終了です．  をクリックしてこのモデルで分析し， をクリックして分析結果を見てみましょう (図 6.6).グループの切り替えは，AMOS 左上の "男子" "女子" をクリックして行います．これは等値制約をまったくおかないモデルによるものですから，モデル 0 での解析です．

　次にモデル 1 で推定しましょう．モデルを再設定するために を クリックします．パス係数を等しく制約して分析するためには同一のラベルを付ける必要があります．潜在変数から観測変数への 4 つのパス係数をグループ間で等しくするには，それらのパスのオブジェクトのプロパティで，係数の欄に a2, a3, a5, a6 などと順に入力します．その際，"全グループ" にチェックを入れます (図 6.7)．これは，すべてのグループに同一のラベルを (自動的に) 付けるという意味です．図 6.8 のようなパス図ができ

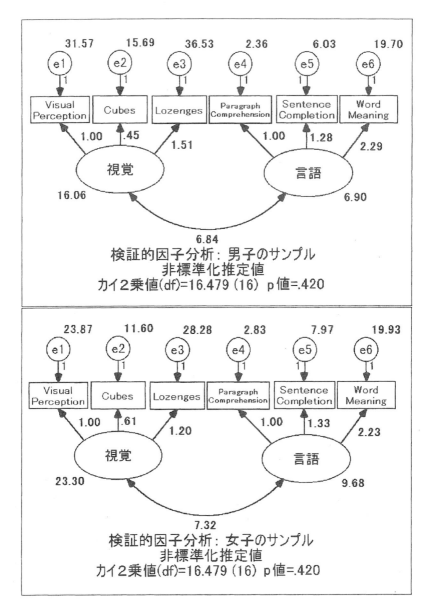

図 6.6: 推定結果: モデル 0

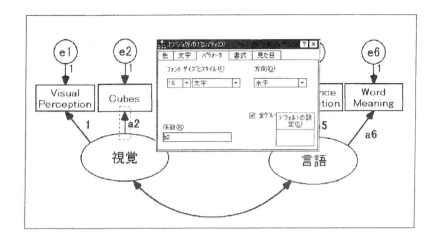

図 6.7: パス係数にラベルを付ける

上がったでしょうか. グループを切り替えて同じようにラベルが付いているか確認しておきましょう.

　モデル 2, 3, 4 をパス図で表すのも同様です. 等値したい分散・共分散

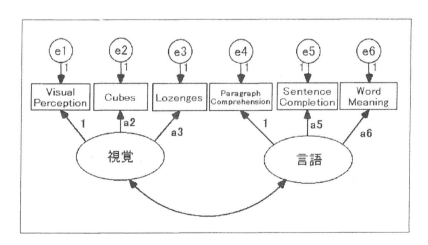

図 6.8: モデル 1 のパス図

に同一のラベル (cov11, cov12, cov22, psi1,…) を付けるだけですので省略します．オブジェクトのプロパティで「全グループ」にチェックするのを忘れないでください．ちなみに図 6.1 はモデル 4 のパス図です．

6.1.2　EQS

EQS のパス図は多母集団の分析には対応していません．しかし，モデルファイルの作成については，ほとんどの入力がマウスでできるようになっています．

まず，2.3.2 節で紹介した方法で，男子と女子のデータファイル (boy.ess,

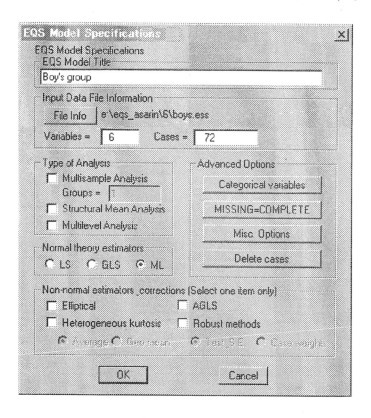

図 6.9: 多母集団同時分析の設定

girl.ess) を作成し保存します.[5] 6.2 節で平均構造のあるモデルを考える際には,各観測変数の平均値のデータが必要になります.そこで,2.3.2 節では何も入力しなかった _MEAN_ 行にもデータを入力しておきましょう.データファイルを一つ開き (ここでは,boy.ess を開いた),Build EQS – Title/Specifications を選ぶと EQS Model Specifications ダイアログが現われます (図 6.9).モデルのタイトルは,ここでは,

Boy's group

と入力しました.次に,多母集団の同時分析を指定するために,Type of Analysis で Multisample Analysis にチェックを入れ,Group の数を 2 とします. File Info をクリックして,データファイル名 (File Name) を確認し,入力データのタイプが ESS covariance/correlation matrix file になっていることを確認して,Continue ボタンをクリックしてください.前の画面に戻り,観測変数の数 (Variables),個体数 (Cases) も正しいかど

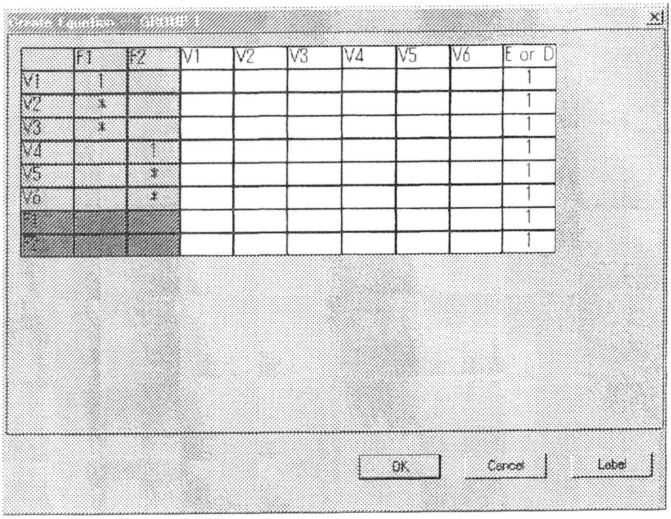

図 6.10: 方程式の設定

<hr>

[5]*.ess ファイルを複数個同時に開かない方がよい.boy.ess を作成し保存したら,このファイルを閉じてから girl.ess を作成する.

うか確認して OK ボタンを押します．これで，モデルファイル boy.eqx
が自動的に生成されます．

　次に，| Build_EQS |—| Equations | を選択し，Create New Equations で因
子数 (Number of Factors) を 2 にして OK ボタンを押します．Create
Equation ダイアログ (図 6.10) では方程式を設定します．このモデルでは，
F_1 が $V_1 \sim V_3$ へ影響を及ぼし F_2 は $V_4 \sim V_6$ へ影響を及ぼすので，セル
をマウスでクリックし，図 6.10 のように入力します．この例では，図 6.4
を見れば分かるように，F_1 から V_1 と F_2 から V_4 へのパス係数を 1 に固
定する必要があります．3.5 節で紹介したように，マウスで一定範囲をド
ラッグすることにより，一度に方程式を設定することも可能です．この場
合は，F_1 列の V_1 から V_3 までをマウスでドラッグして点線で囲み，Select
type of paths で Fix one and free others (選択した変数のうち一つのパス
係数を 1 に固定し，その他を推定する) を選択します．F_2 に関しても同様
に設定し，OK ボタンをクリックすると Create Variance/Covariance ダ
イアログが開きます．ここでは独立変数の分散・共分散を指定するのです
が，分散については，デフォルトですべてが推定すべきパラメータとして
設定されているので，因子 F_1 と F_2 の共分散に * を入れ，OK ボタン
をクリックします (図 6.11)．以上でグループ 1 (Boy's group) の設定が
終わります．

　再び EQS Model Specifications ダイアログが開くので，ここにはグルー
プ 2 のタイトルを入れます．ここでは

Girl's group

と入力しました．基本的にはグループ 1 でのプロセスとまったく同じこと
を繰り返せばいいのですが，分析するデータは girl.ess ですから，デー
タの情報を変更する必要があります．Input Data File Information の File
Info ボタンをクリックして，Input Data Specifications ダイアログを開
きます．データファイル名を変更するためには，File Name ボタンをク
リックして，girl.ess を選択し，「開く」ボタンをクリックしてくださ
い．先ほどの画面に戻ると，ファイル名が変更され，観測変数の数，個体
数が girl.ess のものになっているはずです．Continue ボタンを押して，
Input Data Specifications ダイアログに戻ります．以後，グループ 1 で
のプロセスと全く同じプロセスを繰り返します．今回のモデルはグループ

表 6.4: EQS モデルファイル: モデル 0

```
/TITLE
 Boy's group
/SPECIFICATIONS
 DATA='D:\GRAPHCSA\BOY.ESS'; VARIABLES=6; CASES=72; GROUP=2;
 METHODS=ML; MATRIX=COVARIANCE; ANALYSIS=COVARIANCE;
/LABELS
 V1=V1; V2=V2; V3=V3; V4=V4; V5=V5; V6=V6;
/EQUATIONS
 V1 =  + 1F1  + E1;
 V2 =  + *F1  + E2;
 V3 =  + *F1  + E3;
 V4 =  + 1F2  + E4;
 V5 =  + *F2  + E5;
 V6 =  + *F2  + E6;
/VARIANCES
 F1 = *;
 F2 = *;
 E1 = *;
 E2 = *;
 E3 = *;
 E4 = *;
 E5 = *;
 E6 = *;
/COVARIANCES
 F2 , F1 = *;
/STANDARD DEVIATION
/MEANS
/END
/TITLE
 Girl's group
/SPECIFICATIONS
 DATA='D:\GRAPHCSA\GIRL.ESS'; VARIABLES=6; CASES=73;
 METHODS=ML; MATRIX=COVARIANCE; ANALYSIS=COVARIANCE;
/LABELS
 V1=V1; V2=V2; V3=V3; V4=V4; V5=V5; V6=V6;
/EQUATIONS
 V1 =  + 1F1  + E1;
 V2 =  + *F1  + E2;
 V3 =  + *F1  + E3;
 V4 =  + 1F2  + E4;
 V5 =  + *F2  + E5;
 V6 =  + *F2  + E6;
/VARIANCES
 F1 = *;
 F2 = *;
 E1 = *;
 E2 = *;
 E3 = *;
 E4 = *;
 E5 = *;
 E6 = *;
/COVARIANCES
 F2 , F1 = *;
/STANDARD DEVIATION
/MEANS
/END
```

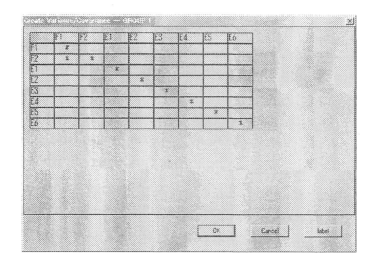

図 6.11: 分散・共分散の設定

1 と 2 がまったく同じなので，どのダイアログでも OK ボタンをクリックします．すると再び boy.eqx が開きますが，先ほど生成されたモデルファイルの末尾に続いて，グループ 2 に関するモデルファイルが生成されています．これで，多母集団の同時分析のモデルファイルが作成できたことになります．

では，作成されたモデルファイル (表 6.4) を実行してみましょう．$\boxed{\text{Build\_EQS}}$ $\boxed{\text{Run EQS}}$ を選択，適当なファイル名 (ここでは tabo0.eqx としました) を付けて EQS モデルファイルを保存すれば，EQS は直ちに解析を実行します．

·今作成したものは，グループ間に等値条件のないモデル 0 です．出力ファイルの最後にカイ 2 乗値などが出力されていますから，表 6.3 と合うかどうかを確認しましょう．

続いてモデル 1 での解析に移ります．グループ間でパス係数などが等しいという制約は，グループ 2 の最後 (最終行にある /END の直前) に書きます (表 6.5)．制約式が成立しているかどうかを検討するためには LM 検定が便利で，そのためのコマンドが /LMTEST です．

表 6.5: EQS モデルファイル: モデル 1

```
     ......
/COVARIANCES
F2 , F1 = *;
/LMTEST
/CONSTRAINTS
(1,V2,F1)=(2,V2,F1);
(1,V3,F1)=(2,V3,F1);
(1,V5,F2)=(2,V5,F2);
(1,V6,F2)=(2,V6,F2);
/END
```

　これらの制約を作成するために, Build_EQS ー Constraints を選択しま
す (図 6.12). そして, 図 6.12 にあるように Parameter List から 4 つ
の制約式の組を選択し, > をクリックして Constraint Equations に移
動させます. あるいは, Predefined Constraints を用いると, 制約式を一
気に指定することも可能です. モデル 1 の場合は, Constrain all factor

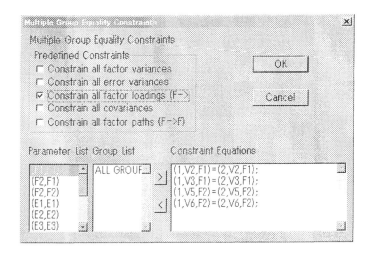

図 6.12: 等値制約の設定

loadings (すべての因子負荷量に制約を入れる) を選択します. すべての制約が設定できたら OK ボタンをクリックしてダイアログを閉じます. これらの制約式の意味を簡単に説明しておきます. (1,V2,F1) の第 1 成分はグループ番号を表し，第 2, 3 成分は F_1 から V_2 へのパス係数を表します. (1,F2,F1) はグループ 1 の $\mathrm{Cov}(F_2, F_1)$ を表します. 従って，モデル 2 の制約式としては,

```
(1,F1,F1)=(2,F1,F1);
(1,F2,F1)=(2,F2,F1);
(1,F2,F2)=(2,F2,F2);
```

を /CONSTRAINTS に追加することになります. Predefined Constraints で,
Constrain all factor variances を選択するとこれらの制約式が追加されます. 誤差分散が等しいという制約式は

```
(1,E1,E1)=(2,E1,E1);
(1,E2,E2)=(2,E2,E2);
        .........
```

となります. Predefined Constraints で, Constrain all error variances を選択すると, すべての誤差分散に関する制約式が設定できます.

6.2　平均に構造を考える

6.2.1　考え方と分析例

観測変数や潜在変数に平均を考えないときは，平均が 0 になるように変換しておいて，次のような回帰式を考えていました.

$$V_2 = a_2 F_1 + e_1$$
$$\mathrm{E}[F_1] = 0$$

変数に平均を考えるときの回帰式は次のようになります.

$$V_2 = m_2 + a_2 F_1 + e_1$$
$$\mathrm{E}[F_1] = \alpha_1 \tag{6.9}$$

m_2 を切片, α_1 を因子平均といいます. 本節では母集団間で因子平均に差があるかどうかを検討する方法を紹介します.

(6.9) の代わりに誤差変数 d_1 を導入して

$$V_2 = m_2 + a_2 F_1 + e_1$$
$$F_1 = \alpha_1 + d_1$$

と書き改めると, α_1 も切片と解釈でき, 因子平均と切片を区別することなく統一的に扱うことができます. さらに, 1 という (定数) 変数を導入して

$$V_2 = m_2 1 + a_2 F_1 + e_1$$
$$F_1 = \alpha_1 1 + d_1 \tag{6.10}$$

と書くと, m_2 や α_1 は普通のパス係数として扱うことができます. EQS では, この変数 1 を V999 で表し, EQS モデルファイルでは (6.10) を

```
V2 = *V999 + *F1 + E1;
F1 = *V999 + D1;
```
(6.11)

のように記述します.

観測変数 V_2 の平均は次のように計算できます.

$$E[V_2] = m_2 + a_2 E[F_1] = m_2 + a_2 \alpha_1$$

表 6.1 から, V_2 の平均は, 男子は 24.903, 女子は 24.699 となっています. そこで, それぞれのグループにおける因子「F_1: 視覚 (能力 1)」の因子平均を $\alpha_1^{(b)}$, $\alpha_1^{(g)}$ とすると, 少なくとも近似的には

$$\begin{cases} 24.903 = m_2 + 0.54\alpha_1^{(b)} \\ 24.699 = m_2 + 0.54\alpha_1^{(g)} \end{cases} \tag{6.12}$$

が成立します. ここで 0.54 は因子負荷 a_2 の推定値です (図 6.2 を参照). ここで注意して欲しいのは, 切片 m_2 が各グループに対して共通, すなわち, 各テストの切片の大きさは男女間で差がないという設定になっていることです. これは, 平均構造モデルで最も頻繁に用いられる仮定です. まったく同じテストをしたのだから, 男女間で平均に差があるとすれば, 能力すなわち因子平均に差があるはずであるということを意味しています.

さて，連立方程式 (6.12) で，推定すべき未知数は，m_2, $\alpha_1^{(b)}$, $\alpha_1^{(g)}$ の 3 つですが，方程式は二つしかありません．従って，このままでは，この連立方程式を解くことができません．しかし，因子の平均はどこに定めてもよかったことを思い出してください．F_1 は視覚能力を表していましたが，例えば，視覚能力の平均が

$$\left\{ \begin{array}{rcl} \alpha_1^{(b)} & = & 101 \\ \alpha_1^{(g)} & = & 99 \end{array} \right.$$

であったとしても

$$\left\{ \begin{array}{rcl} \alpha_1^{(b)} & = & +1 \\ \alpha_1^{(g)} & = & -1 \end{array} \right.$$

であったとしても，まったく違いはありません．前者は心理テストを 100 を中心として採点し，後者は 0 を中心として採点しただけだからです．重要なのは男子と女子とで平均に 2 点の差があることです．この意味で，平均構造のある多母集団の解析では，一つの母集団の因子平均を 0 に固定します．ここでは，例えば，男子グループの平均を 0 に固定，つまり，

$$\alpha_1^{(b)} = 0$$

としましょう．言語 (能力) の方も同様に，男子グループの平均を 0 に固定します．このとき，女子グループの平均は男子グループの平均からの差を表すことになります．

　因子平均の解析を行う前提は，(平均構造のない) 多母集団の同時分析が行われていて，少なくとも測定不変性 (表 6.2) が確認できていることです．[6] ここでは，前節で検討したモデル 4 (図 6.1, 図 6.2: すべてのパラメータがグループ間で等しい) に基づいて，因子平均の解析をします．因子負荷と因子相関がグループ間で等しいと判断されたときは，因子の分散を 1 に固定する解が分かりやすいのですが，モデル 4 での制約 (パスを 1 に固定) の方が一般性があるので，[7] ここではこの制約の下での分析を紹介します．

---

[6]測定不変でないモデルにおいても因子平均を比較することがある．例えば，Byrne-Shavelson-Muthén (1989) を参照のこと．

[7]ここでの例のように，すべてのパラメータ (因子負荷，因子の分散・共分散，誤差分散) がグループ間で等しいというモデルが適合することはあまりない．

具体的には，男子グループの「視覚能力」と「言語能力」の因子平均を 0 に固定し，女子グループの因子平均を推定するモデル (モデル A とよぶ) を考えます (表 6.6).

表 6.6: 因子平均 (モデル A)

	男子のグループ	女子のグループ
F_1: 視覚 (能力)	0	?
F_2: 言語 (能力)	0	?

このモデル A と，両グループとも因子平均が 0 であるというモデル B(因子平均に差がないというモデル) との分析結果を比較することにより，以下のことを検討します.

- モデル A とモデル B はデータに適合するか？
- モデル A で女子グループの因子平均は有意に 0 から離れているか？
- グループ間で因子平均に違いがあるならば，観測変数の平均で見られた特徴 —— 視覚に関する項目の点数は男子グループが高く，言語に関する項目の点数は女子グループが高い —— が因子平均で確認できるか？

表 6.7: 平均構造モデルの分析結果

```
              *** モデル評価 ***
   モデル      カイ 2 乗値      DF       P         AIC
----------  ----------    ----    -------   --------
   モデル A    30.190        33     0.608     72.190
   モデル B    38.450        35     0.316     76.450
              *** 女子の因子平均 (男女差) ***
              視覚能力     言語能力
              --------    --------
  推定値       -1.086       0.948
  標準偏差     (0.861)     (0.520)
  z-値         -1.261       1.824
```

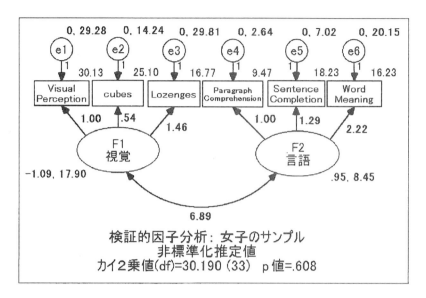

図 6.13: 推定結果: グループ女子

　表 6.7 に分析結果を示します. カイ 2 乗検定によれば, 両モデルとも
データに適合すると言えます.
　これらの二つのモデルによるカイ 2 乗値の差を見ることで, 因子平均に
関する帰無仮説:

$$H : 視覚能力の平均 (女子) = 0, \ 言語能力の平均 (女子) = 0 \qquad (6.13)$$

を検定することができます. 検定結果は,

$$38.450 - 30.190 = 7.740 > 5.992 = \chi_2^2(0.05)$$

となり, 仮説 (6.13) は棄却されます. 図 6.13 に女子のデータに関する推
定結果を報告しています.
　以上の分析結果から次のことが分かります.

- カイ 2 乗検定によれば, モデル A, B ともに受容されるが, 検定
  (6.13) や AIC を考慮すれば, モデル A がより適切である. つまり,
  グループ間で因子平均に差があると言える.

- z-値に基づくと H : 視覚能力の平均 (女子) $= 0$, H : 言語能力の平均 (女子) $= 0$ の検定はともに有意にならないが, z-値は両者とも小さくない. 検定 (6.13) は, これら二つの仮説を同時に検定することで有意差を見出した.

- 女子の「視覚能力」が負の値 (-1.086) に「言語能力」が正の値 (0.948) として推定されている. これは, 女子グループの方は「視覚能力」が低いが「言語能力」は高いことを示唆する.

- 因子平均の推定値の大きさにはあまり意味がない. 標準偏差が考慮されていないからである. そこで, 因子の標準偏差で基準化すると以下のようになる.

$$-1.09/\sqrt{17.90} \;=\; -0.26$$
$$0.95/\sqrt{8.45} \;=\; 0.33$$

グループ間で「視覚能力」と「言語能力」の平均の差は, それぞれの因子の標準偏差の 0.26 倍, 0.33 倍である.

次節では, これらの分析手順を紹介します.

6.2.2 AMOS による分析

AMOS での分析は 6.1.1 節からの続きで行うことができます. をクリックしてモデルが編集できるようにします. 🎹 をクリックし 分析のプロパティ を開いて, 推定 のタブで "平均値と切片を推定" にチェックを入れます. すると, 独立変数のパラメータに 0,var1 や 0,psi1 のように 0 が加わります. この 0 は平均がゼロに設定されていることを表します. まず, 観測変数に切片を設定します. visual perception の四角をダブルクリックすると オブジェクトのプロパティ ダイアログが開くので, パラメータ タブの "切片"に m1 と入力します (図 6.14). その際, "全グループ"をチェックして, 現在編集しているグループだけでなく他のグループの visual perception にも "切片"に m1 を入れます. こうすることで切片がグループ間で等値

されるのです. 他の観測変数をクリックすることでその変数のプロパティ
に移るので, 順に m2, m3, ⋯, m6 を入力しましょう.

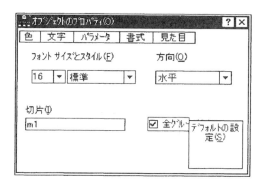

図 6.14: オブジェクトのプロパティの パラメータ タブ: 従属変数の場合

　続いて因子平均を設定します. 男子のグループは 0 に固定されている
ので女子のグループに因子平均を設定します. 女子のグループを表示させ
て,「視覚」の因子においてオブジェクトのプロパティを開き パラメータ
タブで, 平均に visual_m と入力しましょう (図 6.15). ここでは, "全グ
ループ"にチェックを入れないことに注意してください. 因子「言語」に
ついても同様にして, こちらは, verbal_m を入力しましょう.

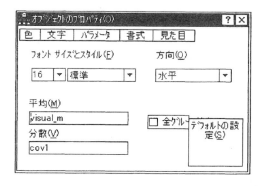

図 6.15: オブジェクトのプロパティの パラメータ タブ: 独立変数の場合

図 6.14 と図 6.15 を比較すると，従属変数には切片が設定され，独立変数には平均が設定されていることが分かります．

図 6.16 には女子のグループのパス図が示されています．男子の方は，visual_m と verbal_m の代わりに 0 が設定されていることを確認しましょう．

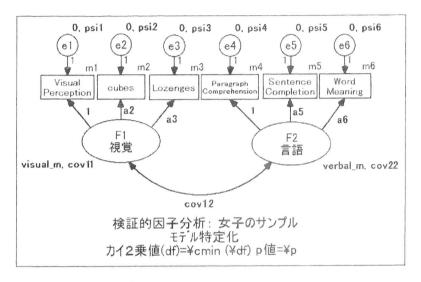

図 6.16: グループ女子のパス図

最後に，visual_m=0 と verbal_m=0 としたモデルとこの制約をおかないモデルの二つを用意します．そのために，AMOS の画面左上の Default model をダブルクリックして モデルを管理 ダイアログを開きます．新規作成をクリックして新しいモデルを作成します．モデル名は「因子平均が等しいモデル」としましょう．そして，パラメータ制約欄に

<pre>
visual_m=0
verbal_m=0
</pre>

を入力します (図 6.17)．Default model の名称は「因子平均が異なるモデル」と変更しておいた方が分かりすいかもしれません．

AMOS はこれらの二つのモデルを同時に推定し表 6.8 を出力します．

最後に，AMOS ウィンドウの左列にあるさまざまなコマンド (図 6.18)

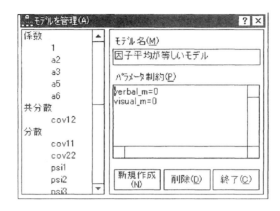

図 6.17: 因子平均を等値したモデルの作成

表 6.8: AMOS: 分析結果

```
モデルの概要
------------
         モデル              NPAR    CMIN    DF     P    CMIN/DF
--------------------         ----   ------  --   -----  -------
因子平均が異なるモデル        21    30.190  33   0.608   0.915
因子平均が等しいモデル        19    38.450  35   0.316   1.099


平均値
------
             推定値    標準誤差    検定統計量    ラベル
           --------   --------   ----------   ------
   視覚     -1.086     0.861      -1.261       visual_
   言語      0.948     0.520       1.824       verbal_
```

をまとめておきましょう. まず, 最上部にある は分析をするための
パス図を書いたり分析のプロパティを設定したりするときにクリックします. 一方,　　　　　は, 分析結果を表示させるときにクリックします. このときはパス図の大幅な変更はできません. 次段ではグループの選択ができます. 図 6.18 の例では, 男子のグループか女子のグループかを選択し

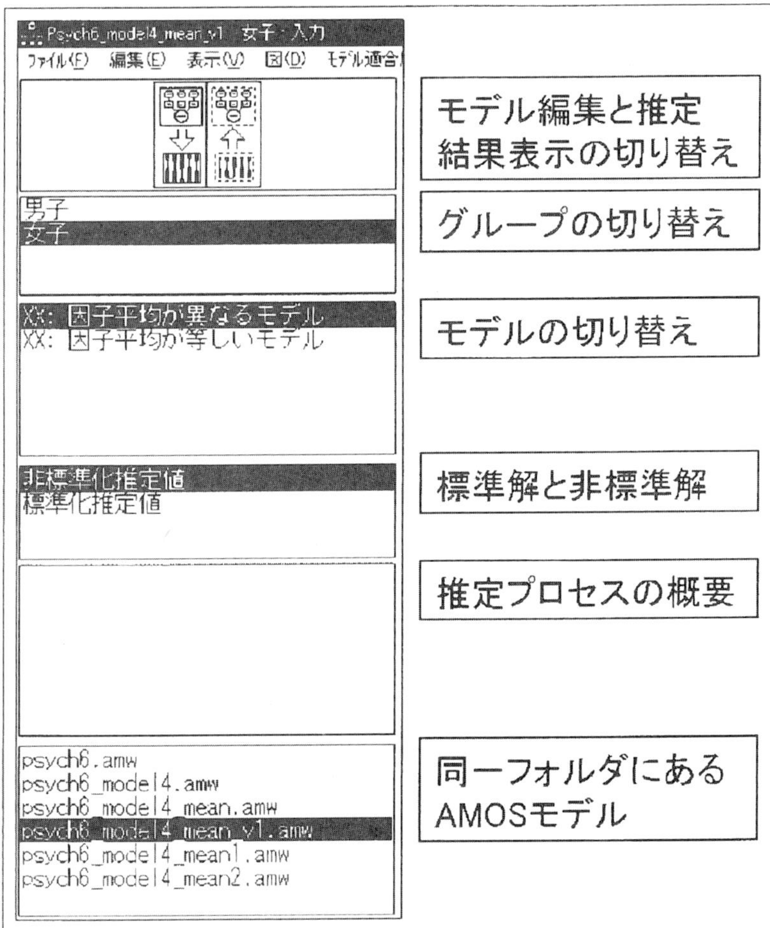

図 6.18: AMOS ウィンドウ

ます. その次の段はモデルの選択です. パス図に描いたモデルのパラメータに名前を付け, そのパラメータを 0 とおいたり, 他のパラメータと等値したりしたモデルを複数個作成し名前を付けます. ここでは, それらのモデルの切り替えを行うことができます. 推定前はモデル名称の直前に XX が表示されていますが, 推定が問題なく実行されると OK に変わります. 続いて, 標準解か非標準解かの選択です. 標準解が表示されないときがありますが, 多くの場合, その原因は分析のときに標準解の出力を要求していないことによるものです. 分析のプロパティ を開いて 出力 のタブで "標準化推定値"にチェックを入れて再度分析しましょう. 次段には, 反復回数や目的関数の最小値 (カイ 2 乗値) などがモデルごとに表示されます. 最下部には, 現在作成しているモデルを保存したフォルダにある AMOS モデルの一覧が表示されています. 表示させたいモデルをダブルクリックすると呼び出すことができます.

6.2.3　EQS による分析

EQS で平均構造のある多母集団の分析をするためのモデルファイルを作成する方法を紹介しましょう. モデル A を検討するための EQS モデルファイルを表 6.9 に示します. 基本となるのは, 先に解説したモデル 1〜4 のうち, 最も制約の強いモデル 4 ですが, 以下のような変更を行うことになります:

- SPECIFICATION セクションに ANALYSIS=MOMENT; を記述する.
- *V999 を用いて, 従属変数 (ここでは観測変数 $V_1 \sim V_6$) に切片を, 独立変数 (ここでは F_1 と F_2) に因子平均を設定する. 具体的には (6.11) のようにする.
- F_1 と F_2 は従属変数になるから分散・共分散の設定を外す. その代わりに, d_1 と d_2 に分散・共分散を設定する.
- 切片と因子平均に関して, 等値制約をおく.

では, 表 6.9 のモデルファイルを直接作成してみましょう. まず, 6.1.2 節とほとんど同じようにして EQS モデルファイルの原形を作成します. boy.ess を開いてから, Build_EQS ─ Title/Specifications を選択して必要な情報を入力します. 先ほど Multisample Analysis にチェックを入れ,

表 6.9: EQS モデルファイル (モデル A)

```
/TITLE                              /TITLE
 Boy's group                        Girl's group
/SPECIFICATIONS                    /SPECIFICATIONS
 DATA='D:\GRAPHCSA\BOY.ESS';        DATA='D:\GRAPHCSA\GIRL.ESS';
 VARIABLES= 6; CASES=   72;         VARIABLES= 6; CASES=   73;
 GROUP=2;                           METHODS=ML; MATRIX=CORRELATION;
 METHODS=ML; MATRIX=CORRELATION;    ANALYSIS=MOMENT;
 ANALYSIS=MOMENT;                  /LABELS
/LABELS                             V1=V1; V2=V2; V3=V3; V4=V4;
 V1=V1; V2=V2; V3=V3; V4=V4;        V5=V5; V6=V6;
 V5=V5; V6=V6;                     /EQUATIONS
/EQUATIONS                          V1 =  *V999 + 1F1  + E1;
 V1 =  *V999 + 1F1  + E1;           V2 =  *V999 + *F1  + E2;
 V2 =  *V999 + *F1  + E2;           V3 =  *V999 + *F1  + E3;
 V3 =  *V999 + *F1  + E3;           V4 =  *V999 + 1F2  + E4;
 V4 =  *V999 + 1F2  + E4;           V5 =  *V999 + *F2  + E5;
 V5 =  *V999 + *F2  + E5;           V6 =  *V999 + *F2  + E6;
 V6 =  *V999 + *F2  + E6;           F1 =  *V999 + D1;
 F1 =  0V999 + D1;                  F2 =  *V999 + D2;
 F2 =  0V999 + D2;                 /VARIANCES
/VARIANCES                          V999= 1;
 V999= 1;                           E1 = *;
 E1 = *;                            E2 = *;
 E2 = *;                            E3 = *;
 E3 = *;                            E4 = *;
 E4 = *;                            E5 = *;
 E5 = *;                            E6 = *;
 E6 = *;                            D1 = *;
 D1 = *;                            D2 = *;
 D2 = *;                           /COVARIANCES
/COVARIANCES                        D2 , D1 = *;
 D2 , D1 = *;                      /STANDARD DEVIATION
/STANDARD DEVIATION                /MEANS
/MEANS                             /LMTEST
/END                               /CONSTRAINTS
                                    (1,V2,F1)=(2,V2,F1);
                                    (1,V3,F1)=(2,V3,F1);
                                    (1,V5,F2)=(2,V5,F2);
                                    (1,V6,F2)=(2,V6,F2);
                                    (1,D1,D1)=(2,D1,D1);
                                    (1,D2,D2)=(2,D2,D2);
                                    (1,D2,D1)=(2,D2,D1);
                                    (1,E1,E1)=(2,E1,E1);
                                    (1,E2,E2)=(2,E2,E2);
                                    (1,E3,E3)=(2,E3,E3);
                                    (1,E4,E4)=(2,E4,E4);
                                    (1,E5,E5)=(2,E5,E5);
                                    (1,E6,E6)=(2,E6,E6);
                                    (1,V1,V999)=(2,V1,V999);
                                    (1,V2,V999)=(2,V2,V999);
                                    (1,V3,V999)=(2,V3,V999);
                                    (1,V4,V999)=(2,V4,V999);
                                    (1,V5,V999)=(2,V5,V999);
                                    (1,V6,V999)=(2,V6,V999);
                                   /END
```

Group の数を 2 としたのに加えて，さらに，Structural Mean Analysis にもチェックを入れ，OK ボタンを押します．この指定によって，/SPECIFICATIONS に ANALYSIS=MOMENT; が追加され，平均も解析に加えることを宣言します．

次に，Build_EQS ─ Equations を選択し，因子数 (Number of Factors) を 2 にして OK ボタンを押します．Create Equation ダイアログでは方程式を設定します．このモデルでは，F_1 が $V_1 \sim V_3$ へ影響を及ぼし F_2 は $V_4 \sim V_6$ へ影響を及ぼすので，セルをマウスでクリックし，図 6.19 のように * を入れます．さらに，これらの変数の平均はすべて 0 でないとするので V_{999} の欄はすべて * を入れます．モデル A では Boy's group の因子平均は 0 に固定するのですが，誤差変数の共分散を設定するために，ここではとりあえず * を入れておきます．OK ボタンをクリックすると Create Variances/Covariances ダイアログが開きます．ここでは独立変数の分散・共分散を指定するのですが，デフォルトですべての分散が推定すべきパラメータとして設定されているので，誤差変数 d_1 と d_2 の共分散

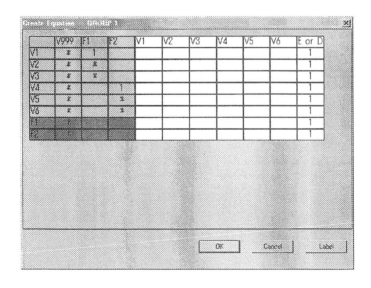

図 6.19: 方程式の設定

に * を入れ，OK ボタンをクリックします．以上で グループ 1 (Boy's group) の設定が終わります．同様にして，グループ 2 (Girl's group) を作成します．今回のモデルはグループ 1 と 2 がまったく同じなので，どのダイアログでも OK ボタンをクリックします．すると EQS モデルファイルの原形ができ上がります．

そして，切片と因子平均に関して等値制約を設定します．モデル4はすべてのパラメータが等しいという制約をおくモデルですから，Build_EQS ⊢ Constraints の Parameter List に挙がっているすべての制約式の組を選択するか，Predefined Constraints の項目にすべてチェックを入れてください.[8]

さて，先ほどモデルファイルの「原形」と書いたのは，Boy's group の因子平均を 0 に修正する必要があるためです．2.2.2 節で述べたように，モデルファイル *.eqx は，ユーザーが直接編集することはできません．ユーザーが編集可能なコマンドファイル *.eqs を生成するために，一度このモデルファイルを実行 (Build_EQS ⊢ Run EQS) します．実行後，コマンドファイルを開き，若干の修正を行います．

Boy's group の因子平均は，

$$F1 = 0V999 + D1;$$
$$F2 = 0V999 + D2; \tag{6.14}$$

と記述しなけれなりませんから，当該部分の * を 0 におきかえます．Girl's group の因子平均については *，すなわち推定すべき自由パラメータに設定されているので，変更の必要はありません．モデル B のように，両方のグループの因子平均を 0 に固定するには，Girl's group の F_1, F_2 の方程式の * を 0 におきかえ (6.14) のようにします.[9]

----

[8]本書を執筆している段階で，EQS Version6 は未だベータ版である．ベータ版では，Parameter List に挙がっているすべての制約式の組を選択しても，あるいは Predefined Constraints の項目にすべてチェックを入れても，いくつかの等値制約は設定できない．このようなケースでは，コマンドファイルの修正の際に，不足している制約を /CONSTRAINTS に追加することで対応する．

[9]EQS verion 5.5 までは平均構造のある分析で *.ess ファイルが使えない．この場合，モデルファイルに直接データを記述する．DATA 行を削除し，/MEAN セクションの下に /MATRIX セクションを作成し，データ (分散共分散行列) を書く．分散共分散行列ではなく生データを扱うときは，DATA='D:/GRAPHCSA/BOY.DAT' などと指定することにより外部ファイルが扱える．

　目的の分析をするためにモデル A, B に基づいて EQS を 2 回走らせます. Boys' group と Girl's group ごとに結果が出力されます.

6.3　多母集団の解析の補足説明

　この章を終えるにあたって，多母集団の解析についていくつか補足説明をしておきます.

<u>因子不変性</u>　まず，6.1 節で紹介した因子不変性について考えます. 表 6.2 では因子不変性を確認するために 5 つのモデルを考えました. では，どのモデル (等値条件) が受容されれば因子不変性が成り立っていると考えることができるのでしょうか. 数学的には因子の不確定性 (factor score indeterminacy) の問題があり難しくなります (丘本 1986). 統一的な理論はないのですが，例えば，Cunningham (1991) は，「研究の目的によるが，配置不変が成り立っていればよい」と言っています. しかしながら，その理由が明確ではありません.[10] また彼は「測定不変やそれ以上制約的なモデルについても検討に値する」とも言っています.

　多母集団の解析では，トータルの標本サイズが大きくなり，標本サイズが大きいとモデルは必ず棄却されるというカイ 2 乗検定の欠点が現れます. 因子不変性を主張するには，この点を考慮して若干有意水準を調整することがあったとしても，測定不変 (モデル 1) は統計学的に確認したいと考えます.

　6.1 節での解析ではすべてのパラメータが等しいという最も制約的なモデル (モデル 4) が成り立ちました. このようなことは本当に稀なのですが，その理由の一つとして標本サイズ (72, 73) が大きくないことが考えられます. もし，標本サイズがもう少し大きければモデル 4 が受容されるかどうかは微妙でしょう. 男女間で因子の分散・共分散や誤差分散が異なるということは十分考えられます.

　ここで紹介した解析は，あくまでも多母集団同時分析の流れの一例です. この例題にこだわることなく，研究の目的に合わせて計画を組むことができます. 例えば，White-Cunningham (1987) は，二つの年齢群 (母

---

　[10]Cunningham 自身の経験から，測定不変 (モデル 1) もしくはそれ以上制約的なモデルが統計的に確認できるのが希であるというのが主たる理由.

集団 1, 18-33 歳; 母集団 2, 58-73 歳) に対してある心理テストを行い，母
集団 1 に対して 3 因子モデル，母集団 2 に対して 5 因子モデルを適合さ
せました．この下で，母集団 2 における 3 つの因子と母集団 1 の 3 つの
因子との間で因子不変性を議論しています．[11]

相関行列か分散共分散行列か 多母集団の同時分析の基本は，相関行列の分
析ではなく分散共分散行列の分析です．その理由は，各母集団において基本
的に同じ調査項目を用いているため，それらのばらつきが比較可能である
からです．例えば，「Sentence Completion」と「Word Meaning」は異なっ
たテストですからその分散を比較することに大きな意味はありませんが，
一方，男子の「Sentence Completion」と女子の「Sentence Completion」
との分散の比較には意味があるのです．分散共分散行列を分析する第一の
理由は，比較に意味があるならばその情報を活かそうということなのです．

　分散共分散行列の分析と相関行列の分析とはどのように違うのでしょう
か．分散共分散行列の分析では，因子負荷量は因子から観測変数への**影響
の絶対的な大きさ**を表しており，誤差変数の影響は無関係です．一方，相
関行列の分析では，因子から観測変数への**相対的な影響の大きさ ── 因
果の強さ ──** を求めています．このことは，たとえ因子の影響が大きくて
も，誤差変数の影響がもっと大きければ因果の強さは小さくなることから
理解できます．このように，分散共分散行列の分析と相関行列の分析とは
違った目的をもつと言えます．

　分散共分散行列の分析で影響の大きさに関して不変性が確認でき，さら
に，因子や誤差の分散・共分散が等しいことが確認できたなら，相関行列
の分析においても因子不変性が成り立ちます．このように，分散共分散行
列の分析は因子の影響の大きさと強さを区別して評価できるのに対して，
相関行列の分析は強さのみしか検討できないのです．

　影響の大きさの不変性と強さの不変性のどちらを重視すべきかは議論の
あるところですが，影響の大きさの相等性を称して因子不変ということが
多いように思います．

　母集団間で因子 F が同じであるが誤差因子 e の影響が異なっていると
き，相関行列の分析がうまく働かない場合があります．例えば，分散共分

---

[11]AMOS のデフォルトではモデルはグループ間で等しくなければならない．グループ間で
異なったモデルで同時分析するには，表示──インターフェースのプロパティ を選択し，その他
のタブで "異なるグループに異なるパス図を設定" にチェックを入れる．

散行列において測定不変が成り立っているとします (モデル 1). つまり,
$\Sigma_1 = \Lambda\Phi_1\Lambda' + \Psi_1, \Sigma_2 = \Lambda\Phi_2\Lambda' + \Psi_2$ とします. このとき, $\Phi_1 \neq \Phi_2$ で
あったり $\Psi_1 \neq \Psi_2$ であったりするわけですが, この分散共分散行列を相
関行列に変換すると, 一般に因子負荷行列 Λ が母集団間で違ってきます.
つまり, 分散共分散行列を分析すると測定不変であったものが, 相関行列
の分析では測定不変が確認できないということになります.

　以上のような理由で, 多母集団の同時分析では分散共分散行列を分析す
ることが常道となっています. Cudeck (1989) はモデルの尺度不変 (等変)
性の観点からこの問題を論じています.

相関行列の分析について　統計的な側面では, 従来は相関行列を分散共分
散行列に見立てて不正確な分析を行ってきました. LISREL のマニュアル
(Jöreskog-Sörbom, 1989, 47 ページ) には, 相関行列を分散共分散行列と
みなして分析することについて "This is a common practice." と書かれて
います. 一方, Steiger(1994) はこのことについて否定的で, 相関行列を
分析することがいかに不正確かを例証しています. 理論的には, 相関行列
の分析において推定値やカイ 2 乗値が正しくあるためには, モデルが尺度
等変でないといけません. しかし, モデルが尺度等変であったとしても,
標準誤差や z-値, LM 検定は一般に正しくないことが分かっています.[12]

　このことは多母集団の分析でも一つの母集団の分析でも同じです. 最
近になって, 相関行列に基づく (正確な) 解析ができるソフトウェアが簡
単に手に入るようになりました [RAMONA, Browne-Mels-Coward 1994;
SEPATH, Steiger 1994]. しかし, 本書で紹介している 3 つのソフトウェ
アは, まだ正確な分析方法をサポートしていません. 日本語化されてい
るソフトウェアの中で, この正確な方法をサポートしているものとして
SEPATH を搭載した STATISTICA[13] があります.

多重比較の問題　多母集団の分析では検定を何度も繰り返します. このよ
うなとき, p 値の解釈が難しくなります. と言っても, この問題に対し
て適切な方法論が開発されているとは言えません. 最近, ボンフェロー
ニの方法を適用するという新しいアプローチが提案されました. 詳細は

---

[12]132 ページの脚注も参考にされたい.
[13]問い合わせ先：〒 141-0022　東京都品川区東五反田 1-10-8　五反田 S&L
ビル 7F　スタットソフトジャパン株式会社　Email:japan@statsoft.co.jp,
http://www.statsoft.co.jp/index.htm, Phone:03-5475-7751

Green-Thompson-Poirer (2001) を参照してください.

反復の初期値 共分散構造分析におけるパラメータ推定では反復法を利用しています. 反復法では反復の初期値が必要です. 最近のソフトウェアでは初期値を自動設定してくれ, 初期値に関して問題が起こることは少なくなっています. ところが, 平均構造のあるモデルを考えるときは適切な初期値から出発しないと反復にトラブルが生じることがあります. その理由の一つとして, 平均値の取りうる値がさまざまであることが考えられます.

表 6.10: 初期値と反復回数

	初期値	
	デフォルト	ユーザー指定
AMOS	8	5
EQS	14	9

本章で扱ったデータではデフォルトの初期値で問題は生じませんでしたが, 表 6.10 にあるように, 適切な初期値を与えると反復数を減らすことができます.

平均構造のある多母集団の解析をするときには, その前に平均構造を考えない多母集団の解析をしているはずです. ここでは, その結果から 4 つのパス係数の推定値を初期値とし, また, 観測変数の切片の初期値を, 二つのグループ間の平均に近い値として与えました. デフォルトの初期値で反復に問題が生じるとき, このような初期値を与えればうまく推定できることがあります.

AMOS で初期値を与えるには, パス図を描くモードで変数の上で右クリックし オブジェクトのプロパティ を開き, パラメータ タブで初期値の設定をします (図 6.20). パラメータにラベルが付けられているときには,

$$m1{:}30 \qquad m2{:}25 \qquad a2{:}0.54$$

などのように, ラベルの後にコロンを書き初期値を入力します. ラベルがないときには,

$$30? \qquad 25? \qquad 0.54?$$

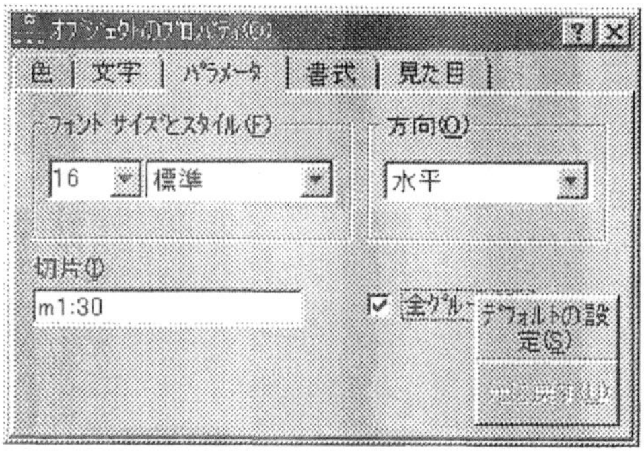

図 6.20: 初期値の設定 (AMOS)

のようにクエスチョンマーク?を付けます (そうしないと固定パラメータ
とみなされてしまう).

EQS では，表 6.11 のように，モデルファイルの方程式に初期値（例え
ば 30* などのように，初期値の後に*を必ず付記する）を書き加えます.

CALIS では，個々のパラメータに初期値を設定することはできません.[14]

表 6.11: 初期値の設定 (EQS)

```
/EQUATIONS
    V1 =   30*V999 +      1F1   + E1;
    V2 =   25*V999 +   .54*F1   + E2;
    V3 =   16*V999 + 1.46*F1    + E3;
    V4 =   10*V999 +      1F2   + E4;
    V5 =   19*V999 + 1.29*F2    + E5;
    V6 =   17*V999 + 2.22*F2    + E6;
```

---

[14]CALIS では初期値の推定にかなりの工夫がある．ユーザーが初期値を与える必要はな
いということであろう.

第7章
潜在曲線モデル

本章では，共分散構造モデルの中でも最近注目を浴びている潜在曲線モデル (latent curve model) について紹介します．潜在曲線モデルは，例えば，子供の成長 (身長の伸びや体重の増加) の時系列変化といったように，各個体から経時的に反復測定したデータ (縦断的データ) の解析に用いることができます．

　適用事例が多いのは 1 変数の縦断的データです．ここで紹介する解析事例もアルコールの消費回数という 1 変数のデータです．潜在曲線モデルに現れる潜在変数は，切片や傾きというような，直線や曲線を記述する量であり[1]，前章までに紹介した，いわゆる因子分析の発展形としての共分散構造モデルとは少し様相が異なります．潜在曲線モデルや第 8 章で紹介する二段抽出モデルなどは，1990 年代以降に発展した「第二世代の共分散構造モデル」と言えるものです．[2]

　しかし，潜在曲線モデルは数学的には平均構造のある共分散構造モデルですので，標準的な共分散構造分析のソフトウェアで実行することができます．AMOS や EQS には，潜在曲線モデルを実行しやすくするオプ

---

[1] もちろん多変量の潜在曲線モデルもあるし，従来の潜在変数に潜在曲線モデルを適合させることもできる．

[2] McArdle(1988) や Meredith-Tisak(1990) がその端緒を開いた．潜在曲線モデルを扱った成書として Duncan et. al.(1999) がある．邦書では豊田 (2000, 12 章) に解説がある．

ションが備えられています．このモデルは，例えば発達・教育心理学分野といった，より広範な領域への応用が期待されています．[3]

7.1　潜在曲線モデルの考え方と分析例

　潜在曲線モデルで分析されるのは縦断的データであり，オブザベーション (個体) は「個人」で変数は「時間」であることが多いのです．ただし，必ずしも測定値は「成長」をあらわすもの (例えば「身長」や「体重」) である必要はありません．変数が順序付けられている必要はありますが，測定値は「経年」に伴う「アルコール摂取量」「コレステロール値」や，「試行回数」に伴う「反応時間」「反応回数」等であってもかまいません．また，オブザベーションについても個人に限定する必要はなく，例えば「日本」「大阪府」「大阪大学」といったものであってもかまいません．その場合は「国民総生産」「財政赤字額」「学位授与者数」等が測定値になりえます．

　成長や変化を分析するとき，個体差をどう記述するかという大問題があります．一口に成長・変化と言っても色々なパターンがあります．最初がんばるが途中で息切れする人や大器晩成型の人がいるかと思えば，着実に積み重ねていくタイプもいます．また，まったく変化しない個体や途中で低下をきたす個体もあるでしょう．従って，母集団全体で総括してどのような変化をするかということはもちろん大事なのですが，それに加えて，どのように個体差を記述するかということが問題になるわけです．

　個体ごとにその推移を追っていけばすべての個体の変化のパターンが分かるのですが，サンプルの大きさが数百以上になると何らかの括りがないと理解不能になります．この問題の一つの解決方法は，変化のパターンを個体の属性によって記述することです．例えば，男女で経時変化のパターンは違うのか，年齢による違いはあるのか，国籍はどうか，環境要因はどのように効くのか，といったものが考えられます．このように，経時変化の個体差を何らかの説明変数で記述できるならば，現象の理解は深まり，有効なアクションがとれるかもしれません．そのような方法論を提供するのが，潜在曲線モデルなのです．

　ここでは，アルコールの消費回数という実際の縦断的データを用いて，

---

[3]潜在曲線モデルを用いた邦文の応用研究としては清水 (1999a,b) などがある．

潜在曲線モデルとその適用例を説明していきます.

7.1.1　アルコールデータ

表 7.1 に, 10 歳から 15 歳までの青少年を対象にした, アルコール消費回数に関するデータを示しています.[4] この調査は, 同一回答者に対して, 同一内容の調査を, 1 年間隔の 3 時点 (T_1, T_2, T_3) で縦断的に行ったもので, 標本サイズは $n = 363$ です. 各観測時点 (T_1, T_2, T_3) におけるアルコール消費回数の変数 (X_1, X_2, X_3) には, ビール・ワインやウィスキーを飲んだ回数, 泥酔した回数などが下位尺度として含まれています. この変数の平均を見ると, 1.36, 2.12, 3.18 と, 時が進む (経年) につれて線形 (直線) に近い形で増加していることが分かります. また, 残りの 3 つの変数は回答者の属性を表しています. 年齢 (X_4), 性別 $(X_5$; 男性=1, 女性=0 の二値変数) の他に, 回答者の飲酒経験に深く関わるであろう環境変数として「親のアルコール依存 (X_6)」を測定しています. これは二値変数で, 両親またはいずれかの親がアルコール依存症と診断されている回答者の場合は 1, そうでなければ 0 の値をとります.

ここで, アルコール消費回数と時間経過について, 二つの視点からデー

表 7.1: 青少年のアルコール消費回数のデータ (n=363)

	X1	X2	X3	X4	X5	X6
○相関行列						
T1 におけるアルコール消費回数	1.00					
T2 におけるアルコール消費回数	.68	1.00				
T3 におけるアルコール消費回数	.50	.68	1.00			
年齢	.31	.31	.23	1.00		
性別 (男性 1, 女性 0)	.01	.06	.10	.14	1.00	
親のアルコール依存	.12	.17	.20	.12	-.15	1.00
平均	1.36	2.12	3.18	12.91	0.52	0.56
標準偏差	2.81	3.98	4.79	1.41	0.50	0.50

---

[4]出典は Curran(2000).

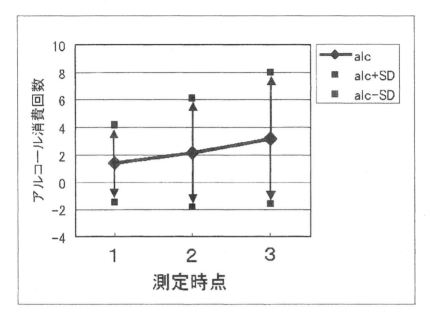

図 7.1: アルコール消費回数の経時変化 (回答者全体)

タを眺めてみましょう. まず図 7.1 は, 回答者全体の平均値と標準偏差を
プロットしたものです. 先ほど述べたとおり, 時間経過につれて平均値は
直線的に増加する傾向にあり, それと同様に標準偏差も大きくなっている
ことが分かります. つまり, アルコール消費回数は年を追うごとにばらつ
きが大きくなっており, 個人差が顕著になってきているというわけです.
次に, 図 7.2 に, 回答者 3 名の個人プロフィールを示しています. 各観測
時点において各回答者のアルコール消費回数をプロットし, 近似直線を当
てはめています. 先に示唆されたとおり, 各観測時点でのアルコール消費
回数に見られる回答者間のばらつきはかなり顕著であるものの, 回答者ご
との近似直線の当てはまりは比較的よさそうです.
　分析の最終目的は, 回答者の時系列的な「アルコール消費回数」から,
その初期値や増加率に,「X_4:年齢」「X_5:性別」「X_6:親のアルコール依存」
がどのように関係しているかを調べることです.「アルコール消費回数」の
初期値と増加率については, 当てはめられた近似直線の切片と傾きで記述

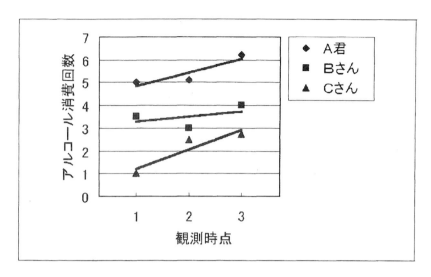

図 7.2: アルコール消費回数の経時変化 (個人プロフィール)

することができそうです. そして, 各回答者ごとに計算された切片と傾き
が,「X_4：年齢」「X_5:性別」「X_6:親のアルコール依存」とどのような関係
にあるか, すなわち, 切片または傾きを回帰分析の基準変数とし, (回答
者の属性変数である) X_4, X_5, X_6 を説明変数とした回帰分析を実行する
ことで, 分析の目的が達せられるでしょう.

　このように, 従来の分析を適用するならば, 回帰分析を 2 回行うこと
になります. このモデルを階層的線形モデル (HLM, Hierarchical Linear
Model), もしくは, MLM(MultiLevel Model) といい, これらのモデルを
実行するソフトウェアもあります.[5]

　共分散構造分析における潜在曲線モデルは, 階層的線形モデルを一つの
共分散構造モデルで実現し, 一回の "run" で実行します. モデルの当ては
まりや各回帰式の当てはまりなどを吟味することができます.

　次節では, まず時間にアルコール消費回数を回帰する回帰分析を行うモ
デルを例にとって, 潜在曲線モデルの基本的な考え方を説明します.

---

[5]例えば, Raudenbush et. al. (2000) による HLM5 がある. Bryk-Raudenbush(1992)
も参照のこと.

7.1.2　1 次のモデル：変化に直線を当てはめる

ここでは，観測時点 t におけるアルコール消費回数を x_t で表すことに
します．先のアルコールデータの例では，$t = 1, 2, 3$ となります．[6] 観測時
点に対して x_t をプロットし，直線を当てはめてみましょう．切片と傾き
を β_0, β_1 とすると，

$$x_t = \beta_0 + (t-1)\beta_1 + e_t \qquad (t = 1, 2, 3) \tag{7.1}$$

となります．[7] ここでの e_t は，直線からのずれを表す誤差項です．回答者
を表す添え字を付加すれば，

$$x_t^{(i)} = \beta_0^{(i)} + (t-1)\beta_1^{(i)} + e_t^{(i)} \qquad (t = 1, 2, 3; i = 1, \cdots, 363)$$

となります．このように書くと，切片や傾きが回答者ごとに変化しうると
いうことがよく分かります．しかし，この表現はやや複雑ですから，以後
は式 (7.1) で議論を進めていきましょう．

もう一度式 (7.1) を見てみましょう．この式は，β_0, β_1 を共通因子とす
る因子分析モデルの形をしています．3 時点でのモデルを具体的に表現す
ると

$$x_1 = \beta_0 + 0 \times \beta_1 + e_1$$
$$x_2 = \beta_0 + 1 \times \beta_1 + e_2$$
$$x_3 = \beta_0 + 2 \times \beta_1 + e_3$$

となり，また，行列表記にすると，

$$\begin{bmatrix} x_1 \\ x_2 \\ x_3 \end{bmatrix} = \begin{bmatrix} 1 & 0 \\ 1 & 1 \\ 1 & 2 \end{bmatrix} \begin{bmatrix} \beta_0 \\ \beta_1 \end{bmatrix} + \begin{bmatrix} e_1 \\ e_2 \\ e_3 \end{bmatrix} \tag{7.2}$$

となります．つまり，因子分析モデルに当てはめれば，$[\beta_0, \beta_1]'$ が共通
因子，その前にある 0, 1, 2 からなる定数行列が因子負荷量にあたるわけ
です．

---

[6] 観測時点が等間隔でない場合は，$t = 1, 4, 5$ などとする

[7] $x_t = \beta_0 + t\beta_1 + e_t$ $(t = 0, 1, 2)$ と書く方が直感的には理解しやすいかもしれない．
しかし，共分散構造分析では，変数は $X_1, X_2 \cdots$ と (0 からではなく)1 から始めるのが普通
なので本文のようにした．

　因子分析モデルでは，共通因子は確率変数とするのが一般的です．共分散構造モデルにおける潜在変数も確率変数です．すなわち，ここでの β_0, β_1 も確率変数です．もしかすると，切片や傾きを確率変数と考えることに少々の抵抗を感じる読者があるかもしれません．しかし，こう考えてみるとよいでしょう．図 7.2 に示したように，アルコール消費回数は個人によって異なる傾向にあります．それゆえに，切片・傾きは回答者個人に「貼り付いている」量と考えることができます．この意味で，切片や傾きはこれまでの章で取り扱った個人の知能や学力といった確率変数と同じであると考えることができます．よって，切片・傾きを確率変数と考えるのに抵抗感を持つ必要はないわけです．

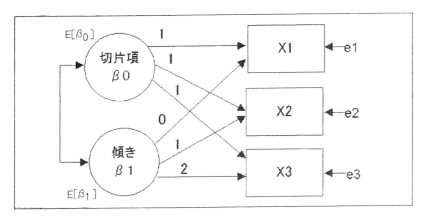

図 7.3: 1 次 (直線) のモデル

　さて，式 (7.2) のモデルをパス図で表すと図 7.3 のようになります．このパス図で，β_0 と β_1 の間に相関 (共分散) を設定していることに注目してください．これは，4.2 節で既に述べた共分散構造分析の基本ルール「(誤差変数を除く) 独立変数間には通常，相関 (共分散) を設定する」に則ったものです．しかし，実際的な意味として「観測開始時点 (T_1) でアルコール消費回数が多い回答者は，その後の消費回数の増加率も高い」とか，逆に「観測開始時点 (T_1) でアルコール消費回数が多い回答者は，既にその時点で消費の臨界点に達しているから，以降あまり消費回数は伸びない」といった可能性が考えられるため，切片と傾きには何らかの相関が認めら

れても不思議ではありません．そして，もし，このような知見が得られた
ならば，それは重要な発見ではないでしょうか．

　潜在変数モデルと通常の因子分析モデルとの相違点は，**確率変数** β_0, β_1
の平均が 0 ではないことです．[8] 平均 $E(\beta_0)$ は，観測開始時点 (T_1) での回
答者の平均アルコール消費回数を表しており，平均 $E(\beta_1)$ は，平均伸び
率 (1 年あたりの消費回数の伸び率) を表しています．パス図にはその意味
で $E(\beta_0)$ と $E(\beta_1)$ を入れてあります．図 7.3 で分析を行うためには，平
均構造のある共分散構造モデル (6.2 節参照) を用いることになります．た
だし，観測変数に切片が含まれていないことに注意しましょう．なお，推
定すべきパラメータは，因子の平均と分散・共分散，そして誤差分散です．

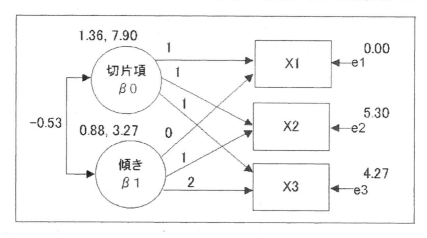

図 7.4: 1 次のモデルの推定結果

　1 次のモデルの分析結果は図 7.4 のようになります．因子に付与されて
いる数値は左側が平均，右側は分散の推定値です．モデルの適合度は

$$\text{カイ 2 乗値} = 1.897, \quad \text{自由度} = 1, \quad \text{p 値} = 0.168 \qquad (7.3)$$

となって，十分良い当てはまりであることが分かります．

　EQS と CALIS では，平均の効果を表す「定数変数 (CONSTANT)」を

---

[8]もう一つ付け加えるならば，因子負荷量がすべて既知であり推定しないこと．

導入するので，パス図での表示は図 7.4 と少し異なります．EQS での分析
結果は図 7.5 のようになります．(因子である) 切片と傾きの誤差が 7.90,

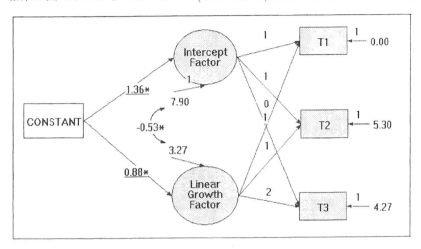

図 7.5: 1 次のモデルの推定結果

3.27 と推定されており，これらはそれぞれ切片「Intercept Factor(β_0)」
の分散と傾き「Linear Growth Factor(β_1)」の分散を表します．定数変数
「CONSTANT」からのパス係数は切片と傾きの平均を表し，それぞれ 1.36,
0.88 と推定され，有意になっています．

切片の平均は調査時点の全回答者のアルコール消費回数の平均値ですか
ら，表 7.1 にある $T_1(X_1)$ の平均値 1.36 と一致します．また，回帰式から，
T_2 と T_3 における消費回数は，$1.36+0.88\times1 = 2.24, 1.36+0.88\times2 = 3.12$
と予測することができ，これらの値は実際のデータ 2.12, 3.18 と近い値で
あるとことが分かります．このように，潜在変数 (共通因子) である切片
と傾きの平均が，全データを一括りにしたものへの回帰分析結果を表して
います．

一方，個人差 – 個人による直線の違い – はこれらの因子の因子得点と
して表されます．生データがありませんので各回答者の因子得点は出力で
きませんが，そのバラツキの程度は因子の分散で評価できます．切片の分
散は 7.90 と推定されており，これに誤差分散 Var(e_1) の推定値を加えた
ものが X_1 の分散，すなわち，表 7.1 にある $T_1(X_1)$ の標準偏差 2.81 の 2

乗に一致します.[9] 傾きのバラツキは分散で 3.27 と評価されています. こ
れは, 各回答者ごとの傾きが, $0.88 \pm 2 \times \sqrt{3.27} = 0.88 \pm 3.62$ ぐらいば
らついていることを教えてくれます. 両因子の共分散は -0.53 と推定され
ており, 相関係数に直すと

$$\frac{-0.53}{\sqrt{7.90 \times 3.27}} = -0.10$$

となりあまり大きな値でなく有意でもありません. もちろん, この値は標
準解を表示させることで見ることができます. T_1 時点で消費回数が多い回
答者は増加率が低い, つまりこれらの間に負の相関があるということは,
統計的には確認できなかったということになります.

　観測変数に付随する誤差 $e_1 \sim e_3$ の分散は, 各時点における回帰直線の
当てはまりの悪さを表しています. e_1 の分散が 0 と推定されていること
に注意してください. これを不適解といい, 大きな問題をはらんでいる可
能性があります. 採用したモデルが不適切であるために不適解が生じてい
るかもしれないからです. 実は, 0 と推定されたこの値は,「分散は非負」
という制約を課して推定したもので, もしこの制約を課さなければとてつ
もなく大きなマイナスの値になる可能性もあります.[10] そうした場合はモ
デル規定に大きな誤りがあることになります. このことを確認するため,
その制約をはずして再分析します. そのためには, EQS モデルファイル
に, 不等式制約

```
/INEQUALITY
-99999<(E1,E1);
```

を記述します.[11] すると e_1 の分散の推定値, 標準誤差, z-値はそれぞれ,
$-.586, .746, -.785$ と出力されます. e_1 の分散は負に異常に大きな値では
なく z-値も有意になっていません. この事実と適合度が良いということを
考え合わせると, e_1 の分散は, 標本変動によって不運にも偶然負の値に推

---

　[9]ここでは, $\mathrm{Var}(e_1) = 0$ と推定されているので, $7.90 = 2.81^2$ となっている.

　[10]分散の推定値に非負制約をおくことがデフォルトであるかどうかはソフトウェアによる.
AMOS, CALIS は非負制約をおかない. 不適解についてのこのような吟味は, 分析の初期
段階で行う.

　[11]モデルファイル (*.eqx) で, プルダウンメニューから Inequality を選択する. (E1,E1)
を選び Lower Range に -99999 を入力, Create をクリックする.

定されてしまったという解釈が可能です. 不適解の原因が標本変動である
と判断できるときは, 不適解を重大な問題と考えなくてもよいのです. な
お, 論文やレポートでは, 負の値に推定された分散を報告してはいけませ
ん. 報告する最終解は, 非負の制約をおいた解, すなわち, 図 7.4 です.

7.1.3 説明変数のあるモデル

前節で解説した潜在曲線モデルは, 経年によって青年のアルコール消費
回数が, 2 年間 3 時点で直線的に変化すると考えてよいかどうかを検討す
る単純なものでした. 個人による直線の違いは, 因子で表された「切片と
傾き」の違いによって表すことができました. 本節ではもう一歩分析を進
めて, 回答者ごとに異なる切片や傾きが, どのような要因によって左右さ
れているのかを調べてみましょう. 男女差があるのでしょうか, 年齢によ
る影響が強いのでしょうか, それとも環境 (両親のアルコール依存) が深
く関わっているのでしょうか. これらの変数 $(X_4 \sim X_6)$ をモデルの中に
取り込んで説明変数とし, 切片と傾きを基準変数としたパス解析を実行す
れば, 要因間の関係について有益な情報が得られる可能性があります.

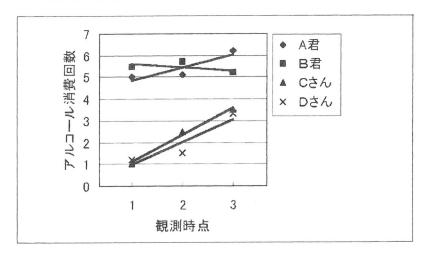

図 7.6: アルコール消費回数と時間経過 (男女別プロフィール)

　アルコール消費回数と時間経過に関する個人プロフィールが，(仮に)
図 7.6 のようになったとしましょう．図 7.2 とはやや異なり，こちらでは
男性 2 名と女性 2 名のデータです．このグラフを見ると，女性の場合は時
間経過にしたがってアルコール消費回数が線形に (かなり急な傾きで) 増
加しているのに対して，男性は初期値 (T_1 時点) での消費回数が高いが増
加傾向は小さいことが見て取れます．[12] そこで，先ほどの分析モデルに性
別の違いを取り込んだモデルを考えてみましょう．パス図で表すと図 7.7
のようになります．

　このモデルは，性別という属性によって，β_0 や β_1 が系統的に影響を
受けることを仮定したモデルです．解析は，先ほどの 1 次のモデルと同様
に，平均構造モデルを用いて行います．図中の α_0, α_1 は切片[13]を，E[性
別] は性別の平均を示しています．性別変数の影響を方程式で表すと

$$\begin{cases} \beta_0 &= \alpha_0 + \gamma_0 X_4 + d_1 \\ \beta_1 &= \alpha_1 + \gamma_1 X_4 + d_2 \end{cases}$$

となります．これを用いると，性別変数 X_4 で男性を 1，女性を 0 とコー
ディングしてあれば，切片と傾きの期待値は，男女別に表 7.2 のように計

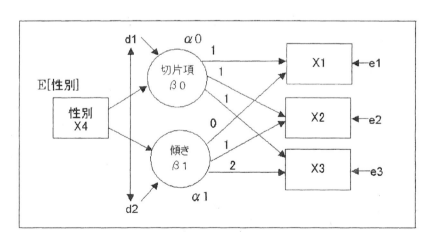

図 7.7: 説明変数のあるモデル

---

[12]例であり実際の分析結果とは異なる．
[13]従属変数である因子 β_0 と β_1 の切片である．切片 β_0 と間違わないようにすること．

算できます：

表 7.2: 切片と傾きの期待値

	$X_4 = 0$ (女性)	$X_4 = 1$ (男性)
$E(\beta_0)$	α_0	$\alpha_0 + \gamma_0$
$E(\beta_1)$	α_1	$\alpha_1 + \gamma_1$

このように，切片 α_0, α_1 は女性の平均を，γ_0，γ_1 は男女差を表すパラメータであることが分かります．$\gamma_0 \neq 0$ や $\gamma_1 \neq 0$ が判断できるときは男女差があることになります．もし

$$\alpha_0 = 1, \quad \alpha_1 = 1; \quad \gamma_0 = 4, \quad \gamma_1 = -1$$

であったならば，図 7.6 のような特性になります．

また，誤差変数 d_1 と d_2 に相関が設定されていることに注意してください．これは，β_0 と β_1 の関係が，性別だけでは完全に説明できない可能性を考慮したものです．

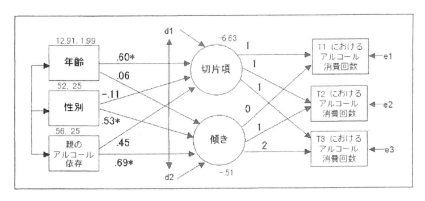

図 7.8: 3 つの説明変数を導入した潜在曲線モデル (推定結果)

図 7.6 をもう一度見てください．これらの直線は平行ではなく，特に，性別によって大きく傾きが変わっています．このことは，アルコール消費

回数に影響を及ぼす要因として時間と性別を考えたとき，交互作用「時間
×性別」があることを示しています．この交互作用は，性別から傾きへの
影響 γ_1 が 0 でないことから生み出されたものです.[14] 従って，$\gamma_1 = 0$ の
検定は，交互作用の検定に他なりません．

　説明変数を一つではなく，複数にした場合も手続きは同様です．次に，
「性別」「年齢」「親のアルコール依存」という 3 つの説明変数を導入した
潜在曲線モデルの分析結果を見てみましょう (図 7.8)．適合度は表 7.3 に
示すとおりで，良い適合を示していると言えます．

表 7.3: 分析モデルの適合度

カイ 2 乗値	自由度	p 値	GFI	CFI	RMSEA
4.982	4	0.289	0.997	0.999	0.026

　パス係数の推定結果によると，年齢や性別という属性，あるいは親のア
ルコール依存という環境によって，T_1 時点でのアルコールの消費回数 (切
片) と増加の割合 (傾き) は変化するようです．具体的には，以下のような
関係にあることが考察できます．

1. T_1 時点で年齢が一つ上だと消費回数は 0.60 多い．年齢から消費回数
   の増加量 (傾き) への影響は認められない．
2. 性別は T_1 時点での消費回数には有意な影響をもたないが，経年によ
   る増加量には影響し，傾きで 0.53 だけ男性が高い．
3. 親がアルコール依存であるかどうかは，経年による増加量に影響 (0.69)
   をもつ．T_1 時点での消費回数へのパス係数は 0.45 と推定されている
   が，統計的有意性は認められなかった．

　この節を終わるにあたって，2 種類の誤差 e と d の役割を確認してお
きましょう．誤差 e は，既に述べたように，各回答者の散布図へ入れた直
線とデータのずれを表しています．e の分散が大きいと直線の当てはまり
が悪いことになります．一方，誤差 d は，切片や傾きのばらつきで説明
変数によって説明できない程度を表しています．すなわち，この例に則し

---

[14]$\gamma_1 = 0$ ならば平均的な傾き $E(\beta_1)$ は性別に依存せず，男女ごとの直線は平行になる．

て言えば，年齢，性別，親のアルコール依存を決めても変動する，切片や傾きの程度を表しています.

　まとめると，潜在曲線モデルは，個体差を考慮して個体ごとに異なった直線を入れたとき，その直線はどの程度当てはまっているか ($\mathrm{Var}(e_i)$)，個体ごとに異なる直線は説明変数でどの程度説明できるか ($\mathrm{Var}(d_i)$) を区別して，「一つのモデル」で評価してくれるのです.

7.1.4　2次のモデル

　これまで紹介してきた潜在曲線モデルは，1次式 (直線) の当てはめを行うものでしたが，2次曲線の当てはめも行うことができます.[15] モデル式は，

$$x_t = \beta_0 + (t-1)\beta_1 + (t-1)^2\beta_2 + e_t \qquad (t=1,2,3)$$

となります. この式も，$\beta_0, \beta_1, \beta_2$ を共通因子とする因子分析モデルの形をしています. 3時点でのモデルを具体的に表現すると，

$$x_1 = \beta_0 + 0 \times \beta_1 + 0 \times \beta_2 + e_1$$
$$x_2 = \beta_0 + 1 \times \beta_1 + 1 \times \beta_2 + e_2$$
$$x_3 = \beta_0 + 2 \times \beta_1 + 4 \times \beta_2 + e_3$$

となり，行列表記にすると，

$$\begin{bmatrix} x_1 \\ x_2 \\ x_3 \end{bmatrix} = \begin{bmatrix} 1 & 0 & 0 \\ 1 & 1 & 1 \\ 1 & 2 & 4 \end{bmatrix} \begin{bmatrix} \beta_0 \\ \beta_1 \\ \beta_2 \end{bmatrix} + \begin{bmatrix} e_1 \\ e_2 \\ e_3 \end{bmatrix}$$

であり，パス図で表現すると図 7.9 のようになります.

7.2　AMOS, EQS, CALIS による実行例

　以下の節では，潜在曲線モデルの解析方法について，1次 (直線) のモデルを例にとって，その手順をソフトウェアごとに解説していきます.

---

[15]非線形の潜在曲線を扱うことも可能だが，本書では紙幅の関係上ふれることができない. 豊田 (2000) などを参考にされたい.

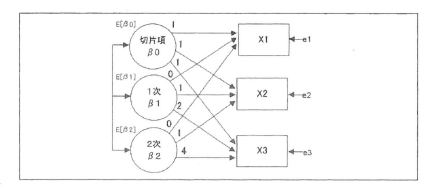

図 7.9: 2 次曲線モデル

7.2.1　AMOS

　まずデータセットの用意をします．ここでは MS-Excel で図 7.10 のよ
うに作成しました．

rowtype_	varname_	T1	T2	T3	年齢	性別(M=1）	親アルコール
n		363	363	363	363	363	363
corr	T1	1	0.68	0.5	0.31	0.01	0.12
corr	T2	0.68	1	0.68	0.31	0.06	0.17
corr	T3	0.5	0.68	1	0.23	0.1	0.2
corr	年齢	0.31	0.31	0.23	1	0.14	0.12
corr	性別(M=1）	0.01	0.06	0.1	0.14	1	-0.15
corr	親アルコール	0.12	0.17	0.2	0.12	-0.15	1
stddev		2.81	3.98	4.79	1.41	0.5	0.5
mean		1.36	2.12	3.18	12.91	0.52	0.56

図 7.10: データ

　AMOS では，潜在曲線モデルのパス図を簡単に描くためのマクロが用
意されています．ツールバーから ツール ─ マクロ ─ Growth Curve Model
を選択し，測定時点の数 (Number of time points，ここでは 3) を入力す
ると図 7.11 が得られます．ただし，1,1,1, 0,1,2 と固定するパス係数はオ
ブジェクトのプロパティでユーザーが入力しなければなりません．データ

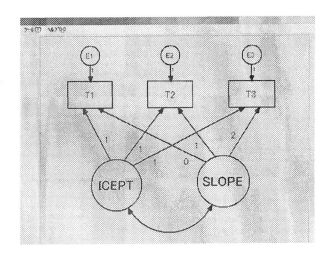

図 7.11: 潜在曲線モデルのマクロ

ファイルを指定して，観測変数名を X_1, X_2, X_3 から T_1, T_2, T_3 へ変更します．データセットに含まれる変数 を表示させて変数名を観測変数の長方形へドラッグすると間違いがありません．平均構造の分析を行うために，分析のプロパティから推定のタブを選択して 平均値と切片を推定 にチェックを入れます．観測変数の切片を 0 とおくために，観測変数のプロパティを開いて切片に 0 を入れます．切片 (ICEPT) と傾き (SLOPE) の因子平均を設定するには，因子のプロパティを開いて平均にある 0 を消去します．以上でモデル規定は終了です．AMOS を走らせると図 7.12 の出力が得られます．推定値が微妙に異なるときは，分析のプロパティにある分散タイプのタブで，二つの共分散を共に「不偏推定値共分散」としてください．

　$\widehat{\mathrm{Var}}(e_1) = -.59$ となっていることから分かるように，AMOS のデフォルトでは分散の推定値が負の値になることがあります．表出力の表示を見ると表 7.4 のようになっており，負の値と推定された $\mathrm{Var}(e_1)$ ですが有意ではありません．そこで，$\mathrm{Var}(e_1) \geq 0$ として推定することになります．ところが，AMOS には不等式制約をおく機能がないので，$\mathrm{Var}(e_1) = 0$ とおいて再推定します．e_1 のオブジェクトのプロパティを開き，パラメー

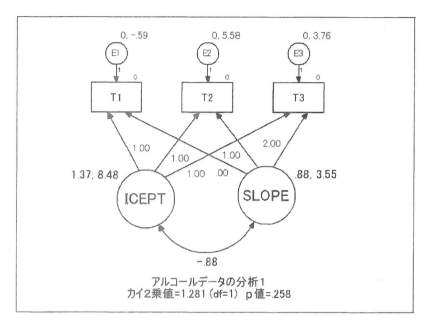

図 7.12: 1 次のモデルの推定結果：説明変数なし

タのタブで分散に 0 を設定します.[16] 変更したモデルで推定すると, (7.3)
と図 7.4 と同等の結果が得られます. しかし, モデルの自由度と p 値が
異なり, AMOS の方は, df=2, p 値=.387 となります. これは, $Var(e_1)$
を自由パラメータとみなすかどうかによる違いを反映したものです. 不適
解の場合, モデルの自由度をどのように定義すべきかは, 現在のところ未
解決の難しい問題です. 個人的には, 自由度を大きくとるとモデルを受容

表 7.4: 不適解の吟味

	推定値	標準誤差	検定統計量	確率
e_1	-0.586	0.746	-0.785	0.432

---
[16]推定値が表示されているモードでは変更はできない. 入力モードで設定されたい.

しやすくなり第二種の過誤が大きくなるので，小さい自由度 (今の場合は df=1) として判断すべきではないかと考えています.

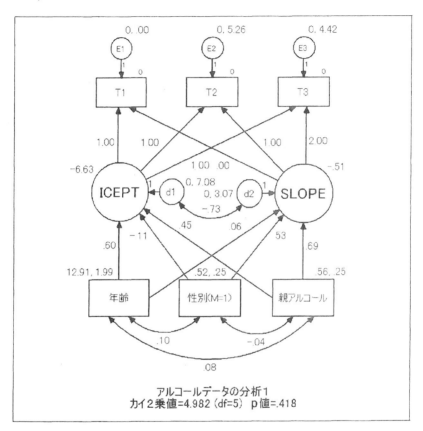

図 7.13: 1 次のモデルの推定結果：説明変数あり

続いて，説明変数のあるモデルでの分析に移りましょう．観測変数「年齢」「性別 (M=1)」「親アルコール」を描き相関を設定します．因子「ICEPT」と「SLOPE」間の相関を外してから，これらの観測変数の各々から二つの因子へパスを引きます．誤差変数 (撹乱変数)d_1 と d_2 を描き相関を設定します.[17] 図 7.13 の推定値が得られます．説明変数のない分析結果と同

---

[17]多くの独立変数間に相関を設定するには，ツールバーから ツール － マクロ －

様，自由度の違いに注意しておく必要があります (df=4 とする).

7.2.2 EQS

EQS では，潜在曲線モデルのパス図を簡単に描くことのできるメニューがパスモデルヘルパーに用意されています．このヘルパーメニューを使えば，基準変数となる変数と観測時点数を指定することによって，説明変数を含まない 1 次 (直線) のモデルと 2 次曲線モデルを描くことができます．

まず，EQS のエディタか外部エディタで 表 7.1 のような相関行列のデータを作成し，alcohol.ess などの名前で保存します．

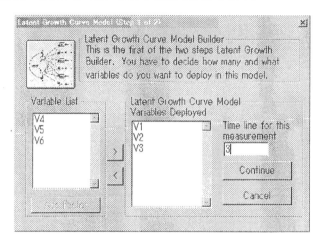

図 7.14: Latent Growth Curve Model (Step 1 of 2)

次に，パスモデルヘルパーを立ち上げ，New Model Helper ダイアログで，上から 3 番目にある Latent Growth Curve Model を選択します．すると，Latent Growth Curve Model (Step 1 of 2) が開きます (図 7.14)．ここでは，時系列で測定された変数とその回数を設定します．Variable List から，各観測時点のアルコール消費回数を示す変数 $V_1 \sim V_3$ を選択し，$\boxed{>}$ をクリックして左の Variable Deployed に移動させます．そして，Time

---

$\boxed{\text{Draw Covariances}}$ が便利.

Line for this measurement ボックスに，観測回数 3 を入力して，Continue
ボタンをクリックします．すると，画面は Latent Growth Curve Model
(Step 2 of 2) に切り替わります (図 7.15).

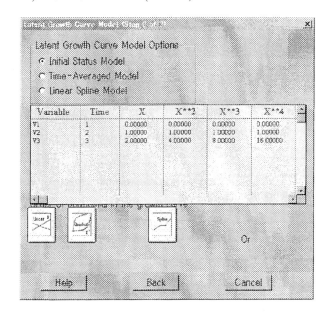

図 7.15: Latent Growth Curve Model (Step 2 of 2)

　ここでは分析モデルに関するオプションを設定します．上のボックス
では潜在曲線モデルのオプションを指定します．ここでは Initial Status
Model を選択してください．次に下に 3 つ並んでいるボックスから，どの
ようなモデルに当てはめるかを選択します．Linear が直線，Quadratic が
2 次曲線，そして Spline は 非線形の潜在曲線の当てはめを行うオプショ
ンです．図 7.3 のような 1 次のモデルの場合は，直線の当てはめを行うの
で，Linear と書かれたボタンをクリックします．また，図 7.9 のような
2 次のモデルの場合は，2 次曲線の当てはめを行うので Quadratic と書か
れたボタンをクリックします．いずれにせよ，この 2 ステップで作図は完
了し，自動的に gwlinear.eds という名前で図 7.16 のようなパス図が作

成されます.[18]

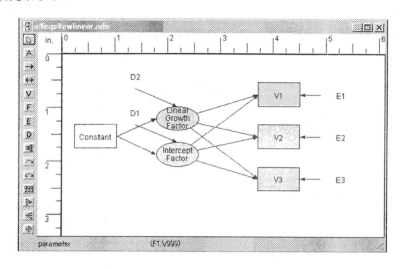

図 7.16: パスモデルヘルパーを用いて描いたパス図

　パス図は全体がグループ化されていますので，各要素の位置を変更した
り，パスの追加・削除などを行いたい場合は，| Layout |-| Break Group | で
グループを解除してから行ってください.

　ここでは，図 7.8 にあるような，アルコール消費回数に影響を及ぼす
ことが予想される 3 つの説明変数を導入したモデルを検討することにし
ましょう．そのためには，ヘルパーによって描かれたパス図に新たに変数
を追加する必要があります．パス図ウインドウの左端に並んでいるパス図
作成メニューから | V | を選択し，ウインドウ上に V_4, V_5, V_6 を表示した
ら，後は 図 7.8 のモデルにしたがってパスを引いていきます．図 7.17[19]
のようなパス図が完成したら，やはり | File |-| Save As | で保存しておきま
しょう.

　パス図からモデルファイルを作成するためには，EQS のメニューから
| Build_EQS |-| Title/Specifications | を選択します．EQS Model Specification
ダイアログでは，タイトルを付ける以外は OK ボタンをクリックするだ

---

[18] | View |-| Labels | をチェックしているので，変数名が表示されている.
[19] | View |-| Labels | をチェックしていないので，変数名が表示されていない.

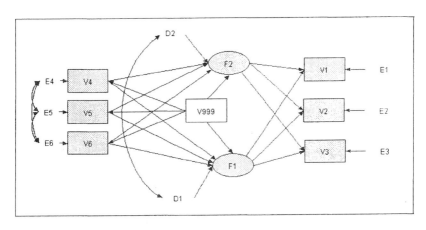

図 7.17: 説明変数のある 1 次直線モデルのパス図

けです. Type of Analysis メニューの Structural Mean Analysis には, 既にチェックマークが入っているはずです. gwlinear.eqx という名前の EQS モデルファイルが自動的に作成されたら, Build_EQS ─ Run EQS を 選択して, alcohol.eqx などのファイル名でモデルファイルを保存する と, 別の窓が開いて推定値を計算します. 計算が終わった後, 出力ファイ ル gwlinear.out が開きます. Window ─ gwlinear.eds を選択してパス図 ウインドウに移り, 推定値を表示させることができます.

表 7.5 に説明変数のあるモデルのモデルファイル例を紹介しています.[20]

7.2.3 CALIS

CALIS では, 先に述べたように多母集団の同時分析はできないのです が, 平均構造の分析は行うことができます. よって, 潜在曲線モデルが扱 えます.

1 次のモデル (図 7.3) で分析する SAS プログラムは表 7.6 のようにな ります. データステップの解説は省略します. 平均構造 $\mu(\theta)$ があるモデ

---

[20]EQS がパス図から自動作成するモデルファイルを, 見やすくするため若干変更してあ る.

表 7.5: 1 次のモデルの推定結果：説明変数があるモデル

```
/TITLE
 Latent Curve Model with Independent Variables
 Created by EQS 6 for Windows
/SPECIFICATIONS
 DATA='alcohol.ess';
 VARIABLES=6; CASES=363; METHODS=ML;
 MATRIX=CORRELATION; ANALYSIS=MOMENT;
/LABELS
 V1=T1; V2=T2; V3=T3; V4=AGE; V5=SEX; V6=ALC;
/EQUATIONS
 V1 =  1F1  + 0F2  + 1E1;
 V2 =  1F1  + 1F2  + 1E2;
 V3 =  1F1  + 2F2  + 1E3;
 V4 =  *V999 + 1E4;
 V5 =  *V999 + 1E5;
 V6 =  *V999 + 1E6;
 F1 =  *V4 + *V5 + *V6 + *V999 + 1D1;
 F2 =  *V4 + *V5 + *V6 + *V999 + 1D2;
/VARIANCES
 V999 = 1.00; E1 TO E6 = *; D1 TO D2 = *;
/COVARIANCES
 E4 TO E6 = *; D2, D1 = *;
/PRINT
 FIT=ALL;
 TABLE=EQUATION;
/OUTPUT
 PARAMETER ESTIMATES; STANDARD ERRORS;
 RSQUARE; LISTING;
/END
```

ルで分析するとき，CALIS は

$$E[\boldsymbol{X}\boldsymbol{X}'] = \boldsymbol{\mu}(\theta)\boldsymbol{\mu}(\theta)' + \Sigma(\theta)$$

の関係式を利用します．この方法は McDonald(1980) によって開発された
もので，平均構造を意識しないソフトウェアでも，この方法を用いれば平
均構造モデルで分析できるというスグレモノです．普通の分析は，平均の
周りの 2 次モーメントである分散共分散行列を利用しますが，McDonald

表 7.6: 1 次のモデルの SAS プログラム

```
DATA alcohol(TYPE=corr);
 INPUT _TYPE_ $ _NAME_ $ t1 t2 t3 age sex alc;
CARDS;
N    .   363   363   363   363   363   363
CORR t1  1.00   .     .     .     .     .
CORR t2   .68  1.00   .     .     .     .
CORR t3   .50   .68  1.00   .     .     .
CORR age  .31   .31   .23  1.00   .     .
CORR sex  .01   .06   .10   .14  1.00   .
CORR alc  .12   .17   .20   .12  -.15  1.00
MEAN .   1.36  2.12  3.18 12.91  0.52  0.56
STD  .   2.81  3.98  4.79  1.41  0.50  0.50
;

PROC CALIS UCOV AUG DATA=alcohol;
 LINEQS
   t1 = 1 f_icept + 0 f_slope + e1,
   t2 = 1 f_icept + 1 f_slope + e2,
   t3 = 1 f_icept + 2 f_slope + e3,
   f_icept = alpha_1 INTERCEP + d1,
   f_slope = alpha_2 INTERCEP + d2;
 STD
   e1-e3 = del1-del3,
   d1-d2 = psi1-psi2;
 COV
   d1-d2 = psi21;
 RUN;
```

の方法は，その代わりに原点まわりの 2 次モーメントを使うのです．これ
を，平均に関して調整していない分散共分散行列 (covariance matrix for
uncorrected for the mean) といいます．このことを宣言するのが，UCOV
というオプションです．また，平均構造を表すには 1 という固定変数を使
います．LINEQS にある INTERCEP のことです．この変数を認識させるた
めに AUG というオプションを付けることになります．[21]

---

[21] Augmented covariance matrix の意味．観測変数ベクトルに固定変数 1 を付け加えた
ものの 2 次モーメントを考えると平均と 2 次モーメントの両者を含んだ情報を得ることが
でき，McDonald の方法はこの行列に対するモデリングを行っている．

ここでは，切片と傾きを表す潜在変数を f_icept と f_slope で表し
ています．d1 と d2 は，f_icept と f_slope からそれらの平均効果を
除いたもの，すなわち中心化した量を表しており，実質的に f_icept と
f_slope と同等です．従って，d1 と d2 に分散・共分散を設定することは，
f_icept と f_slope に分散・共分散を設定することになっています．

表 7.6 でのプログラムを実行すると，表 7.7 のようなウォーニングが出
され，誤差分散 e_1 の分散が負の値に推定されていることが問題とされま
す．この不適解の t Value が有意でないことを確認 (絶対値 < 1.96) した

表 7.7: ウォーニングと $\widehat{\mathrm{Var}(e_1)}$

```
WARNING: The central parameter matrix _PHI_ has probably
         1 negative eigenvalue(s).

             Variances of Exogenous Variables
----------------------------------------------------------
                                  Standard
Variable  Parameter   Estimate     Error      t Value
----------------------------------------------------------
   E1        DEL1     -0.586345   0.746109    -0.786
```

後，$\mathrm{Var}(4_1) \geq 0$ の制約をおいて再分析します．そのために，RUN; の手前
の行に，以下のステートメントを挿入します：

```
BOUNDS
  del1 >=0;
```

すると，表 7.8 の最終の出力が得られます．

CALIS では，不等式制約をおいて推定し，推定値がその境界にきたと
き，そのパラメータを自由なものとして扱いません．例えば，$\mathrm{Var}(e_1) \geq 0$
の制約の下で $\widehat{\mathrm{Var}(e_1)} = 0$ となるとき，$\mathrm{Var}(e_1)$ は自由パラメータではな
く，その値が $\mathrm{Var}(e_1) = 0$ と既知であったものとみなされます．その結果，
自由度が 1 増加します．[22]

----

[22]239 ページで述べたように，このような場合でも $\mathrm{Var}(e_1)$ を自由パラメータとして扱っ
た方がよいというのが著者の考えである．

表 7.8: 1 次のモデル：CALIS による推定値

```
              Manifest Variable Equations
  T1     =    1.0000 F_ICEPT  + 1.0000 E1
  T2     =    1.0000 F_ICEPT  + 1.0000 F_SLOPE  + 1.0000 E2
  T3     =    1.0000 F_ICEPT  + 2.0000 F_SLOPE  + 1.0000 E3

              Latent Variable Equations
  F_ICEPT =   1.3600*INTERCEP + 1.0000 D1
  Std Err     0.1475 ALPHA_1
  t Value     9.2212

  F_SLOPE =   0.8849*INTERCEP + 1.0000 D2
  Std Err     0.1071 ALPHA_2
  t Value     8.2655

            Variances of Exogenous Variables
  ---------------------------------------------------------
                                     Standard
  Variable   Parameter  Estimate      Error      t Value
  ---------------------------------------------------------
  INTERCEP              1.002762         0         0.000
  E1         DEL1              0         0
  E2         DEL2       5.302662   0.477406       11.107
  E3         DEL3       4.266742   1.123232        3.799
  D1         PSI1       7.896100   0.586912       13.454
  D2         PSI2       3.272405   0.363435        9.004
```

説明変数を入れて分析するための SAS プログラム (PROC ステップの
み) を表 7.9 に示しています.

7.3　潜在曲線モデルのまとめ

　成長・変化を分析する際，読者の皆さんがまず考えつくのは次の二つ
の方法でしょう. すなわち，母集団全体の変化を一つの曲線[23]で記述する
方法と各個体の変化に一つの曲線 – 曲線は個体の数だけある – を入れて

---

[23]ここでいう曲線とは直線を含んだ概念である.

表 7.9: 1 次のモデルの推定結果：説明変数があるモデル

```
PROC CALIS UCOV AUG DATA=alcohol;
 LINEQS
   t1 = 1 f_icept + 0 f_slope + e1,
   t2 = 1 f_icept + 1 f_slope + e2,
   t3 = 1 f_icept + 2 f_slope + e3,
   f_icept = alpha_1 INTERCEP + gamma_11 age + gamma_12 sex
                              + gamma_13 ALC + d1,
   f_slope = alpha_2 INTERCEP + gamma_21 age + gamma_22 sex
                              + gamma_23 alc + d2,
   age = m4 INTERCEP + e4,
   sex = m5 INTERCEP + e5,
   alc = m6 INTERCEP + e6;
 STD
   e1-e6 = del1-del6,
   d1-d2 = psi1-psi2;
 COV
   d1-d2 = psi21,
   e4-e6 = del54
           del64 del65;
 BOUNDS
   del1 >=0;
 RUN;
```

観察する方法です．もちろん両方ともやってみることが必要ですが，前者
は，個体差が大きい分野では大雑把すぎて，ぼんやりとした全体像を眺め
るだけになってしまいます．また，後者は，個体数が多いと「木を見て森
を見ず」という感じになり，そのままでは有益な情報は得られません．こ
の「帯に短したすきに長し」という状況を打破するのが潜在曲線モデル
だと言えるでしょう．すなわち，成長・変化の個体差を，説明変数の導入
で有効に分類しようとするのです．説明変数が名義尺度ならば，完全に分
類に対応します．潜在曲線モデルは，その分類に価値があるのか，分類ご
とに共通な曲線はどのようなものか，より具体的には，男女によって曲線
が異なるのか，親がアルコール依存であるかどうかで飲酒回数は影響を受
けるのかなどといった疑問に，明快に答えてくれます．また，説明変数が
連続量の場合は，通常の回帰分析と同様に，説明変数の 1 単位の増加が，

特性の成長や変化にどのように影響するかを教えてくれます.

　潜在曲線モデルは,観測変数に当てはめる直線や曲線の係数を潜在変数に見立てるところから,このようによばれています.「潜在成長モデル (latent growth model)」,「潜在成長曲線モデル (latent growth curve model)」,「成長曲線モデル (growth curve model)」といった用語が用いられることもあります.

　通常の共分散構造モデルは,パラメータの値を推定することによって母集団の性質を明らかにすることを目的としています.ここでいうパラメータとは,個々の個体 (測定対象) を直接記述するものではなく,母集団の特徴を記述するものでした.しかし,われわれは,因子分析における因子得点 (e.g., 個人の能力) のように,個体差を記述する道具も持ち合わせています.潜在曲線モデルは,個体差を確率変数とみなすことで,母集団の特徴を記述するパラメータのみを推定するが,個体差も許すというフレームワークを,成長・変化の記述に応用したものであると言えるでしょう.因子分析での個体差が因子得点で表されたのと同様に,潜在曲線モデルでも,切片や傾きは潜在変数ですが,それらの得点で個体差を検討することができます.しかし,因子分析や潜在曲線モデルの一つの特徴は,個体差を記述する因子や切片,傾きを具体的に推定することなく,必要なパラメータ (因子負荷量,説明変数からのパス係数) が見積もれる点にあります.

　共分散構造分析としての潜在曲線モデルには一つ欠点があります.それは,測定時点が各個体ごとにそろっていなければならないという制約です.測定時点が個体ごとに異なっていても,各個体の推移に直線や曲線を入れて,それらを記述する量 (切片・傾き) を計算して説明変数へ回帰するという方法は可能です.HLM などのソフトウェアではこのようなデータの分析が可能なのですが,現在のところ,残念ながら共分散構造分析のフレームワークでは分析できません.[24]

---

[24]フリーの共分散構造分析ソフトウェアに Neale の Mx がある.Mx は各個体に対して平均と共分散構造を指定できるので,このようなデータでも分析できると思われる (著者未確認).興味のある読者は以下の URL を訪問されたい: http://views.vcu.edu/mx/

第8章
二段抽出モデル

本章では，二段抽出 (two-level sampling) モデルを解説します．これは新しいモデルというよりも，二段抽出というサンプリング方法で採られたデータを正確に分析するための方法で，従来の共分散構造モデルと組み合せて利用します．ここでは EQS を用いた分析を紹介します．

8.1 　二段抽出法とは

共分散構造分析は，想定した母集団からの単純無作為標本に基づいて実行することが前提になっていました．すなわち，設定された母集団から何の考慮もなく無作為に抽出された標本に基づいて分析をするということが想定されています．しかし，近年，二段抽出されたデータに対しても正確に分析できる方法論が発展し，その分析方法が市販のソフトウェアにも搭載されるようになりました．[1] この方法は，(単純無作為抽出でない) 二段抽出のサンプリングのモデル化を行うもので，因子分析モデルやパス解析モデルのような今までで解説してきた共分散構造モデルと組み合せて使います．

---

[1]McDonald-Goldstein(1989) と Muthén の一連の論文が基本的 (e.g., Muthén (1994, 1997); Muthén-Muthén (1998)). Lee(1990) や Lee-Poon(1992) も参照されたい.

　世論調査に代表されるような社会調査において，大規模な母集団を想定した調査を実施する場合は，国勢調査のようにごく稀なケースで全数調査が行われることを除けば，標本調査が行われることがほとんどです．標本調査では，調査対象とする母集団の中から一部の対象を取り出して情報を集め，その結果から母集団に関する推測を行います．母集団から一部の対象を取り出すことを標本抽出といい，普通は無作為抽出法で行われます．

　さて，この無作為抽出にもさまざまな方法があります．最も単純なのは単純無作為抽出法で，母集団の情報が記載されている台帳 (選挙人名簿や学籍簿など) から乱数を用いて標本を抽出する方法です．しかし，単純無作為抽出を行うためには，基になる母集団のリストが必要です．また，大規模な母集団，例えば「大阪府民」といったような場合は，実施がほとんど不可能になってしまいます．そこで，このような場合に用いられるのが，多段抽出法とよばれる無作為抽出法です．これは，調査対象となる母集団からいきなり標本 (e.g., 有権者) を抽出するのではなく，まずその標本を含んだ上位の集合 (抽出単位) を抽出し，それを 1 回あるいは数回繰り返してから，標本となる人を抽出する方法です．ここでは，無作為化を二段階に分けて行う二段抽出法を扱います．

　例えば「大阪市内の中学に在学している中学生」を母集団とする調査を実施する場合を考えてみましょう．この際,「大阪市内の中学に在学している中学生」全員の名簿を手に入れるのはなかなかに難儀ですが,「大阪市内のすべての中学校」の名簿なら比較的容易に入手することができます．そこで，まず最初に 1 次抽出単位として大阪市内のいくつかの中学校を抽出します．しかる後に，抽出された中学校から学籍簿を入手して，そこから標本となる中学生を抽出し，調査を行うことを考えるわけです．このような二段抽出法を用いることには，名簿入手の容易さというメリットに加えて，抽出された標本，すなわち各中学の学生が居住している場所はその中学の校区内に集まっていますから，例えば面接調査のような手間のかかる方法であったとしても比較的容易に実施できるといったようなメリットもあります．

　この抽出法を模式的に示したのが図 8.1 です．[2] 上位集合を 1 回抽出した後に標本を抽出していますから二段という形容詞が付いているわけです

---

[2]図 8.1 はパス図ではない (念のため).

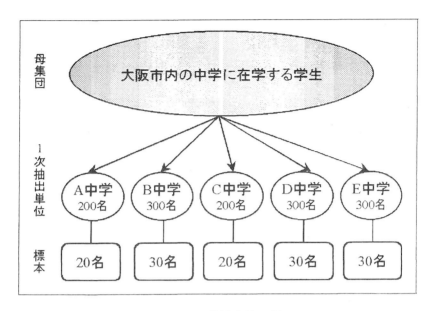

図 8.1: 二段抽出法の例

が，実際は，こういった二段抽出に限られるわけではなく，三段あるいは四段といった抽出を考えることもできます。[3]

　以下，本章では，二段抽出法により得られた調査データへの共分散構造モデルの適用について，話を進めていくことにしましょう．

8.2　従来の分析方法と二段抽出モデル

　ここまで述べてきたように，二段抽出という手法は標本抽出の際の負担軽減を図るために考案されたものです。しかし，そのことが，データの構造に微妙に影響を及ぼします。

　二段抽出法は実験計画法でいう乱塊法に似ています。例えば，いくつかの教授方法を比較するために，図 8.1 のようにして標本抽出し，実験を行ったとしましょう。このとき，どの中学に属しているかという情報はブ

---

[3]調査法に興味のある読者は，浅井 (1987) や豊田 (1998) を参照されたい．

ロック因子と考えられ，変量因子として (教授方法を要因とした) 分散分析のモデルに組み入れられます．単純無作為抽出された標本については，ブロック因子は存在せず，普通の 1 要因の分散分析が実行されます．[4]

　共分散構造分析では，二段抽出を行ったデータは，以下の 3 つのパターンのいずれかで分析されることがほとんどでした．

 (i) 「二段抽出」を無視して単純無作為抽出のデータとして分析する．

 (ii) 1 次抽出単位 (中学校) ごとに計算された平均値を生データとして分析する．このとき，標本サイズは 1 次単位として抽出した中学校の数となる．

(iii) 1 次抽出単位ごとに分散共分散行列を計算し，それらをプールした分散共分散行列を分析する．

これらの分析方法のなかで適切なものはどれでしょうか．実は，(i) と (ii) は不適切であることが分かっており，一方，(iii) は適切なのですが，何を分析しているのかをしっかりと理解しておく必要があります．これらを少し詳しく説明しましょう．C を 1 次抽出単位 (中学校) の数，n_c を c 番目の中学校から採られたサンプルの大きさを表すとします．[5] c 番目の 1 次抽出単位 (中学校) から i 番目に抽出された標本の観測値 (ベクトル) を x_{ci} と書くと，二段抽出モデルは次のように表すことができます．

$$x_{ci} = \mu + u_c + v_{ci} \quad (c = 1, \cdots, C;\ i = 1, \cdots, n_c)$$

ここで，μ は一般平均，u_c は 1 次抽出単位 (中学校) の効果，すなわち，c 番目に選ばれた中学校の特色を表します．v_{ci} は 2 次抽出単位，すなわち，c 番目の中学校から (無作為に) i 番目に選ばれた標本を表します．[6]

　x_{ci} $(i = 1, \cdots, n_c)$ は，c 番目の中学校の特色 u_c を共有しているので，これらは独立ではありません．単純無作為標本との違いは，まずこの従属性にあります．乱塊法計画のデータを完全無作為計画として分散分析してはならないのと同様，二段抽出を無視して単純無作為抽出のデータとして分析する (上記の (i)) ことはできません．

---

[4] 分散分析は平均の違いに興味があるのに対して，ここでの興味は主に分散・共分散の分析である．

[5] 1 次抽出単位ごとに標本の大きさが異なりうることに注意する．$n_1 = \cdots = n_C$ のときをバランス型計画，そうでないときをアンバランス型計画という．

[6] 因子分析モデルやパス解析モデルは，u_c や v_{ci} に対して設定される．

上記で紹介した (ii) と (iii) の方法は，それぞれ $\boldsymbol{u}_c$ と $\boldsymbol{v}_{ci}$ の変動を捉えよ うとしているように見えます．そこで，$\mathrm{Var}(\boldsymbol{u}_c) = \Sigma_B$, $\mathrm{Var}(\boldsymbol{v}_{ci}) = \Sigma_W$ と 書き，$\mathrm{Cov}(\boldsymbol{u}_c, \boldsymbol{v}_{ci}) = O$ を仮定して，(ii) と (iii) の方法が何を分析している か調べてみましょう．なお，Σ_B の B は Between-sample の意味で 1 次抽 出単位 (中学校) 間の変動を表します．一方，Σ_W の W は Within-sample の意味で 1 次抽出単位 (中学校) 内の変動を表します．[7]

分析対象となる分散共分散行列は，(i) では全データを用いて，(ii) では 1 次抽出単位の平均 $\bar{\boldsymbol{x}}_c = \sum_{i=1}^{n_c} \boldsymbol{x}_{ci}/n_c$ をデータとして，(iii) では，(i) の ように全データを用いますが，全体平均 $\bar{\boldsymbol{x}} = \sum_{c=1}^{C} \sum_{i=1}^{n_c} \boldsymbol{x}_{ci}/N$ の代わり に 1 次抽出単位ごとの平均 $\bar{\boldsymbol{x}}_c$ を用いて，作成されます．[8]すなわち，前述 (i), (ii), (iii) の各方法は，それぞれ以下の S_T, S_B, S_W を分析することに 相当します．

$$S_T = \sum_{c=1}^{C} \sum_{i=1}^{n_c} (\boldsymbol{x}_{ci} - \bar{\boldsymbol{x}})(\boldsymbol{x}_{ci} - \bar{\boldsymbol{x}})'/(N-1)$$

$$S_B = \sum_{c=1}^{C} \sum_{i=1}^{n_c} (\bar{\boldsymbol{x}}_c - \bar{\boldsymbol{x}})(\bar{\boldsymbol{x}}_c - \bar{\boldsymbol{x}})'/(C-1) \left(= \sum_{c=1}^{C} n_c (\bar{\boldsymbol{x}}_c - \bar{\boldsymbol{x}})(\bar{\boldsymbol{x}}_c - \bar{\boldsymbol{x}})'/(C-1) \right)$$

$$S_W = \sum_{c=1}^{C} \sum_{i=1}^{n_c} (\boldsymbol{x}_{ci} - \bar{\boldsymbol{x}}_c)(\boldsymbol{x}_{ci} - \bar{\boldsymbol{x}}_c)'/(N-C)$$

これらについて次の結果が分かっています．

$$\text{(i)} \ldots \quad E[S_T] \ = \ \omega_1 \Sigma_W + \omega_2 \Sigma_B$$

$$\text{(ii)} \ldots \quad E[S_B] \ = \ \Sigma_W + \omega_3 \Sigma_B \tag{8.1}$$

$$\text{(iii)} \ldots \quad E[S_W] \ = \ \Sigma_W \tag{8.2}$$

ここで ω_3 は次のように書くことができます:[9]

$$\omega_3 = \frac{N^2 - \sum_{c=1}^{C} n_c^2}{N(C-1)} \tag{8.3}$$

---

[7]Between-level, Within-level ということもある．

[8]$N = \sum_{c=1}^{C} n_c$ は全標本サイズを表す．

[9]豊田 (2000, 13.4 節) に ω_3 の導き方が紹介されている．(8.3) の ω_3 は $\frac{\sum_{c \neq c'}^{C} n_c n_{c'}}{N(C-1)}$ と変形することができ，n_c のある種の平均であると解釈できる．バランス型のとき，すな わち $n_1 = \cdots = n_C (= n,$ と書く) のときは，$\omega_3 = n$ となる．

ω_1 と ω_2 の具体的な形の導出は読者の皆さんへの宿題とします. いずれに
しましても, ω_1, ω_2, ω_3 は 1 次抽出単位の数 C や標本サイズ n_c に関係
する定数です.

　これらの結果から分かるように, (i) と (ii) の分析では, 1 次抽出単位
間と 1 次抽出単位内の分散共分散行列 Σ_B, Σ_W が混在したものに基づい
て分析しようとしており, その混在したものが何を表しているのか不明で
す. また, 係数 ω_k は C や n_c に依存していますから, Σ_B と Σ_W が異な
るときには, 標本サイズによって分析結果が変わることになり, これも大
きな問題です. また, (iii) は 1 次抽出単位内の分散共分散行列 Σ_W に基づ
く分析であることを心に留めておく必要があります.

　分散共分散行列 Σ_W の分析は (iii) でできたわけですが, では, 1 次抽
出単位間の分散共分散行列 Σ_B の分析はどのようにすればよいのでしょう
か. 関係式 (8.1) と (8.2) から Σ_B を解くと $\Sigma_B = [E(S_B) - E(S_W)]/\omega_3$
となり, この式から, Σ_B の推定値として

$$\tilde{S}_B = \frac{S_B - S_W}{\omega_3} \tag{8.4}$$

が導かれます.[10] しかし, 実は, $\tilde{S}_B$ の分布に関する性質がよく分かって
いないので, 現在のところ, $\tilde{S}_B$ を直接モデル化することは行われていま
せん.

　そこで, (8.1) と (8.2) を用いて, Σ_W と Σ_B を同時に推定する方法が
提案されました. S_W と S_B は独立に分布することが分かっているので,
S_W と S_B のそれぞれに共分散構造モデルを想定して多母集団の同時分析
を行うのです.[11] これは Muthén の方法とよばれており, バランス型計画
$(n_1 = \cdots = n_C)$ のときは最尤法と一致することが分かっています.

　以上のことをまとめましょう. 二段抽出モデルを用いれば, 1 次抽出単
位内の分散共分散行列 Σ_W と 1 次抽出単位間の分散共分散行列 Σ_B を区
別して推測することができ, $\Sigma_W = \Sigma_B$ の検討や, これらの分散共分散行
列に異なったモデルを適合させることができます. S_T や S_B の分析[12]は,
一般には $\Sigma_W \neq \Sigma_B$ ですから, どの分散共分散行列を対象にして分析して
いるのかが不明です. $\Sigma_W = \Sigma_B$ のときは推定値には意味がありますが,

[10]乱塊法計画においてブロック因子の分散を推定する式と同等である.
[11]S_W と S_B に対する標本サイズは, それぞれ, $N - C$ と C である.
[12]254 ページの (i) と (ii) による分析のこと.

適合度の検定やパス係数の検定などの統計的推測は不正確で信用できません．Σ_B が非常に小さいとき，すなわち，学校間の違いが無視できるような場合は二段抽出モデルを用いなくてもよいのですが，二段抽出モデルを用いれば「Σ_B が非常に小さい」ということを確認することができます．

次に，Σ_W と Σ_B とを区別する意義について考えてみます．Σ_W は学校間の違いが分析対象となっています．一方，Σ_B は被験者 (学生) の違いが変動要因となり，それが分析対象です．教育委員会や文部科学省は学校間格差に，現場の教師は学生の違いに，より興味があるかもしれません．学校間格差と学校に配分される予算との関連に興味がある場合は Σ_B の分析が妥当でしょう．一方，学生の成績と学習塾へ行っているかどうかとの関連を見たいときには Σ_W を分析対象とすべきでしょう.[13] このように，研究の目的によって分析すべき分散共分散行列が違ってくるのです．

Σ_B を分析対象とする際，注意しておかなければならないのは，学校ごとの平均をデータと考えて分析する，すなわち，254 ページの (ii) の分析では不十分だということです．(8.1) 式にあるように，1 次抽出単位間の分散共分散行列 S_B には，1 次抽出単位抽出内の変動 Σ_W が含まれているからです.[14] この変動を推定し取り除いて分析することが必要なのです．

標本調査を簡便に行いたいというモティベーションの下で考案された二段抽出法ですが，実は，変動の要因を 1 次抽出単位内と 1 次抽出単位間に分離して，それぞれの構造を検討することができるようなサンプリング方法でもあったのです．そして，最近の共分散構造分析のソフトウェアは，その分析を簡単に実行できるようにしたと言えるでしょう．

8.3　EQSによる分析：3種類の分散共分散行列

二段抽出モデルを用いてデータを分析してみましょう．二段抽出モデルを扱うことができるソフトウェアは現在でも限られており，本書で紹介する 3 つのソフトウェアのうち，CALIS はこのモデルを扱うことができま

---

[13] もちろん，配分される予算や学習塾へ行っているかどうかに関するデータが必要．

[14] その理由の一つは，どの学生が選ばれるかという変動，これが Σ_W を反映する，が必ず S_B に含まれることにある．1 次抽出単位内の標本 n_c が大きければ ω_3 も大きくなる．従って，(8.1) から S_B に含まれる変動 Σ_B は相対的に大きくなり，Σ_W は実質的に無視することができるようになる．このことは，標本 n_c が大きければ標本変動が減少するということからも理解できる．

せん.また,ローデータから直接モデルを構築し,解析を実行できたり,
モデルの解析手法に複数のオプションが用意されているのは EQS のみと
なっています.AMOS では,あらかじめ抽出単位内／間の分散共分散行
列を計算し,そのデータに基づき Muthén の方法で分析しますが,多母集
団の同時分析と基本的に同じですので省略します.[15]

　本節では,実際に抽出単位内,及び単位間の状態がどのようなものであ
るかを検討するために,

(i) 1 次抽出単位を考慮しない (S_T)

(ii) 1 次抽出単位間 (S_B)

(iii) 1 次抽出単位内 (S_W)

という 3 つのパタンで各変数の分散共分散行列を計算してみます.[16]

　分析の対象としたのは,図 8.2 に示すような,サンプル数 720,9 変数
からなるデータセットです.[17] 9 変数のうち 8 変数は,各 4 変数ずつが二
つの潜在変数 (因子) の観測変数となるもので,残りの 1 変数 (V_9) は抽出
単位を示す変数です.V_9 は当該サンプルがどの抽出単位に属しているかを
示しています.ここでは,120 の抽出単位から 4, 6, 8 サンプルずつが抽出
(各 40 抽出単位) されており,サンプル数が合計で 720 となっています.

　まず,1 次抽出単位を考慮しない,すなわち,すべてのデータを一括して
計算した場合の分散共分散行列は,表 8.1 のようになります.この行列を計
算するのはどのソフトウェアでも比較的容易ですが,EQS では Analysis ⊢
Correlations を選択します.Covariance/Correlation Matrix ダイアログ
が開きますので,Output Matrix Type で Covariance Matrix を選んでか
ら,Variable List から,$V_1 \sim V_8$ を Selection List に移動させて OK を
クリックしてください.すると,新しく output.log というウインドウが
開き,分散共分散行列が出力されます.

　次に,1 次抽出単位内／間での分散共分散行列を計算してみましょう.
EQS には,この計算をスムーズに行えるオプションが用意されています.
Analysis ⊢ Intraclass Correlation を選択すると,図 8.3 のダイアログが開

---

[15]EQS 以外のソフトウェアで二段抽出モデルをサポートしているのは,Mplus, LISREL
である.

[16]254 ページの (i)–(iii) のことである.

[17]EQS のサンプルデータ (liang.ess). シミュレーションデータである.

表 8.1: 分散共分散行列・1 次抽出単位を考慮しない場合

	V1	V2	V3	V4	V5	V6	V7	V8
V1	2.018							
V2	1.356	2.078						
V3	1.278	1.326	1.945					
V4	1.405	1.346	1.343	2.016				
V5	0.628	0.635	0.552	0.727	2.155			
V6	0.561	0.662	0.501	0.704	1.367	2.026		
V7	0.706	0.752	0.618	0.790	1.438	1.405	2.071	
V8	0.618	0.688	0.489	0.756	1.450	1.352	1.348	2.036

きます．ここで，分散･共分散を計算したい変数 $V_1 \sim V_8$ を Within/Between Level に移動させ，1 次抽出単位である V_9 は Cluster Variable であることを指定します．以上の設定が終了したら OK ボタンを押すと，`output.log` に 1 次抽出単位間／内での分散共分散行列と相関行列などが出力されます．

表 8.2 に，1 次抽出単位間 (Regular Between-Sample Covariance Matrix)，1 次抽出単位内 (Pooled Within-Sample Covariance Matrix) の分散共分散行列ならびに，1 次抽出単位間の分散共分散行列から 1 次抽出単位内の変動を取り除いた純粋の 1 次抽出単位間変動の推定値 (8.4), $\tilde{S}_B$, が示されています．

これら 3 つの分散共分散行列と表 8.1 に示したものはまったく異なる

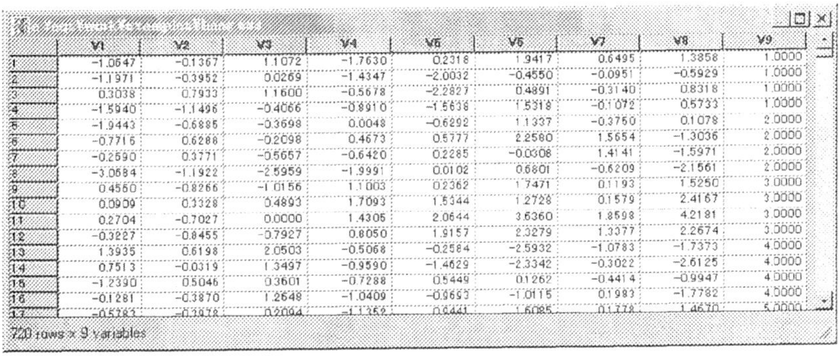

	V1	V2	V3	V4	V5	V6	V7	V8	V9
1	−1.0647	−0.1367	1.1072	−1.7630	0.2318	1.9417	0.6495	1.3858	1.0000
2	−1.1971	−0.3952	0.0269	−1.4347	−2.0032	−0.4550	−0.0951	−0.5929	1.0000
3	0.3038	0.7933	1.1600	−0.5678	−2.2827	0.4891	−0.3140	0.8318	1.0000
4	−1.5940	−1.1496	−0.4066	−0.8910	−1.5638	1.5318	−0.1072	0.5733	1.0000
5	−1.9443	−0.6885	−0.3698	0.0048	−0.6292	1.1337	−0.3750	0.1078	2.0000
6	−0.7716	0.6288	−0.2098	0.4673	0.5777	2.2580	1.5654	−1.3036	2.0000
7	−0.2590	0.3771	−0.5657	−0.6420	0.2285	−0.0308	1.4141	−1.5971	2.0000
8	−3.0684	−1.1922	−2.5959	−1.9991	0.0102	0.6801	−0.6209	−2.1561	2.0000
9	0.4560	−0.8266	−1.0156	1.1003	0.2362	1.7471	0.1193	1.5250	3.0000
10	0.0909	0.3328	0.4893	1.7093	1.5344	1.2728	0.1579	2.4167	3.0000
11	0.2704	−0.7027	0.0000	1.4305	2.0644	3.6360	1.8598	4.2181	3.0000
12	−0.3227	−0.8455	−0.7927	0.8050	1.9157	2.3279	1.3377	2.2674	3.0000
13	1.3935	0.6198	2.0503	−0.5068	−0.2584	−2.5932	−1.0783	−1.7373	4.0000
14	0.7513	−0.0319	1.3497	−0.9590	−1.4629	−2.3342	−0.3022	−2.6125	4.0000
15	−1.2390	0.5046	0.3601	−0.7288	0.5449	0.1262	−0.4414	−0.9947	4.0000
16	−0.1281	−0.3870	1.2648	−1.0409	−0.9693	−1.0115	0.1983	−1.7782	4.0000
17	−0.5783	−0.3978	0.2094	−1.1352	0.9441	1.6085	0.1778	1.4670	5.0000

720 rows × 9 variables

図 8.2: 多段抽出モデル・データセット

表 8.2: 上から順に，1 次抽出単位間 (S_B)，1 次抽出単位内 (S_W)，純粋な 1 次抽出単位間 $(\tilde{S}_B = (S_B - S_W)/\omega_3)$ の分散共分散行列．最下段は，級内相関係数と $\omega_3, \sqrt{\omega_3}$

	V1	V2	V3	V4	V5	V6	V7	V8
V1	6.658							
V2	4.455	7.069						
V3	4.194	4.546	6.835					
V4	4.711	4.465	4.510	6.732				
V5	2.182	2.099	1.980	2.682	7.507			
V6	1.995	2.503	1.704	2.666	4.813	7.006		
V7	2.680	2.823	2.285	3.076	5.039	4.883	7.043	
V8	2.144	2.488	1.682	2.859	5.378	4.942	4.662	7.337

	V1	V2	V3	V4	V5	V6	V7	V8
V1	1.099							
V2	0.743	1.089						
V3	0.701	0.688	0.977					
V4	0.751	0.729	0.717	1.082				
V5	0.320	0.345	0.270	0.340	1.095			
V6	0.277	0.298	0.263	0.316	0.685	1.040		
V7	0.315	0.342	0.287	0.337	0.725	0.717	1.086	
V8	0.316	0.331	0.253	0.339	0.672	0.642	0.691	0.986

	V1	V2	V3	V4	V5	V6	V7	V8
V1	0.927							
V2	0.619	0.997						
V3	0.583	0.644	0.977					
V4	0.661	0.623	0.633	0.942				
V5	0.310	0.293	0.285	0.390	1.069			
V6	0.287	0.368	0.241	0.392	0.688	0.995		
V7	0.394	0.414	0.333	0.457	0.719	0.695	0.993	
V8	0.305	0.360	0.238	0.421	0.785	0.717	0.662	1.059

```
Estimated Intraclass Correlations
      V1     V2     V3     V4     V5     V6     V7     V8
    0.460  0.481  0.503  0.468  0.497  0.492  0.480  0.521

Ad Hoc Estimator Constant  =   5.996
Square Root of Ad Hoc      =   2.449 (Scaling Factor)
```

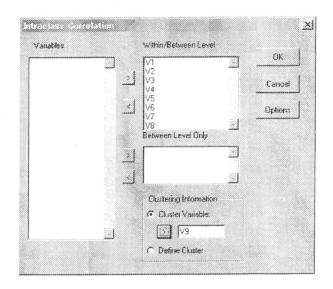

図 8.3: 1 次抽出単位内／間での分散共分散行列を計算

ことが見て取れるでしょう．関係式 $\tilde{S}_B = (S_B - S_W)/\omega_3$ を確かめてみましょう．ω_3 の推定値は Ad Hoc Estimator Constant に 5.996 と出力されていることに注意してください．[18] このとき，例えば，分散共分散行列の (1,1) 成分を比較すると

$$0.927 = (6.658 - 1.099)/5.996$$

となることが分かります．他の成分についても同様の関係が成立します．

Square Root of Ad Hoc = 2.449 (Scaling Factor) は ω_3 の平方根を表しており，次節で解説する Muthén の方法で用います．

級内相関係数 ρ (Intraclass Correlations) は全変動の中で級間変動の占める割合を教えてくれます．ρ の値が大きいと 1 次抽出単位間の変動が大きくなり，二段抽出モデルで分析する価値があるということになります．[19] Muthén (1997) は，調査データの場合，ρ の値は 0.0〜0.5 程度であるが，$\rho \geq 0.1$ であって 1 次抽出単位が 15 を超えるとき，二段

---

[18] ω_3 の定義式は (8.3) にある．
[19] 級内相関係数は変数ごとに定義される．

抽出モデルで分析すべきであると言っています．Muthén(1997) は次のような実例を挙げています．学校を 1 次抽出単位として数学の成績を調査した場合 $\rho = 0.15 \sim 0.20$ であり，クラスを 1 次抽出単位とした場合は $\rho = 0.30 \sim 0.40$ となり，両者ともかなり高い値となります．このような場合は二段抽出モデルで分析すべきでしょう．一方，地域を 1 次抽出単位とした薬物利用に関する調査では $\rho = 0.02 \sim 0.07$ となり，また，他の態度に関する調査でも ρ は低い値であったと報告されています．このような場合は，二段抽出モデルを適用する必要はなさそうです．

このように，級内相関係数は二段抽出モデルで分析すべきかどうかの指針を与えてくれます．

8.4 EQS による分析：最尤法と Muthén の方法

前節でのデータを，1 次抽出単位間と 1 次抽出単位内の分散共分散行列 Σ_B と Σ_W の両者に同一の因子分析モデルを想定して分析する手順を紹介しましょう．[20] 2因子を考え，因子 F_1 は V_1 から V_4 へ影響を及ぼし，因子 F_2 は V_5 から V_8 へ影響を及ぼすとしましょう．EQS には，二段抽出モデルで解析するオプションとして，最尤法 (ML)，Muthén の方法 (MUML)，階層線形モデル (HLM) の 3 つが用意されていますが，ここでは，生データを用いる最尤法と，分散共分散行列データを用いる Muthén の方法について説明します．

8.4.1 最尤法 (ML)

まず，1 次抽出単位内／間の分散共分散行列をあらかじめ計算する必要がない最尤法 (ML) による解析を行ってみましょう．生データを読み込んだら，| Build_EQS |―| Title/Specifications | を選択しましょう．すると EQS Model Specifications ダイアログが現われますので，まずモデルのタイトルを指定します．次に，多段抽出モデルで分析を行うために，Type of Analysis で Multi-level Analysis にチェックを入れます．すると，すぐに図 8.4 の Additional /SPECIFICATION options ダイアログが開きます．

---

[20]同一と言っても，パス図が同じということであって，パラメータの値は異なる．

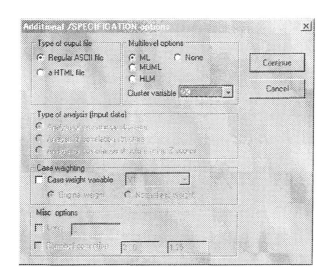

図 8.4: EQS モデルファイルの作成－/SPECIFICATIONS の設定

このダイアログでは，どの多段抽出モデルで分析を行うかを選択し，合わせて 1 次抽出単位を示す変数を指定します．この例では最尤法による多段抽出モデルを用いますので，Multi-level options で ML を選択します．また，1 次抽出単位は V_9 に入力されていますから，Cluster Variable のプルダウンメニューから V_9 を選択します．

　以上の設定が済んだら，Continue をクリックしてください．すると，ダイアログ EQS Model Specifications に戻ります．ただし，最初に開いたダイアログとこのダイアログでは，多段抽出モデルの指定を行ったことで若干の違いが生じています．図 8.5 を見てみましょう．まず，Type of Analysis メニューで，Multi-Level Analysis に加えて Multisample Analysis にチェックが入り，グループ数が 2 であることが自動的に指定されています．また，ダイアログの右側上部に

Within Level

と表示されています．これは，多段抽出モデルの グループ 1 が 1 次抽出単位内 の影響を分析するモデルの方程式を指定するステップであること

表 8.3: 最尤法：モデルファイル:最初の部分

```
/TITLE
 Multilevel Model(ML) -- Within Level
/SPECIFICATIONS
 DATA='e:\eqs\liang.ess';
 VARIABLES=9; CASES=720; GROUPS=2;
 METHODS=ML; MATRIX=RAW;
 ANALYSIS=COVARIANCE;
 MULTILEVEL=ML; CLUSTER=V9;
/LABELS
 V1=V1; V2=V2; V3=V3; V4=V4; V5=V5;
 V6=V6; V7=V7; V8=V8; V9=V9;
/PRINT
 FIT=ALL; TABLE=EQUATION;
/END
```

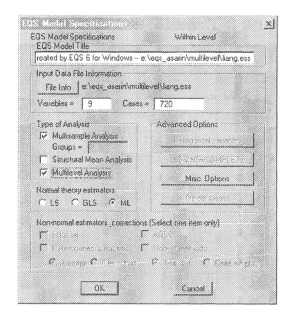

図 8.5: 最尤法：モデルファイルの作成－ Group1 : Within Level

を示しています. OK ボタンをクリックすると, 表 8.3 のような基本とな
るモデルファイルが自動的に生成されます. /SPECIFICATIONS の部分の
記述に注目してください. MULTILEVEL オプションとして ML(最尤法) が
指定されており, また, CLUSTER オプションに 1 次抽出単位を示す V9 が
指定されていることが分かります.

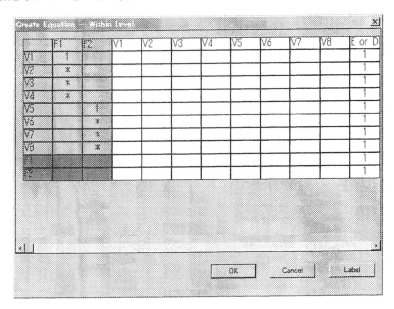

図 8.6: 最尤法：方程式の設定

　次に方程式を設定します. | Build_EQS |⊢| Equations | を選択し, Create
New Equations で 因子数 (Number of Factors) を 2 にして OK ボタン
を押します. なお, このデータセットは 9 変数ですが, V_9 は 1 次抽出単位
を示す変数であり, 因子の指標となる変数ではないので, ダイアログ下部
の Special Instructions メニューの Use All Variables にチェックを入れな
いように注意してください. OK ボタンをクリックすると, Select Variable
to Build Equations ダイアログが開き, 方程式に用いる変数を指定する
よう求められます. Variables List から V_1 から V_8 までの変数を選択して
| > | ボタンをクリックすると, Variables in Equation にこれらの変数が移

動します. 指定が終了したら, OK ボタンをクリックしてください. 次に,
Create Equation – Within Level ダイアログで方程式を設定します. この
モデルでは, F_1 が $V_1 \sim V_4$ へ影響を及ぼし, F_2 は $V_5 \sim V_8$ へ影響を及
ぼすので, セルをマウスでクリックし, 図 8.6 のように入力します. F_1
から V_1 と F_2 から V_5 へのパス係数を 1 に固定する必要がありますので,
F_1 列の V_1 から V_4 までをマウスでドラッグして点線で囲み, Select type
of paths で Fix one and free others (選択した変数のうち一つのパス係数
を 1 に固定し, その他を推定する) を選択します. F_2 に関しても同様に
設定し, OK ボタンをクリックすると, 次に Create Variance/Covariance
ダイアログが開きます. 因子 F_1 と F_2 の共分散に * を入れ, OK ボタ
ンをクリックします.

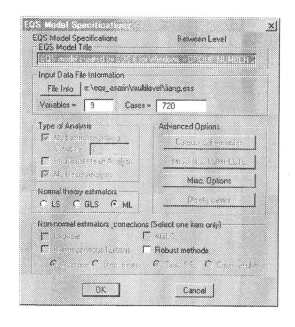

図 8.7: 最尤法：モデルファイルの作成－ Group2 : Between Level

　Within Level の方程式の作成が終了しました. 再び EQS Model Spec-
ifications ダイアログが開いているはずです. 図 8.7 に示すように, 今度
はグループ 2 すなわち 1 次抽出単位間 (Between Level) の方程式を作成

表 8.4: 最尤法：完成したモデルファイル

```
/TITLE
 Multilevel Model(ML) -- Within Level
/SPECIFICATIONS
 DATA='e:\eqs\liang.ess';
 VARIABLES=9; CASES=720; GROUPS=2;
 METHODS=ML; MATRIX=RAW; ANALYSIS=COVARIANCE;
 MULTILEVEL=ML; CLUSTER=V9;
/LABELS
V1=V1; V2=V2; V3=V3; V4=V4; V5=V5; V6=V6;
V7=V7; V8=V8; V9=V9;
/EQUATIONS
V1 =   + 1F1   + 1E1;
V2 =   + *F1   + 1E2;
V3 =   + *F1   + 1E3;
V4 =   + *F1   + 1E4;
V5 =   + 1F2   + 1E5;
V6 =   + *F2   + 1E6;
V7 =   + *F2   + 1E7;
V8 =   + *F2   + 1E8;
/VARIANCES
F1 = *; F2 = *;
E1 = *; E2 = *; E3 = *; E4 = *;
E5 = *; E6 = *; E7 = *; E8 = *;
/COVARIANCES
F2 , F1 = *;
/PRINT
 FIT=ALL; TABLE=EQUATION;
/TECHNICAL
/END
/TITLE
 Multilevel Model(ML) --Between Level
/LABELS
V1=V1; V2=V2; V3=V3; V4=V4; V5=V5; V6=V6;
V7=V7; V8=V8; V9=V9;
/EQUATIONS
V1 =   + 1F1   + 1E1;
V2 =   + *F1   + 1E2;
V3 =   + *F1   + 1E3;
V4 =   + *F1   + 1E4;
V5 =   + 1F2   + 1E5;
V6 =   + *F2   + 1E6;
V7 =   + *F2   + 1E7;
V8 =   + *F2   + 1E8;
/VARIANCES
F1 = *; F2 = *;
E1 = *; E2 = *; E3 = *; E4 = *;
E5 = *; E6 = *; E7 = *; E8 = *;
/COVARIANCES
F2 , F1 = *;
/PRINT
 FIT=ALL; TABLE=EQUATION;
/END
```

することになるわけです. グループ 1 とデータもモデルも同一ですから,
先ほどとまったく同じプロセスを繰り返します.

　最終的に完成した EQS モデルファイルを表 8.4 に示しています.
Build_EQS ─ Run EQS を選択し, 適当なファイル名を付けて EQS モ
デルファイルを保存すれば, EQS は直ちに解析を実行します.

表 8.5: 最尤法の分析結果：適合度

```
       BENTLER-LIANG GOODNESS-OF-FIT          =     32.796
       DEGREES OF FREEDOM                     =     38
       PROBABILITY VALUE                      =     .709
       BENTLER-BONETT     NORMED FIT INDEX =        .991
       BENTLER-BONETT NON-NORMED FIT INDEX =        1.007
       COMPARATIVE FIT INDEX (CFI)            =     1.000
```

　このデータはシミュレーションによるものなので, 分析結果にはあまり
興味がわきません. 参考までに, モデルの適合度, 主要出力である因子負
荷量と因子の分散共分散行列の推定値を表 8.5 と表 8.6 に示しています.[21]
　級内分散共分散行列の分析と級間分散共分散行列の分析の結果が出力さ
れます. 第 6 章で解説した多母集団の同時分析のように, これらの間に等
値制約をおいてその妥当性を検討することもできます.

8.4.2　Muthén の方法 (MUML)

　二段抽出モデルは通常の共分散構造モデルよりも複雑です. 従って, 最適
化が複雑な最尤法では適切な推定値が得られないことがあります. そのよ
うなときは, 多母集団の同時分析と同等になる Muthén[22] の方法が有効で
す. Muthén の方法は 1 次抽出単位内の標本サイズが同一 ($n_1 = \cdots = n_C$)
のときは最尤法と一致します. また, n_c が大きく違わないときは, 最尤
法と比して大きな損失はないと考えられています. ここでは, Muthén の
方法 (MUML) による解析手順を説明します.
　Muthén の方法では, あらかじめ分析対象となるデータセットに基づ

---

[21]BENTLER-LIANG GOODNESS-OF-FIT はカイ 2 乗値のことである.
[22]ミューテンと読む. 詳細は Muthén(1989) をみよ.

いて抽出単位内／間の分散共分散行列を計算しておく必要があります．
データを読み込んだら，8.3 節で説明した方法にしたがって，分散共分
散行列を計算します．`output.log` が出力されたら，最初に開いたデー
タセットのウインドウを閉じてください．再び File — Open を選択する
と，`WITHIN.ESS`, `BETWEEN.ESS` という二つのファイルが新たに作成され
ているのが分かると思います．先ほど計算した二つの分散共分散行列が，
自動的にデータファイルとなって保存されているのです．ここではまず，
`WITHIN.ESS` を開いてください．図 8.8 のようなデータセット[23]が表示さ
れます．ここでは平均が 0 になっていることに注意しましょう．一方，1
次抽出単位間のデータファイル `BETWEEN.ESS` の方には平均の情報が含ま
れています．[24]

Muthén の方法はこれらの分散共分散行列 S_W と S_B に対して，次のよ

表 8.6: 最尤法の分析結果：パラメータ推定値

	1 次抽出単位内変動列の分析		1 次抽出単位間変動の分析	
	F_1	F_2	F_1	F_2
V_1	1.000		1.000	
V_2	0.980		1.011	
V_3	0.938		0.967	
V_4	1.004		1.038	
V_5		1.000		1.000
V_6		0.971		0.940
V_7		1.038		0.949
V_8		0.949		1.016
	F_1	F_2	F_1	F_2
F_1	0.750		0.611	
F_2	0.318	0.701	0.320	0.719

---

[23]分散共分散行列ではなく，標準偏差データを付加した相関行列の形になっている．
[24]多母集団の同時分析を適用しているわけであるが，実際は一つの母集団である．従って，
平均の情報は一つでよく，1 次抽出単位間のデータファイルに保存する．

うにモデルを当てはめます:

$$S_W \quad : \quad \Sigma_W$$
$$S_B \quad : \quad \Sigma_W + \omega_3 \Sigma_B \tag{8.5}$$

ここでは因子分析モデルを想定していますから, $\Sigma_W = \Lambda_W \Phi_W \Lambda_W' + \Psi_W$, $\Sigma_B = \Lambda_B \Phi_B \Lambda_B' + \Psi_B$ となります. すなわち, これを方程式で表すと

$$S_W \quad : \quad x_W = \Lambda_W f_1 + e$$
$$S_B \quad : \quad x_B = \Lambda_W f_1 + e + \sqrt{\omega_3}(\Lambda_B f_2 + u) \tag{8.6}$$

となります. ここで, f_1 と f_2 が独立に分布するよう設定しておくと, このモデルの下で (8.5) が導かれるわけです. 注意しておかなければならないのは, Λ_W や, $\mathrm{Var}(f_1)$, $\mathrm{Var}(e)$ は 1 次抽出単位内／間で一致することから, それらについて等値制約を課さなければならないことです. また, 係数 $\sqrt{\omega_3}$ をモデルファイルに記述しないといけません. なお, $\sqrt{\omega_3}$ は級内相関係数を求めたときに出力されており (表 8.2), $\sqrt{\omega_3} = 2.45$ となっています.[25]

最尤法のときと同じように, │Build_EQS├│Title/Specifications│から多段抽出モデルでの分析を指定します. 自動的に開く Additional /SPECIFICATION options ダイアログの Multi-level options で MUML を選択します. 今回は Cluster Variable を指定する必要はありませんので, そのまま Continue ボタンをクリックすると, EQS Model Specifications ダイアログに戻ります. Type of Analysis メニューを見てください. Multi-Level Analysis に加えて Multisample Analysis にチェックが入り, グルー

	V1	V2	V3	V4	V5	V6	V7	V8
V1	1.0000	0.6788	0.6759	0.6882	0.2917	0.2590	0.2881	0.3036
V2	0.6788	1.0000	0.6668	0.6711	0.3158	0.2798	0.3143	0.3194
V3	0.6759	0.6668	1.0000	0.6970	0.2605	0.2605	0.2789	0.2578
V4	0.6882	0.6711	0.6970	1.0000	0.3127	0.2975	0.3110	0.3287
V5	0.2917	0.3158	0.2605	0.3127	1.0000	0.6419	0.5644	0.6465
V6	0.2590	0.2798	0.2605	0.2975	0.6419	1.0000	0.6745	0.6338
V7	0.2881	0.3143	0.2789	0.3110	0.5644	0.6745	1.0000	0.6681
V8	0.3036	0.3194	0.2578	0.3287	0.6465	0.6338	0.6681	1.0000
STD.	1.0485	1.0438	0.9883	1.0403	1.0464	1.0195	1.0423	0.9928
MEAN.	0.0000	0.0000	0.0000	0.0000	0.0000	0.0000	0.0000	0.0000

図 8.8: 1 次抽出単位内の分散共分散行列 (相関＋標準偏差) データファイル

---

[25]小数第 3 位を丸めてある.

プ数が 2 であることが自動的に指定されています. また，Structural Mean
Analysis にもチェックが入っています.[26] つまり，EQS の多段抽出モデル
のウィザードは，6.2 節で述べた平均構造のある多母集団モデルの分析と
同じであるというわけです. OK ボタンをクリックすると，表 8.7 に示す
ような基本になるモデルファイルが自動的に生成されます. MULTILEVEL
オプションは MUML となっているはずです.[27]

表 8.7: Muthén の方法：EQS モデルファイル:最初の部分

```
/TITLE
 Multilevel Model(MUML) -- Within Level
/SPECIFICATIONS
 DATA='e:\eqs\within.ess';
 VARIABLES=8; CASES=600; GROUPS=2;
 METHODS=ML;
 MATRIX=COVARIANCE;
 ANALYSIS=COVARIANCE;
 !MULTILEVEL=MUML;
/LABELS
 V1=V1; V2=V2; V3=V3; V4=V4; V5=V5;
 V6=V6; V7=V7; V8=V8;
/PRINT
 FIT=ALL;
 TABLE=EQUATION;
/TECHNICAL
/STANDARD DEVIATION
/MEANS
/END
```

　基本となるモデルができ上がったら方程式を設定します. ML 法と同じ
手順で行いますが，今回のデータセットは 8 変数であり，1 次抽出単位を
示す V_9 は含まれていませんので，Use All Variables にチェックが入って
いてもかまいません. また，モデルに平均構造を考えるので，方程式に
V999 の列が含まれていますが，ここではすべてのセルに 0 が入っていま
す. これは，通常，平均構造は 1 次抽出単位間のモデルに設定するから
です.

---

[26]平均の分析に興味がないときは，このチェックを外して，通常の共分散構造モデルで分
析することができる.
[27]ただし，自動的に生成されたプログラムではこのオプションの文頭には！が付されてい
る. すなわちコメントアウトされている (実行の際命令として参照されない) が，このまま
でも解析に支障はない.

　方程式の設定が終わったら，再び EQS Model Specifications ダイアログが開きます．今度は抽出単位間の分散共分散行列データセットを用いた設定を行うことになります．

　まず，解析に用いるデータセットを BETWEEN.ESS に変更します．6.1.2 節で紹介した方法にしたがってデータセットを変更すると，ダイアログは図 8.10 のようになります．変数の数 VARIABLES=8，ケース数 CASES=120 となっているところに注目してください．この場合のケース数は，1 次抽出単位の数になっています．データセットを変更したら OK をクリックし，| Build_EQS |-| Equations | から方程式の設定をします．ここでは，分散共分散行列の設定ダイアログで，因子 F_1 と F_2，F_1 と F_2 の共分散に * を入力する以外は，基本的にすべてのダイアログで OK をクリックすればよいでしょう．ここで作成したモデルファイルは，(8.6) を少し修正した

$$S_W \quad : \quad x_W = \Lambda_W f_1 + e$$
$$S_B \quad : \quad x_B = \Lambda_W f_1 + e + \sqrt{\omega_3} f_2$$
$$f_2 = \mu + \Lambda_B f_3 + u$$

に基づいていることに注意しましょう．最後に，Λ_W, $\mathrm{Var}(f_1)$, $\mathrm{Var}(f_2)$ に関する等値制約ををおいたらモデルファイルの作成は完了です．表 8.8 の

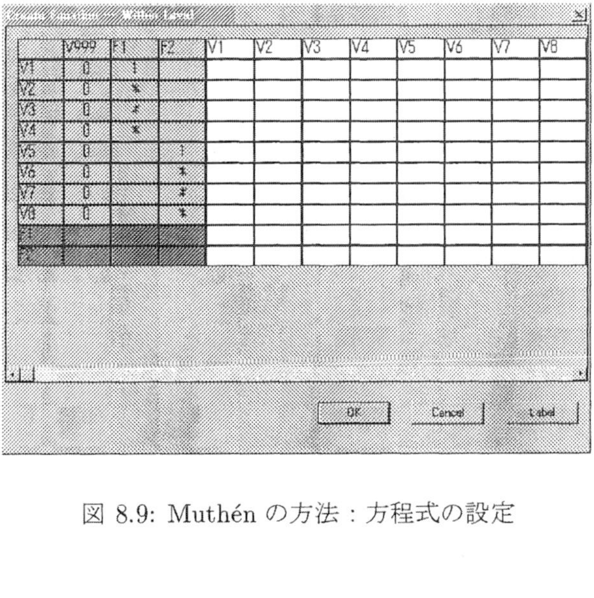

図 8.9: Muthén の方法：方程式の設定

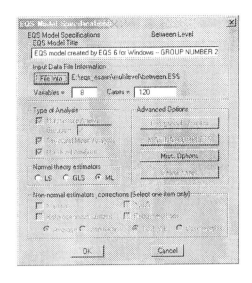

図 8.10: Muthén の方法：抽出単位間データセットの設定

ようなモデルファイルが作成されたでしょうか. Build_EQS ⊢ Run EQS
で解析を実行します.

8.5　二段抽出モデルのまとめ

　二段抽出法は，標本調査において標本抽出にかかる労力を節約するため
に導入されたサンプリング方法です. 一変量の分析では，単純無作為抽出
法と比べて標本誤差が大きくなることが知られています. それは，1次抽
出単位内のサンプルが共通の特徴を共有することになり，それらのサンプ
ルが独立に分布しないからです. 統計解析するには以上のことをふまえる
必要があります. 級内相関係数は全変動の中で1次抽出単位間の変動の割
合を示したもので，この値が大きいと1次抽出単位間のばらつきが大き
く，標本誤差の増大はより深刻になります.
　共分散構造分析を実行するときも同じ注意が必要です. こちらは，二段
抽出法によって増大した分散や共分散を直接分析の対象としますから，一

表 8.8: Muthén の方法 : EQS モデルファイル

```
/TITLE
Multilevel Model(ML)
/SPECIFICATIONS
 DATA='e:\eqs\within.ess';
 VARIABLES=8; CASES=600;
 GROUPS=2; METHODS=ML;
 MATRIX=COVARIANCE;
 ANALYSIS=COVARIANCE;
 !MULTILEVEL=MUML;
/LABELS
V1=V1; V2=V2; V3=V3; V4=V4;
V5=V5; V6=V6; V7=V7; V8=V8;
/EQUATIONS
V1 =  + 1F1  + 1E1;
V2 =  + *F1  + 1E2;
V3 =  + *F1  + 1E3;
V4 =  + *F1  + 1E4;
V5 =  + 1F2  + 1E5;
V6 =  + *F2  + 1E6;
V7 =  + *F2  + 1E7;
V8 =  + *F2  + 1E8;
/VARIANCES
F1 = *;
F2 = *;
E1 = *; E2 = *; E3 = *;
E4 = *; E5 = *; E6 = *;
E7 = *; E8 = *;
/COVARIANCES
F2 , F1 = *;
/PRINT
 FIT=ALL;
 TABLE=EQUATION;
/STANDARD DEVIATION
/MEANS
/END
/TITLE
Multilevel Model(ML)
/SPECIFICATIONS
 DATA='E:\eqs\BETWEEN.ESS';
 VARIABLES=8; CASES=120;
 METHODS=ML;
 MATRIX=COVARIANCE;
 ANALYSIS=MOMENT;
 !MULTILEVEL=MUML;
/LABELS
V1=V1; V2=V2; V3=V3; V4=V4;
V5=V5; V6=V6; V7=V7; V8=V8;
/EQUATIONS
V1 =  + 1F1 + 2.45F3 + 1E1;
V2 =  + *F1 + 2.45F4 + 1E2;

V3 =  + *F1 + 2.45F5 + 1E3;
V4 =  + *F1 + 2.45F6 + 1E4;
V5 =  + 1F2 + 2.45F7 + 1E5;
V6 =  + *F2 + 2.45F8 + 1E6;
V7 =  + *F2 + 2.45F9 + 1E7;
V8 =  + *F2 + 2.45F10 + 1E8;
F3 = *V999 + 1F11  + 1D3;
F4 = *V999 + *F11  + 1D4;
F5 = *V999 + *F11  + 1D5;
F6 = *V999 + *F11  + 1D6;
F7 = *V999 + 1F12  + 1D7;
F8 = *V999 + *F12  + 1D8;
F9 = *V999 + *F12  + 1D9;
F10 = *V999 + *F12  + 1D10;
/VARIANCES
F1 = *; F2 = *;
F11 = *; F12 = *;
E1 = *; E2 = *; E3 = *;
E4 = *; E5 = *; E6 = *;
E7 = *; E8 = *;
D3 = *; D4 = *; D5 = *;
D6 = *; D7 = *; D8 = *;
D9 = *; D10 = *;
/COVARIANCES
F2 , F1 = *;
F12 , F11 = *;
/CONSTRAINTS
(1,F1,F1)=(2,F1,F1);
(1,F2,F1)=(2,F2,F1);
(1,F2,F2)=(2,F2,F2);
(1,E1,E1)=(2,E1,E1);
(1,E2,E2)=(2,E2,E2);
(1,E3,E3)=(2,E3,E3);
(1,E4,E4)=(2,E4,E4);
(1,E5,E5)=(2,E5,E5);
(1,E6,E6)=(2,E6,E6);
(1,E7,E7)=(2,E7,E7);
(1,E8,E8)=(2,E8,E8);
(1,V2,F1)=(2,V2,F1);
(1,V3,F1)=(2,V3,F1);
(1,V4,F1)=(2,V4,F1);
(1,V6,F2)=(2,V6,F2);
(1,V7,F2)=(2,V7,F2);
(1,V8,F2)=(2,V8,F2);
/PRINT
 FIT=ALL;
 TABLE=EQUATION;
/STANDARD DEVIATION
/MEANS
/END
```

表 8.9: Muthén の方法による分析結果：適合度

```
CHI-SQUARE                             =    31.091
DEGREES OF FREEDOM                     =    38
PROBABILITY VALUE                      =      .779
BENTLER-BONETT        NORMED FIT INDEX =      .991
BENTLER-BONETT NON-NORMED FIT INDEX    =    1.003
COMPARATIVE FIT INDEX (CFI)            =    1.000
```

変量の分析よりさらに深い配慮が必要となるのです.
　一方，二段抽出法をとることで，標本の変動を 1 次抽出単位内 (Σ_W) と 1 次抽出単位間 (Σ_B) に分けて推定できるのは大きなメリットと言えるでしょう．どちらの変動に興味があるかは調査の目的に依存します．図 8.1 の例で考えるならば，学生の間の変動に興味があるならば Σ_W を，中学校間の変動に興味があるときは Σ_B を分析の対象にします.

表 8.10: Muthén の方法による分析結果：パラメータの推定値

	1 次抽出単位内変動の分析		1 次抽出単位間変動の分析	
	F_1	F_2	F_1	F_2
V_1	1.000		1.000	
V_2	0.980		1.010	
V_3	0.939		0.977	
V_4	1.006		1.064	
V_5		1.000		1.000
V_6		0.971		0.937
V_7		1.038		0.936
V_8		0.948		0.985
	F_1	F_2	F_1	F_2
F_1	0.750		0.607	
F_2	0.319	0.704	0.354	0.765

二段抽出モデルでは，相関行列ではなく分散共分散行列を分析対象としてきました．分析に相関行列を用いるということは，分散の情報は使わないということを意味します．分散の比較に意味がないときは相関行列を分析したり標準解を見ますが，分散の比較が可能な場合は分散共分散行列を分析し非標準解を見ることが多いのです．[28]　二段抽出モデルの場合は，Σ_W と Σ_B は同じ観測項目に対する分散共分散行列ですから，比較することに大いに意味があります．[29]

分散共分散行列を分析対象にする第一の理由は，二段抽出モデルは分散の増大を問題にしており，分散に関する情報がないときはこの方法を適用することができないというところにあります．例えば，S_B を級間の相関行列とすると関係式 $E(S_B) = \Sigma_W + \omega_3\Sigma_B$ が成立せず，正しくは $E(S_B) = \omega_4\Sigma_W + \omega_5\Sigma_B$ となるのですが，ω_4 や ω_5 の推定に分散の情報が必要になるということなのです．他方，実質的な意味合いとして，二段抽出法を用いたときには一次抽出単位内／間における変動の大きさを評価しておきたいということがあります．そのためには分散の情報が必要になります．

二段抽出モデルで分析するときは通常，最尤法を用います．最尤法がうまく収束しないときは Muthén の方法を用いることができます．また，平均構造を考えるときは，通常は 1 次抽出単位間の変動に対してモデリングします．1 次抽出単位の数 (e.g., 中学校の数) が少ないときは一つの中学校をグループとみなした多母集団の同時分析を行うことができます．この場合，分析対象は 1 次抽出単位内の変動 (Σ_W) になります．一方，1 次抽出単位の数が非常に大きい場合は，データを中学校ごとに平均し，それらを生データと考えて分析をする誘惑に駆られます．しかし，この方法は，Σ_W と Σ_B を混合した $\Sigma_W + \omega_3\Sigma_B$ を推定していることになり，Σ_W と Σ_B が比例関係にあるときを除いて，何を分析対象としているのか分からなくなり，この方法は適切ではありません．なお，級内相関が小さいときは 1 次抽出単位の変動が小さいので，二段抽出モデルにこだわる必要はありません．

---

[28]もちろん，関係の強さを検討したいときには標準解を見る．

[29]Σ_W の成分と Σ_B の成分の直接比較に意味があるということであって，Σ_W(または Σ_B) における対角成分間の比較に意味があるかどうかを問題にしているわけではない．

第9章
共分散構造分析のまとめ

前章までで，本書の主たる目的であった共分散構造分析の基本的な考え方とソフトウェアの使い方の解説は終了しました．最後に，一般的な共分散構造モデルの下位モデルとして位置付けられる，回帰モデルや因子分析モデルとの対比を念頭におきつつ，共分散構造分析の特徴などを簡単にまとめておきます．

a-i) **因果に関する仮説があること**：共分散構造分析は仮説検証型の統計手法です．豊富な経験とこれまでに発表された研究成果などを十分に吟味のうえ，注意深く因果に関する仮説を立てます．そして，観測変数 (指標) として何を観測すべきかを検討します．基本はあくまでも，『仮説が先，項目 (観測変数) は後』です [図 3.4 (78 ページ)，図 3.5 (78ページ)，図 3.6 (79 ページ)]．

a-ii) **シンプルな因果関係の同定**：観測変数よりも潜在変数 (誤差変数を除く) の方が数が少ないので，因果関係は潜在変数で考える方がシンプルです [e.g., 図 2.36 (60 ページ, 多重指標モデル) と図 2.37 (60 ページ, パス解析モデル)]．観測変数 $X_1, \cdots, X_p$ を潜在変数 F の指標と考えることは，$X_1, \cdots, X_p$ を F へ縮約していると考えることができます．この意味で，共分散構造分析は伝統的多変量解析の主目的であるデータ縮約の精神を受け継いでいます．

a-iii) **希薄化の修正**: 考慮中の因果関係以外の変動を誤差として捨てさることにより，希薄化されない正しいパス係数の推定値が得られます [多重指標モデルによる希薄化修正 (54 ページ)，検証的因子分析モデルによる希薄化修正 (92 ページ)].

a-iv) **因果モデルの比較**: 複数個の因果モデルの優劣を適合度指標で比較することにより，どの因果関係が適切であるかを検討できます [4.7 節: 適合度の吟味]. ただし，比較すべきモデルが互いに同値になっていないことを確認しておく必要があります (この意味でも，過去の研究成果などから，比べるモデル数を絞っておく必要があります).[1]

a-v) **因果関係の修正，モデル探索**: 当初考えた因果に関する仮説がデータに合わないことがあります. このとき，(回帰分析における変数選択でのステップワイズ法のように) 統計量の値を見ながら因果の仮説を修正し，データに適合するような因果モデルを探索することができます [第 5 章: モデルの修正].

a-vi) **解析結果の継承**: 例えば，探索的因子分析から検証的因子分析へ，さらに，共分散構造分析へと進めることができるように，過去の分析結果を継承しつつ，目的に合わせてモデルをどんどん発展させることができます.

　共分散構造分析の良い点ばかりを強調してきましたが，克服すべき問題点も多く残されています.

d-i) **適合度の評価**: 本稿では，モデルの適合度の評価方法として，カイ 2 乗検定，GFI, CFI などを紹介しました. 実は，適合度指標は 30 以上も提案されており，理論的に「これ」というものは未だ定まっていません. 適合度指標に関して 1 冊の本が出版されているほどです [Bollen-Long 1993].

d-ii) **同値モデル**: 相関係数は二つの変数に関して対称ですから，相関係数だけから因果の方向を決定することはできません. この事実は，二つのモデル $V_1 = \beta V_2 + e$ と $V_2 = \beta V_1 + e$ が同値になる (データから区別できない) ことに起因しています. このように，関心のある因果モデルが互いに同値モデルになっていると，どちらのモデル

---

[1]本書では同値モデルについて解説しなかった. 本章の d-ii) を参考のこと.

が優れているか決定できないという問題があります．そのようなと
きには，興味ある因果が決定できるよう因果モデルを再構成する必
要があります．同値モデルに関しても，1冊の本が出版されています
[Bekker-Merckens-Wansbeek 1994].

d-iii) **因果推論について**：共分散構造分析で因果関係が本当に立証されるの
か，という疑問がいつも投げかけられます．Bollen (1989, page 72) は
「共分散構造分析ができることはモデルを棄却することだけである」と
言っています．また，「共分散構造分析が causal modeling (因果モデリ
ング) とよばれることは不幸なことである．この分析法が因果のメカ
ニズムを立証することはできないのである.」(Bagozzi-Baumgartner
1994, page 417) という意見もあります．共分散構造分析は基本的に非
実験データ (nonexperimental data) の分析方法です．非実験データか
ら因果に関する強い結論を期待することには無理があります.「比較と
してこのモデルが良い」「因果関係について示唆が得られる」という謙
虚な結論が望ましいように思えます．欧文誌 Journal of Educational
Statistics (1987, Number 2) で，共分散構造モデルのような因果モデ
ルによる解析の価値について大激論が交わされており，一読の価値が
あります．

　本書の目的は，多変量解析での最近のホットな話題である共分散構造分
析について,「共分散構造分析とは何か」そして「その原理と楽しさ」を理
解してもらうことでした．読者の皆様には，共分散構造分析をエンジョイ
して頂けましたでしょうか.

　本書では，多変量解析の数理的側面をすべて省略しましたが，それらが
不必要であるということではありません．やはり，手法を本当にモノにす
るためには，関連する数理の理解も必要です．背後にある統計理論などに
ついても，また別の機会に紹介したいと思います.

　共分散構造分析のソフトウェアで自分の目的に最も合うものを探すとき
にも，本書が役に立つと信じています．また，共分散構造分析に関して，
日本行動計量学会の欧文誌 Behaviormetrika 第24巻1号が特集を組んで
おり，その中で AMOS, EQS を含む7つのソフトウェアを紹介していま

す (Kano 1997). LISREL の歴史を詳しく調べた清水 (1994), 7 つの共分
散構造分析ソフトウェアを比較検討した Waller (1993) も参考になります.

　スウェーデンの統計学者 Karl Jöreskog が共分散構造分析を世に送り
出してから 30 年以上経ちました. その間, 共分散構造分析の理論と応用
の研究は大いに発展しました. 特に社会科学においては, 共分散構造分
析が多変量解析の主流になりつつあり, 若手研究者においてはマスターす
べき分析技法の一つに定着したと言っても過言ではないでしょう. このよ
うに, 共分散構造分析は完成の域に達したと言えます. しかし, 本分析は
ますます発展しているのです. 本書の初版が発行されて 4 年が経ちます
が, その間の発展によって, 第 2 版においては「潜在曲線モデル」と「二
段抽出モデル」を追加することになりました. 共分散構造分析の専門雑
誌 Structural Equation Modeling[2] が 1994 年に発刊され, 理論・応用と
もにアイデアあふれる論文が出版されています. また, メイリングリスト
SEMNET[3] では, 共分散構造分析について活発な議論が繰り広げられて
います. 共分散構造分析の理論研究や応用研究において, 日本人研究者が
大いに貢献することを祈っています.

　最後に, 本書で紹介した AMOS, EQS, CALIS の入手先 (とバージョ
ン) を挙げておきます.

AMOS (version 4)

```
SmallWaters Corporation
1507 E. 53rd Street, #452, Chicago, IL 60615-4509, USA
Email: info@smallwaters.com
Web:   http://www.smallwaters.com
Phone: +1 773-667-8635
Fax:   +1 773-955-6252
```

```
〒 150-0012 東京都渋谷区広尾 1-1-39 恵比寿プライムスクェアタワー 10F
エス・ピー・エス・エス株式会社
Email: jpsales@spss.com
Web:   http://www.spss.co.jp
Phone: 03-5466-5511
Fax:   03-5466-5621
```

---

[2]http://www.gsu.edu/~mkteer/semcont.html
[3]http://www.gsu.edu/~mkteer/semnet.html

EQS (version 6.0)

Multivariate Software, Inc.
15720 Ventura Blvd., Suite #306, Encino, CA 91436-2989, USA
Email: sales@mvsoft.com
Web: http://www.mvsoft.com
Phone: +1 818-906-0740
Fax: +1 818-906-8205

日本における正規販売代理店
〒107-0052 東京都港区赤坂 6-10-33-206
インフォーマティック株式会社
Email: sales@informatiq.co.jp
Web: http://www.informatiq.co.jp
Phone: 03-3505-1250
Fax: 03-3378-8837

CALIS (SAS 6.12)

〒104-0054 東京都中央区勝どき 1-13-1 イヌイビル・カチドキ 8F
SAS インスティチュートジャパン
Web: http://www.sas.com/offices/asiapacific/japan/index.html
Phone: 03-3533-6921
Fax: 03-3533-6927

参考文献

邦文

浅井 晃 (1987). 調査の技術. 日科技連.

丘本 正 (1986). 因子分析の基礎. 日科技連.

狩野 裕 (1990). 因子分析における統計的推測: 最近の発展. 行動計量学, **18**. 3-12.

狩野 裕 (1995). 非正規性と多変量データ解析. 第 59 回 行動計量シンポジウム (主催: 日本行動計量学会) 配付資料. pp. 3-15.
(Web: http://koko15.hus.osaka-u.ac.jp/~kano/research/application/)

狩野 裕 (1996b). 因果構造分析の活用法 — EQS による共分散構造分析入門. マーケティング・リサーチャー, **74**, 40-48. 日本マーケティング・リサーチ協会.

狩野 裕 (1996.2-1997.3). 共分散構造分析とソフトウェア. *BASIC* 数学 連載記事. 現代数学社.

狩野 裕 (2000). 共分散構造分析 (SEM) は, パス解析, 因子分析, 分散分析のすべてにとって変わるのか? 第 3 回春の合宿セミナー資料 (主催: 日本行動計量学会).
(Web: http://koko15.hus.osaka-u.ac.jp/~kano
/research/application/gasshuku00/index.html)

坂本慶行・石黒真木夫・北川源四郎 (1982). 情報量統計学. 共立出版.

繁桝算男 (1990). カテゴリカルデータの因子分析. 行動計量学 **18**, 41-51.

芝 祐順 (1979). 因子分析法 (第 2 版). 東京大学出版会.

清水和秋 (1994). Jöreskog と Sörbom によるコンピュータプログラムと構造方程式モデル. 関西大学社会学部紀要, **25**, 1-41.

清水和秋 (1999a).　潜在成長モデルによる進路熟成の解析—不完全コーホート・データへの適用.　関西大学社会学部紀要, **30(3)**, 1-47.

清水和秋 (1999b).　キャリア発達の構造的解析モデルに関する比較研究.　進路指導研究.　**19(2)**, 1-12.

田部井明美 (2001).　SPSS 完全活用法—共分散構造分析 (Amos) によるアンケート処理.　東京図書.

豊田秀樹 (1992).　SAS による共分散構造分析.　東京大学出版会.

豊田秀樹 (1998).　調査法講義.　朝倉書店.

豊田秀樹 (1998).　共分散構造分析 [入門編].　朝倉書店.

豊田秀樹 (1998).　共分散構造分析 [事例編].　北大路書房.

豊田秀樹 (2000).　共分散構造分析 [応用編].　朝倉書店.

豊田秀樹・前田忠彦・柳井晴夫 (1992).　原因をさぐる統計学.　講談社ブルーバックス.

萩生田伸子・繁桝算男 (1996).　順序付きカテゴリカルデータへの因子分析の適用に関するいくつかの注意点. 心理学研究, **67**, 1-8.

服部 環・海保博之 (1996).　心理データ解析.　福村出版.

三宅一郎・山本嘉一郎・垂水共之・白倉幸男・小野寺孝義 (1991).　新版 SPSS^X III 解析編 2.　東洋経済新報社.

柳井晴夫・繁桝算男・前川眞一・市川雅教 (1990).　因子分析: その理論と応用.　朝倉書店.

山本嘉一郎・小野寺孝義 編著 (1999).　Amos による共分散構造分析と解析事例.　ナカニシヤ出版.

英文

Akaike, H. (1987). Factor analysis and AIC. *Psychometrika*, **52**, 317-332.

Arbuckle, J. L. and Wothke, W. (1999). *AMOS 4.0 User's Guide*. Small-Waters Corporation: Chicago.

Bagozzi, R. P. and Baumgartner, H. (1994). The evaluation of structural equation models and hypothesis testing. In *Principles of Marketing Research* (Bagozzi, R. P. Ed.), pp. 386-422. Blackwell Publishers Ltd: Oxford.

Bekker, P. A., Merckens, A. and Wansbeek, T. J. (1994). *Identification, Equivalent Models, and Computer Algebra*. Academic Press, Inc.: San Diego, CA.

Bentler, P. M. (1990). Comparative fit indexes in structural models. *Psychological Bulletin*, **107**, 238-246.

Bentler, P. M. (2002). *EQS Structural Equations Program Manual*. Multivariate Software, Inc.: Encino, CA.

Bentler, P. M. and Bonett, D. G. (1980). Significance tests and goodness of fit in the analysis of covariance structures. *Psychological Bulletin*, **88**, 588-606.

Bentler, P. M. and Chu, C. P. (1987). Practical issues in structural modeling. *Sociological Methods & Research*, **16**, 78-117.

Bentler, P. M. and Wu, E. J. C. (2002). *EQS 6 for Windows User's Guide*. Multivariate Software, Inc.: Encino, CA.

Bollen, K. A. (1989). *Structural Equations with Latent Variables*. Wiley: New York.

Bollen, K. A. and Long, J. S. (1993). *Testing Structural Equation Models*. SAGE Publications: Newbury Park, CA.

Browne, M. W. (1982). Covariance structures. In *Topics in Applied Multivariate Analysis*, (D. M. Hawkins, Ed.), pp. 72-141. Cambridge University Press: Cambridge, UK.

Browne, M. W. (1984). Asymptotically distribution-free methods for the analysis of covariance structures. *British Journal of Mathematical and Statistical Psychology*, **37**, 62-83.

Browne, M. W. and Cudeck, R. (1993). Alternative ways of assessing model fit. In *Testing Structural Equation Models*. (Bollen, K. and J. S. Long, Eds.), pp. 137-162. SAGE Publications: Newbury Park, CA.

Browne, M. W., Mels, G. and Coward, M. (1994). Path analysis: Ramona. In *SYSTAT for DOS Version 6, Advanced Applications*, pp. 163-224. SYSTAT Inc.: Evanston, IL.

Browne, M. W. and Shapiro, A. (1988). Robustness of normal theory methods in the analysis of linear latent variate models. *British Journal of Mathematical and Statistical Psychology*, 41, 193-208.

Bryk, A. S. and Raudenbush, S. W. (1992). *Hierarchical Linear Model: Applications and Data Analysis Methods*. SAGE Publications: Newbury Park, CA.

Byrne, B. M., Shavelson, R. J. and Muthén, B. (1989). Testing for the equivalence of factor covariance and mean structures: The issue of partial measurement invariance. *Psychological Bulletin*, **105**, 456-466.

Collins, L. M., Cliff, N., McCormick, D. J. and Zatkin, J. L. (1986). Factor recovery of binary data sets: A simulation. *Multivariate Behavioral Research*, 21, 377-391.

Cudeck, R. (1989). Analysis of correlation matrices using covariance structure models. *Psychological Bulletin*, **105**, 317-327.

Cunningham, W. R. (1991). Issues in factorial invariance. In *Best Methods for the Analysis of Change* (Collins, L. M. and J. L. Horn, Eds.), pp. 106-113. American Psychological Association: Washington, DC.

Curran, P. J. (2000). A latent curve framework for the study of development trajectories in adolescent substance use. In *Multivariate Applications in Substance Use Research* (Rose, J. et. al., Eds.), pp. 1-23.

Duncan, T., Duncan, S., Strycker, L., Li, F. and Alpert, A. (1999). *An Introduction to Latent Variable Growth Curve Modeling: Concepts, Issues, and Applications*. LEA: New Jersey.

Green, S. B, Thompson, M. S. and Poirer, J. (2001). An adjusted Bonferroni method for elimination of parameters in specification addition searches. *Structural Equation Modeling*, 8, 18-39.

Holzinger, K. J. and Swineford, F. A. (1939). A study in factor analysis: The stability of a bifactor solution. *Supplementary Educational Monograph*, **48**. University of Chicago Press: Chicago, IL.

Homer, P. M. and Kahle, L. R. (1988). A structural equation test of the value-attitude-behavior hierarchy. *Journal of Personality and Social Psychology*, 54, 638-646.

Horn, J. L., McArdle, J. and Mason, R. (1983). When is invariance not invariant: A practical scientist's look at the ethereal concept of factor invariance. *Southern Psychologist*, **1**, 179-188.

Hu, L., Bentler, P. M. and Kano, Y. (1992). Can test statistics in covariance structure analysis be trusted? *Psychological Bulletin*, **112**, 351-362.

Hu, L. and P. M. Bentler (1999). Cutoff criteria for fit indexes in covariance structure analysis: Conventional criteria versus new alternatives. *Structural Equation Modeling*, **61**, 1-55.

Ihara, M. and Okamoto, M. (1985). Experimental comparison of least-squares and maximum likelihood methods in factor analysis. *Statistics & Probability Letters*, **3**, 287-293.

Jöreskog, K. G. (1969). A general approach to confirmatory maximum likelihood factor analysis. *Psychometrika*, **34**, 183-202.

Jöreskog, K. G. and Lawley, D. N. (1968). New methods in maximum likelihood factor analysis. *British Journal of Mathematical and Statistical Psychology*, **21**, 85-96.

Jöreskog, K. G. and Sörbom, D. (1981). *LISREL 5: User's Guide*. Chicago, IL.

Jöreskog, K. G. and Sörbom, D. (1989). *LISREL 7: A Guide to the Program and Applications, 2nd edition*. Chicago, IL: SPSS Inc.

Jöreskog, K. G. and Sörbom, D. (1993). *LISREL 8: Structural Equation Modeling with the SIMPLIS Command Language*. Scientific Software International, Inc.: Chicago, IL.

Kano, Y. (1997). Software. *Behaviormetrika*, **22**, 85-125.

Kano, Y., Berkane, M. and Bentler, P. M. (1990). Covariance structure analysis with heterogeneous kurtosis parameters. *Biometrika*, **77**, 575-585.

Lawley, D. N. and Maxwell, A. E. (1963). *Factor Analysis as a Statistical Method*. Butterworth. [丘本 監訳 (1970). 因子分析法. 日科技連.]

Lee, S. Y. (1990). Multilevel analysis of structural equation models. *Biometrika*, **77**, 763-772.

Lee, S. Y. and Poon, W. Y. (1997). Analysis of two-level structural equation models via EM algorithms. *Statistica Sinica*, **8**, 749-766.

Lee, S. Y., Poon, W. Y.and Bentler, P. M. (1990). Full maximum likelihood analysis of structural equation models with polytomous variables. *Statistics & Probability Letters*, **9**, 91-97.

MacCallum, R., Browne, M. W. and Sugawara, H. M. (1996). Power analysis and determination of sample size for covariance structure modeling. *Psychological Methods*, 1, 130-149.

Marsh, H. E., Balla, J. R. and McDonald, R. P. (1988). Goodness of fit indices in confirmatory factor analysis: The effect of sample size. *Psychological Bulletin*, **103**, 391-410.

McArdle, J. J. (1988). Dynamic but structural equation modeling of repeated measures data. In J. R. Nesselroade and R. B. Cattell (Eds.), *Handbook of Multivariate Exprimental Psychology (2nd ed.)* (pp. 561-614). New York Plenum.

McDonald, R. P. (1980). A simple comprehensive model for the analysis of cavariance structures: Some remarks on applications. *British Journal of Mathematical and Statistical Psychology*, 33, 161-183.

McDonald, R. P. and Goldstein, H. (1989). Balanced versus unbalanced designs for linear structural relations in two-level data. *British Journal of Mathematical and Statistical Psychology*, 42, 215-232.

Meredith, W. and Tisak, J. (1990). Latent curve analysis. *Psychometrika*, **55**, 107-122.

Muthén, B. (1989). Latent variable modeling in heterogeneous populations. *Psychometrika*, 54, 557-585.

Muthén, B. (1994). Multilevel covariance structure analysis. *Sociological Methods & Research*, **22**, 376-398.

Muthén, B. (1997). Latent variable modeling of longitudinal and multi-level data. *Sociological methodology* (Raftery, A. E. Ed.), pp. 453-481. American Sociological Association: Washington, DC.

Muthén, L. and Muthén, B. (1998). *Mplus User's Guide: The Comprehensive Modeling Program for Applied Researchers*. Muthén and Muthén, MAN MPLUS #1: Los Angeles. (Web: http://www.statmodel.com).

Poon, W. Y. and Lee, S. Y. (1987). Maximum likelihood estimation of multivariate polyserial and polychoric correlation coefficients. *Psychometrika*, **52**, 409-430.

Raudenbush, S., Bryk, A., Cheong Y., and Congdon R. (2000). *HLM5*. SSI: Chicago, IL.

Shapiro, A. and Browne, M. W. (1987). Analysis of covariance structures under elliptical distributions. *Journal of the American Statistical Association*, **82**, 1092-1097.

Sörbom, D. (1989). Model modification. *Psychometrika*, 54, 371-384.

Steiger, J. H. (1994). *Structural Equation Modeling: Technical Documentation.* StatSoft, STATISTICA.
(Web: http://www.statsoftinc.com/).

Steiger, J. H. and Lind, J. C. (1980). *Statistically based tests for the number of common factors.* Paper presented at the annual meeting of the Psychometric Society, Iowa.

Tanaka, J. F. (1987). "How big is enough?": Sample size and goodness of fit in structural equation models with latent variables. *Child Development*, **58**, 134-146.

Thurstone, L. L. (1947). *Multiple Factor Analysis.* University of Chicago Press: Chicago, IL.

Tucker, L. R. and Lewis, C. (1973). A reliability coefficient for maximum likelihood factor analysis. *Psychometrika*, **38**, 1-10.

Waller, N. G. (1993). Seven confirmatory factor analysis programs: EQS, EzPATH, LINCS, LISCOMP, LISREL 7, SIMPLIS, and CALIS. *Applied Psychological Measurement*, **17**, 73-100.

White, N. and Cunningham, W. R. (1987). The age comparative construct validity of speeded cognitive factors. *Multivariate Behavioral Research*, **22**, 249-265.

索 引

（著者紹介）

狩野　裕（かの　ゆたか）

- 1958 年　大阪・中河内に生まれる
- 1981 年　大阪大学理学部数学科卒業
- 1983 年　大阪大学大学院基礎工学研究科修士課程修了
- 1986 年　工学博士（大阪大学）
- 1989 年 4 月〜 1990 年 3 月米国 UCLA 心理学科客員研究員
- 現　　在　大阪大学大学院 基礎工学研究科教授
- 専　　攻　行動計量学, 数理統計学
- EQS のユーザーサポート, AMOS のベータテスターを務める
- URL: http://www.sigmath.es.osaka-u.ac.jp/~kano/

三浦麻子（みうら　あさこ）

- 1969 年　大阪・北摂に生まれる
- 1992 年　大阪大学人間科学部卒業
- 1994 年　大阪大学大学院人間科学研究科修士課程修了
- 2002 年　博士（人間科学）大阪大学
- 現　　在　大阪大学大学院 人間科学研究科教授
- 専　　攻　社会心理学, 対人行動学
- URL: http://team1mile.com/asarinlab/

新装版

AMOS, EQS, CALIS による **グラフィカル多変量解析**

1997 年 10 月 21 日	初　版 1 刷発行
2007 年 11 月 20 日	増補版 3 刷発行
2020 年 8 月 22 日	新装版 1 刷発行

検印省略

© Yutaka Kano, Asako Miura, 2020　Printed in Japan

著　者　狩野　裕・三浦麻子
発行者　富田　淳
発行所　株式会社 現代数学社
〒606-8425 京都市左京区鹿ヶ谷西寺ノ前町 1
TEL 075 (751) 0727　FAX 075 (744) 0906
https://www.gensu.co.jp/

装　幀　中西真一（株式会社 CANVAS）
印刷・製本　有限会社 ニシダ印刷製本

ISBN 978-4-7687-0540-7